BIRKHÄUSER

Mathematik Kompakt

Die neu konzipierte Lehrbuchreihe *Mathematik Kompakt* ist eine Reaktion auf die Umstellung der Diplomstudiengänge in Mathematik zu Bachelor- und Masterabschlüssen. Ähnlich wie die neuen Studiengänge selbst ist die Reihe modular aufgebaut und als Unterstützung der Dozierenden wie als Material zum Selbststudium für Studierende gedacht. Der Umfang eines Bandes orientiert sich an der möglichen Stofffülle einer Vorlesung von zwei Semesterwochenstunden. Der Inhalt greift neue Entwicklungen des Faches auf und bezieht auch die Möglichkeiten der neuen Medien mit ein. Viele anwendungsrelevante Beispiele geben den Benutzern Übungsmöglichkeiten. Zusätzlich betont die Reihe Bezüge der Einzeldisziplinen untereinander.

Mit *Mathematik Kompakt* entsteht eine Reihe, die die neuen Studienstrukturen berücksichtigt und für Dozenten und Studenten ein breites Spektrum an Wahlmöglichkeiten bereitstellt.

Elementare Stochastik

2. überarbeitete Auflage

Götz Kersting
Anton Wakolbinger

Birkhäuser

Autoren:

Götz Kersting
Anton Wakolbinger
Fachbereich Informatik und Mathematik
Institut für Mathematik
J.W. Goethe-Universität
Robert-Mayer-Straße 10
60325 Frankfurt am Main
email: kersting@math.uni-frankfurt.de
wakolbin@math.uni-frankfurt.de

Erste Auflage 2008
Zweite Auflage 2010

2010 Mathematics Subject Classification: 60-01

Bibliografische Information der Deutschen Bibliothek
Die Deutsche Bibliothek verzeichnet diese Publikation in der Deutschen Nationalbibliografie; detaillierte bibliografische Daten sind im Internet über <http://dnb.ddb.de> abrufbar.

ISBN 978-3-0346-0413-0

Postfach 133, CH-4010 Basel, Schweiz
Ein Unternehmen der Fachverlagsgruppe Springer Science+Business Media

Gedruckt auf säurefreiem Papier, hergestellt aus chlorfrei gebleichtem Zellstoff. TCF ∞
Satz und Layout: Protago-TEX-Production GmbH, Berlin, www.ptp-berlin.eu

ISBN 978-3-0346-0413-0 e-ISBN 978-3-0346-0414-7

9 8 7 6 5 4 3 2 1 www.birkhauser.ch

Vorwort

Stochastik, wörtlich genommen, ist die Kunst des Mutmaßens (‚stochastikós' übersetzt sich aus dem Griechischen als ‚scharfsinnig im Vermuten'). Etwas prosaischer gesagt ist sie die mathematische Lehre vom Zufall. Ihre Hauptgebiete sind die Wahrscheinlichkeitstheorie, die Statistik und neuerdings die Finanzmathematik, dazu gehören aber auch wichtige Teile etwa aus der Informationstheorie und der statistischen Physik.

Schaut man genauer auf die Inhalte, so ist die moderne Stochastik die Theorie der Zufallsvariablen und ihrer Verteilungen. Wir stellen deswegen – in stärkerem Maße vielleicht, als dies andere Lehrbücher tun – von Anfang an den Begriff der Zufallsvariablen in den Vordergrund.

Dafür gibt es Gründe. Die Umgestaltung der Lehrpläne an deutschen Universitäten infolge der Einführung von Bachelor und Master macht es erforderlich, Lehrinhalte stärker zu fokussieren. Auch inhaltlich scheint es uns angebracht, von Anfang an mit Zufallsvariablen umzugehen. Denn nur noch gelegentlich betrachtet man – wie in der klassischen Wahrscheinlichkeitsrechnung – allein die Wahrscheinlichkeit einzelner Zufallsereignisse. Und eine prominente Ansicht[1], dass Zufallsvariable hauptsächlich für die Intuition da sind, die Verteilungen jedoch für die Mathematik, halten wir für überholt.

Es ist unsere Intention, auf knappem Raum relativ weit in das Rechnen mit Zufallsvariablen vorzudringen, ohne dabei Techniken aus der Maß- und Integrationstheorie zu bemühen, und gleichzeitig wichtige Ideen aus stärker anwendungsorientierten Bereichen der Stochastik darzustellen, nämlich aus der Statistik und der Informationstheorie. Wir glauben, dass Dozenten mit unserem Konzept verschiedenartige 2- oder 4-stündige Kurse in Stochastik zusammenstellen können.

Dabei denken wir nicht nur an Veranstaltungen für Studierende der Mathematik. Für Lehrämtler könnte das Kapitel *Ideen aus der Statistik* von besonderem Interesse sein und für Informatikstudenten die *Ideen aus der Informationstheorie*. Überhaupt braucht sich eine Lehrveranstaltung nicht strikt an den Aufbau des Buches zu halten. Es ist wohl kaum nötig, in einer Vorlesung alle Rechnungen aus dem Kapitel *Zufallsvariable und Verteilungen* vorzuführen, und wir halten es für gut, wenn man in einer Vorlesung schon bald Inhalte des Kapitels *Erwartungswert, Varianz, Unabhängigkeit* aufgreift. Einen attraktiven Einstieg in eine Vorlesung könnte bestimmt auch das

[1] Wir zitieren aus dem Klassiker *Probability* von Leo Breiman aus dem Jahre 1968: „Probability theory has a right and a left hand. On the right is the rigorous foundational work using the tools of measure theory. The left hand 'thinks probabilistically,' reduces problems to gambling situations, coin-tossing, and motions of a physical particle."

Beispiel *Pascal contra Fermat* aus dem Abschnitt *Markovketten* bieten. Auf die Normalapproximation der Binomialverteilung könnte der Abschnitt über die *Statistik von Anteilen* folgen, und auf die Behandlung der hypergeometrischen Verteilung das Beispiel zu Fishers exaktem Test im Abschnitt *Statistische Tests: Kann das Zufall sein?*

Zur Hilfestellung bei der Stoffauswahl haben wir einzelne Abschnitte mit einem $*$ versehen, sie können erst einmal übergangen werden. Aufgaben erscheinen dort im Text, wo sie inhaltlich hingehören. Historische Hinweise finden sich in Fußnoten. Am Ende des Buches geben wir eine Auswahl von Stochastikbüchern, darunter auch ein paar interessante vergriffene.

Es ist vielleicht angebracht, etwas genauer auf diejenigen Probleme in der Lehre einzugehen, die sich der Stochastik im Vergleich zu anderen mathematischen Wissenschaften stellen. Sie resultieren wesentlich daraus, dass für Anfänger der Begriff der Zufallsvariablen zunächst einmal recht unscharf ist.

Vergleichen wir z. B. mit der Arithmetik: Die Zahl ist ein Begriff, mit der es bereits Kinder zu tun haben und die einen wesentlichen Inhalt des Mathematikunterrichts an der Schule ausmachen. So gewinnen Schüler schon eine Vorstellung von geraden und ungeraden Zahlen, Primzahlen, Faktorzerlegung, größten gemeinsamen Teilern, Division mit Rest, Euklidischer Algorithmus, Dezimal- und Dualsystem. Studierende der Mathematik besitzen von Anfang an eine entwickelte Intuition für die Zahl wie auch für den Raum, und es ist deshalb (vielleicht didaktisch fragwürdig, aber) kein abenteuerliches Wagnis, wenn man an der Universität bald einen axiomatischen Zugang zu diesen Gegenständen sucht.

Die Situation ist in der Stochastik anders, normalerweise sind Studierende mit Zufallsvariablen kaum vertraut. Übrigens gilt das nicht für manche Naturwissenschaftler, Statistiker etc. außerhalb der Mathematik, sie haben in ihrer Tätigkeit oft substantielle Erfahrungen gewinnen können und arbeiten unbefangen mit Zufallsvariablen. Studierenden fehlt in der Regel solche Erfahrung.

Hier tut sich ein Problem für die universitäre Lehre auf: Wo soll man anknüpfen, wenn man Stochastik lehrt? Über lange Jahre hat man versucht, die Stochastik in der Analysis, d.h. in der Maß- und Integrationstheorie anzusiedeln und sie so in der Mathematik hoffähig zu machen. In gewissen Bereichen der Wahrscheinlichkeitstheorie funktioniert das – die Erfahrung zeigt aber, dass man auf diese Weise, indem man Zufallsvariable einfach nur mathematisch definiert, schwerlich in den Köpfen der Studierenden gesicherte intuitive Vorstellungen über den Gegenstand der Stochastik verankert. Genauso vermitteln ja auch die Peano-Axiome für die natürlichen Zahlen nicht, worum es in der Arithmetik geht.

Die Aufgabe wird dadurch erschwert, dass es durchaus verschiedene Intuitionen davon gibt, was es denn mit Zufallsvariablen auf sich hat, Vorstellungen, die sich nicht ohne weiteres auf einen Nenner bringen lassen. Auch der Begriff der Wahrscheinlichkeit wird unterschiedlich verstanden. Es kann nicht darum gehen, eine spezielle Intuition gegenüber den anderen durchzusetzen. Dass sich dies innerhalb der Mathematik auch gar nicht als nötig erweist, ist eine der Stärken mathematischer Wissenschaft.

Mit Blick auf dieses Spannungsfeld wird an vielen Universitäten eine Vorlesung „Elementare Stochastik“ angeboten, in der man versucht, einigermaßen streng in die Wissenschaft einzuführen, dabei aber gleichzeitig die Intuition zu schulen. Das traditionelle Schema Definition-Satz-Beweis tritt etwas in den Hintergrund, dafür bekommen Beispiele einen größeren Stellenwert. Eine Reihe von Lehrbüchern versucht, dem gerecht zu werden. Nach wie vor vorbildlich ist der Klassiker *Introduction to probability theory and its applications* des Wahrscheinlichkeitstheoretikers Feller[2] aus dem Jahre 1950.

Die Situation bietet durchaus ihre Chancen. Denn wenn in der Lehre der Gesichtspunkt der mathematischen Strenge nicht mehr allein zählt, so kann heuristisches Argumentieren einen größeren Stellenwert gewinnen. Wir denken hier auch an das Arbeiten mit infinitesimalen Größen. Sie sind in der Mathematik etwas aus der Mode gekommen, nachdem sie in den Anfängen der Infinitesimalrechnung von entscheidender Bedeutung waren. Sicherlich war damals ihre Natur ungeklärt, inzwischen ist jedoch das Rechnen mit ihnen auf klare Grundlagen gestellt. Infinitesimale Größen sind ein äußerst brauchbares Werkzeug für das Entdecken und Verstehen, und sie erlauben, den Apparat der Integrationstheorie auch einmal beiseite zu lassen. Dazu wollen wir dem Leser Mut machen, wir werden uns infinitesimaler Größen in diesem Sinne bedienen.

Es bleibt, denen zu danken, die mit ihren Vorstellungen, Ideen und Anregungen unser Bild von der Stochastik wesentlich beeinflusst haben. Wir haben da unser Frankfurter Umfeld sehr zu schätzen gelernt. In erster Linie nennen möchten wir Hermann Dinges, der schon lange die Stochastik aus der Perspektive von Zufallsvariablen lehrt, und Brooks Ferebee, dessen Sicht der Statistik uns geprägt hat. Auch die Stochastikbücher des Didaktikers Arthur Engel haben uns inspiriert. Wertvolle Vorschläge zum Text gaben uns Gaby Schneider, Ralf Neininger, Christian Böinghoff und Henning Sulzbach.

Die 2. Auflage ist ergänzt durch einen Beweis des Starken Gesetzes der Großen Zahlen und eine Reihe weiterer Aufgaben. Außerdem haben wir einige Korrekturen vorgenommen. Dem Birkhäuser Verlag danken wir für die angenehme und reibungslose Zusammenarbeit.

Frankfurt am Main, im Februar 2010 Götz Kersting, Anton Wakolbinger

[2]William Feller, 1906–1970, kroatisch-amerikanischer Mathematiker. Feller hat sich in besonderer Weise verdient gemacht um die Entwicklung der Wahrscheinlichkeitstheorie außerhalb der über Jahrzehnte führenden russischen Schule. Seine mathematischen Beiträge etwa zum Zentralen Grenzwertsatz waren wegweisend.

Inhaltsverzeichnis

Vorwort v

I Zufallsvariable mit uniformer Verteilung 1
1 Ein Beispiel: Kollision von Kennzeichen 1
2 Diskret uniform verteilte Zufallsvariable 6
3 Kontinuierlich uniform verteilte Zufallsvariable* 12

II Zufallsvariable und Verteilungen 19
4 Ein Beispiel: Vom Würfeln zum p-Münzwurf 19
5 Zufallsvariable mit Gewichten 20
6 Zufallsvariable mit Dichten 38

III Erwartungswert, Varianz, Unabhängigkeit 49
7 Ein neuer Blick auf alte Formeln 49
8 Das Rechnen mit Erwartungswerten 51
9 Das Rechnen mit Varianzen 59
10 Unabhängigkeit 64
11 Summen von unabhängigen Zufallsvariablen 72
12 Schritte in die Wahrscheinlichkeitstheorie* 78

IV Abhängige Zufallsvariable und bedingte Verteilungen 85
13 Ein Beispiel: Suchen in Listen 85
14 Zufällige Übergänge 87
15 Markovketten 97
16 Bedingte Verteilungen 111
17 Bedingte Wahrscheinlichkeiten und ihre Deutung 115

V Ideen aus der Statistik 121
18 Ein Beispiel: Statistik von Anteilen 121
19 Prinzipien des Schätzens 123
20 Konfidenzintervalle: Schätzen mit Verlass 128
21 Statistische Tests: Kann das Zufall sein? 130
22 Lineare Modelle: Im Reich der Normalverteilung* 134

VI Ideen aus der Informationstheorie 141
23 Sparsames Codieren 141
24 Entropie 147
25 Redundantes Codieren* 157

Stochastikbücher – eine Auswahl 165

Stichwortverzeichnis 167

I Zufallsvariable mit uniformer Verteilung

Das grundlegende Objekt der modernen Stochastik ist die Zufallsvariable zusammen mit ihrer (Wahrscheinlichkeits-)Verteilung. Die Vorstellung, die sich mit einer Zufallsvariablen verbindet, ist die der zufälligen Wahl eines Elements aus einer Menge. Die Verteilung der Zufallsvariablen gibt dann Auskunft, wie die Chancen für die verschiedenen Elemente stehen. Prototypisch ist der Münzwurf, der eine Zufallswahl zwischen 0 und 1 (Kopf und Zahl) erlaubt, mit einer fairen oder auch gezinkten Münze. Die Stochastik hat also Situationen vor Augen, in denen es mehrere mögliche Ausgänge gibt, von denen dann einer zufällig realisiert wird.

Wir beschäftigen uns in diesem Kapitel exemplarisch mit dem wichtigen Fall von uniform verteilten Zufallsvariablen. Damit ist gemeint, dass bei der Zufallswahl alle Elemente dieselbe Chance haben. Die Berechnung von Wahrscheinlichkeiten führt dann typischerweise auf kombinatorische Probleme, also Aufgaben des Abzählens von Mengen. Am Ende des Kapitels nehmen wir auch kontinuierlich uniform verteilte Zufallsvariable in den Blick.

1 Ein Beispiel: Kollision von Kennzeichen

Um Bekanntschaft mit den grundlegenden Begriffen – Zufallsvariable, Zielbereich, Ereignis, Wahrscheinlichkeit – zu machen, betrachten wir in diesem Abschnitt ein Beispiel:

Jedes von n Individuen ist mit je einem von r möglichen Kennzeichen versehen, das vom Zufall bestimmt ist. Man kann an verschiedene Situationen denken. Entweder hat jedes Individuum sein Kennzeichen zufällig erhalten, wie eine PIN. Oder aber, ein jedes Individuum hat sein festes Kennzeichnen, wie seinen Namen oder dessen Anfangsbuchstaben, und bei den n Individuen handelt es sich um eine zufällige Stichprobe aus einer Population.

Wie stehen die Chancen, dass keine zwei der n Individuen gleich gekennzeichnet sind, dass es also zu keiner Kollision kommt? Wir orientieren uns an den folgenden Fragen:

(i) Wie beschreibt man die möglichen Ausgänge der Kennzeichnung?
(ii) Wie fasst man das Ereignis „Keine zwei Individuen haben dasselbe Kennzeichen"?
(iii) Wie kommt man zur Wahrscheinlichkeit dieses Ereignisses?

(iv) Unter welchen Bedingungen kommt es mit merklicher Wahrscheinlichkeit zu Kollisionen?

Zu Frage (i): Denken wir uns die Individuen mit 1 bis n und die Kennzeichen mit 1 bis r nummeriert. Ein Ausgang der Kennzeichnung lässt sich dann beschreiben durch das n-tupel

$$a = (a_1, \ldots, a_n) ,$$

wobei a_i das Kennzeichen des i-ten Individuums bezeichnet.

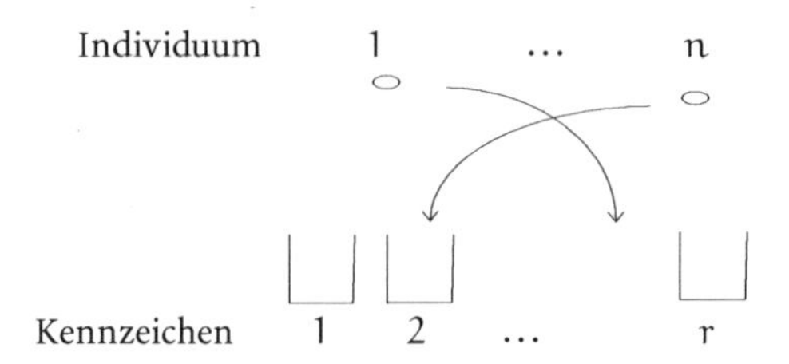

In unserer Vorstellung ist die Kennzeichnung zufällig, wir beschreiben sie also durch eine *Zufallsvariable*

$$X = (X_1, \ldots, X_n) .$$

X besitzt, wie jede Zufallsvariable, einen *Zielbereich* (oder *Wertebereich*), eine Menge von möglichen Ausgängen. In unserem Fall ist der Zielbereich

$$S := \{1, \ldots, r\}^n ,$$

die Menge aller n-tupel $(a_1, \ldots, a_n)$ mit $1 \leq a_i \leq r, i = 1, \ldots, n$. Die Zufallsvariable X kommt – anschaulich gesprochen – durch zufällige Wahl eines Elementes aus S zustande.

Wenden wir uns jetzt Frage (ii) zu. Wir interessieren uns für ein spezielles *Ereignis*, nämlich dasjenige, dass keine zwei Komponenten von X gleich sind. Solch ein Ereignis lässt sich beobachten, es kann eintreten oder auch nicht. Ereignisse werden (wie Mengen) in geschweiften Klammern notiert. Das von uns betrachtete Ereignis schreiben wir als

$$\{X_i \neq X_j \text{ für alle } i \neq j\}$$

oder auch als

$$\{X \in A\} \tag{1.1}$$

mit der Teilmenge

$$A := \{(a_1, \ldots, a_n) \in S : a_i \neq a_j \text{ für alle } i \neq j\} .$$

Man darf sich das bildhaft so vorstellen:

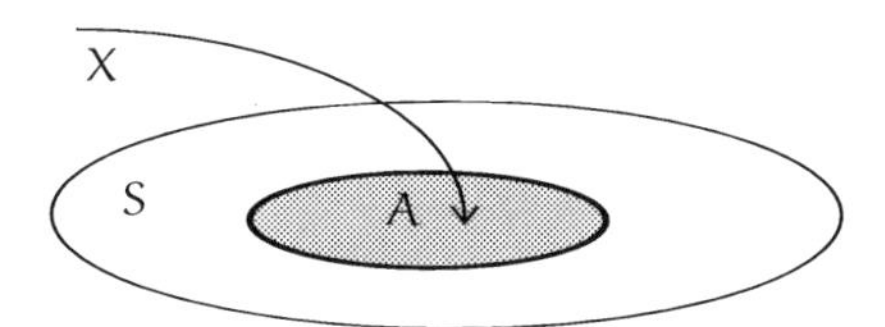

Bei Frage (iii) kommen *Wahrscheinlichkeiten* ins Spiel. Sie gehören zu Ereignissen und messen deren Chance einzutreten mit einer Zahl zwischen 0 und 1. Die Wahrscheinlichkeit des Ereignisses $\{X \in A\}$ schreiben wir als $\mathbf{P}(X \in A)$ (und nicht als $\mathbf{P}(\{X \in A\})$, was etwas sorgfältiger wäre, aber dann doch unübersichtlich wird).

Jedenfalls wird

$$\mathbf{P}(X \in A) = \sum_{a \in A} \mathbf{P}(X = a) \tag{1.2}$$

gelten, d.h. die Wahrscheinlichkeit des Ereignisses, dass X in A fällt, ist die Summe über die Wahrscheinlichkeiten der Ereignisse, dass X den Ausgang a hat, summiert über $a \in A$. Ebenso einleuchtend ist die Forderung

$$\mathbf{P}(X \in S) = 1 . \tag{1.3}$$

Ein Modell für die Wahrscheinlichkeiten

Um die Wahrscheinlichkeit $\mathbf{P}(X \in A)$ berechnen zu können, muss man eine *Modellannahme* treffen. Wir nehmen *reine Zufälligkeit* an. Damit ist gemeint, dass für je zwei $a, a' \in S$

$$\mathbf{P}(X = a) = \mathbf{P}(X = a')$$

gilt, und somit kein Ausgang bevorzugt ist. Mit (1.2), (1.3) folgt

$$\mathbf{P}(X = a) = \frac{1}{\#S} , \quad a \in S ,$$

und

$$\mathbf{P}(X \in A) = \frac{\#A}{\#S} .$$

Es ist $\#A = r(r-1)\cdots(r-n+1)$, denn für a_1 gibt es r mögliche Werte, für a_2 dann noch $r-1$, usw. Damit folgt für $n \le r$

$$\mathbf{P}(X \in A) = \frac{r(r-1)\cdots(r-n+1)}{r^n} = \prod_{i=1}^{n-1} \Big(1 - \frac{i}{r}\Big) . \tag{1.4}$$

Um eine Vorstellung von der Größe dieser Wahrscheinlichkeit zu bekommen, schätzen wir (1.4) in beide Richtungen ab. Mittels der Ungleichung $1 - t \le e^{-t}$ ergibt sich

$$\prod_{i=1}^{n-1} \Big(1 - \frac{i}{r}\Big) \le \exp\Big(-\sum_{i=1}^{n-1} \frac{i}{r}\Big) = \exp\Big(-\frac{n(n-1)}{2r}\Big) .$$

Um auch eine Abschätzung nach unten zu erhalten, betrachten wir die Komplementärmenge von A,

$$A^c = \{a \in S : a_i = a_j \text{ für mindestens ein Paar } i \neq j\} .$$

Es gibt r^{n-1} Elemente in A^c mit $a_i = a_j$ für vorgegebenes $i \neq j$. Wir können i auf n Weisen und dann j noch auf $n-1$ Weisen auswählen, wobei jedes Paar $i \neq j$ zweimal berücksichtigt wird. Da bei dieser Betrachtung manche Elemente von A^c mehrfach gezählt werden, folgt $\#A^c \le r^{n-1}n(n-1)/2$ und

$$\frac{\#A}{\#S} \ge 1 - \frac{n(n-1)}{2r} .$$

Zusammenfassend erhalten wir

$$1 - \frac{n(n-1)}{2r} \le \mathbf{P}(X \in A) \le \exp\Big(-\frac{n(n-1)}{2r}\Big) .$$

Diese Abschätzung erlaubt eine Antwort auf Frage (iv): n muss mindestens ähnlich groß sein wie $\sqrt{r}$, damit es mit merklicher Wahrscheinlichkeit zu Kollisionen kommt.

Eine Näherung mit der Stirling-Formel*

Die soeben gefundenen Schranken gehen auseinander, wenn sich $\mathbf{P}(X \in A)$ von 1 entfernt, wenn also n^2 die Größe von r erreicht. Es stellt sich die Frage, welche der beiden Schranken die bessere Näherung liefert. Wir wollen zeigen, dass dies für die obere Schranke zutrifft und dass

$$\mathbf{P}(X \in A) \approx \exp\Big(-\frac{n^2}{2r}\Big) \tag{1.5}$$

für $n \ll r$ eine verlässliche Approximation ist.

Es kommen nun *Fakultäten* $k! = 1 \cdot 2 \cdots k$ und die bemerkenswerte *Stirling-Approximation* ins Spiel. Sie stammt von de Moivre[1] und Stirling[2] und lautet

$$k! \approx \sqrt{2\pi k}\,\Big(\frac{k}{e}\Big)^k . \tag{1.6}$$

[1] Abraham de Moivre, 1667–1754, französisch-englischer Mathematiker. De Moivre entdeckte, dass die Binomialverteilung durch die Normalverteilung approximiert werden kann, ein fundamentaler Sachverhalt der Stochastik. Dazu leitete er als erster die Stirling-Approximation ab.

[2] James Stirling, 1692–1770, schottischer Mathematiker. Er identifizierte den Faktor $\sqrt{2\pi}$ in der Stirling-Approximation.

In der Hauptsache besteht sie also darin, die Faktoren $1, 2, \dots, k$ der Fakultät alle durch k/e zu ersetzen. Einen Beweis werden wir am Ende von Kapitel III führen.

Wir schreiben (1.4) um zu

$$\mathbf{P}(X \in A) = \frac{r!}{r^n (r-n)!}$$

und erhalten mit (1.6) die Approximation

$$\mathbf{P}(X \in A) \approx \left(\frac{r}{r-n}\right)^{r-n+\frac{1}{2}} e^{-n}, \tag{1.7}$$

die abgesehen vom Fall $r = n$ immer gute Näherungen ergibt. Ihre Güte beruht darauf, dass die Stirling-Formel schon für kleines k gute Approximationswerte liefert (für $k = 1$ erhält man $1 \approx 0.92$).

Die Formel (1.7) lässt sich kompakt schreiben als

$$\mathbf{P}(X \in A) \approx \frac{1}{\sqrt{1 - \frac{n}{r}}} \exp\left(-r\eta\left(\frac{n}{r}\right)\right), \tag{1.8}$$

mit $\eta(t) := t + (1-t)\ln(1-t), 0 \le t \le 1$.

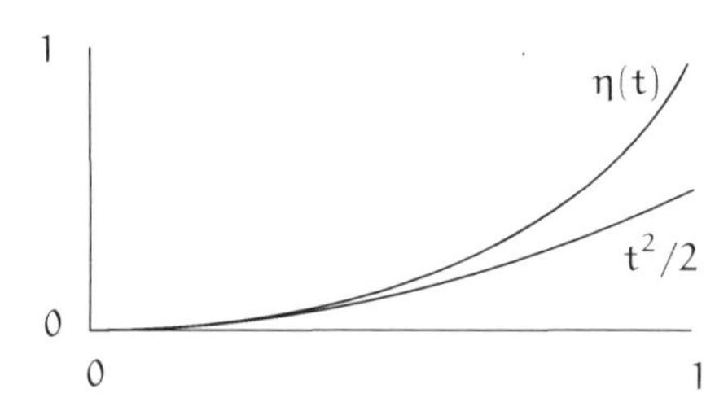

Wegen $\eta(0) = \eta'(0) = 0$ und $\eta''(0) = 1$ gilt $\eta(n/r) \approx (n/r)^2/2$ für $n \ll r$. In diesem Fall können wir auch den Term $\sqrt{1 - n/r}$ vernachlässigen und (1.5) als Taylor-Näherung für (1.8) verstehen. Dies ist der Grund, dass (1.5) für $n \ll r$ gute Näherungswerte gibt.

Wir fassen zusammen:
Für $n < r$ erhielten wir mit der Stirling-Approximation die Näherung (1.8).
Für $n \ll r$ ergab dies, kombiniert mit der Taylor-Approximation, die Näherung (1.5).
Für $n^2 \ll r$ schließlich ist $\mathbf{P}(X \in A) \approx 1$.

Ein Zahlenbeispiel: Für $n = 25$ und $r = 365$ ist $\mathbf{P}(X \in A) = 0.431300$, die beiden Näherungswerte (1.5) und (1.7) sind 0.425 und 0.431308. Der Spezialfall $r = 365$ ist besonders populär: Beim klassischen *Geburtstagsproblem* fragt man nach der Wahrscheinlichkeit, dass in einer Schulklasse – mit sagen wir 25 Schülern – keine zwei am selben Tag Geburtstag haben.

Kollisionen beim Würfeln. Wie wahrscheinlich ist es, beim dreimaligen Würfeln lauter verschiedene Augenzahlen zu bekommen? Vergleichen Sie das Ergebnis mit den Näherungen. **Aufgabe**

Aufgabe **Das Geburtstagsproblem auf dem Mars.** Das Marsjahr hat 686 Tage. Ein Marsianer gibt eine Party. Wieviele andere Marsbewohner mindestens muss er jeweils einladen, damit mit Wahrscheinlichkeit $> 1/2$

(i) mindestens zwei am selben Tag Geburtstag haben
(ii) mindestens einer am selben Tag Geburtstag hat wie er.

2 Diskret uniform verteilte Zufallsvariable

Mit der rein zufälligen Kennzeichnung von Individuen haben wir im vorigen Abschnitt ein Beispiel einer uniform verteilten Zufallsvariablen kennengelernt, im Sinne folgender Definition.

Definition **Diskrete uniforme Verteilung.** Sei S endlich. Dann heißt X *uniform verteilt auf* S, wenn

$$\mathbf{P}(X \in A) = \frac{\#A}{\#S} \tag{2.1}$$

für alle Teilmengen $A \subset S$ gilt.

Damit gleichbedeutend ist

$$\mathbf{P}(X = a) = \frac{1}{\#S}, \quad a \in S. \tag{2.2}$$

Wir sprechen dann auch von einem *rein zufälligen Element* X von S. Wahrscheinlichkeiten der Form (2.1) heißen *Laplace-Wahrscheinlichkeiten*[3].

Die uniforme Verteilung wird in Beispielen interessant. Wir legen nun unser Augenmerk auf Permutationen, k-elementige Teilmengen und Besetzungen.

Vorneweg eine für die Anschauung hilfreiche Vorstellung: Man denke an eine stets ideal durchmischte Urne mit n Kugeln, die mit den Nummern $1, \dots, n$ beschriftet sind. Zieht man sukzessive ohne Zurücklegen alle n Kugeln und notiert die Reihenfolge der gezogenen Nummern, dann ergibt sich eine rein zufällige Permutation von $1, \dots, n$. Notiert man die Nummern der ersten k gezogenen Kugeln als Menge (d.h. ohne Beachtung der Reihenfolge), dann erhält man eine rein zufällige k-elementige Teilmenge von $\{1, \dots, n\}$. Genauso gut kann man sich eine rein zufällige k-elementige Teilmenge als die Menge der Nummern von k auf einen Griff gezogenen Kugeln zustande gekommen denken. Dieselbe Situation trifft man beim Lotto an, und es geht die Kunde, dass manch erfahrener Kartenspieler für die ausgeteilten Blätter das Modell der rein zufälligen Auswahl zur Berechnung seiner Chancen nutzt.

[3] Pierre-Simon Laplace, 1749–1827, französischer Mathematiker und Physiker. Angeregt durch naturwissenschaftliche Fragestellungen etablierte Laplace analytische Methoden in der Wahrscheinlichkeitstheorie, die bis heute von Bedeutung sind.

Eine *Besetzung* von r Plätzen mit n Objekten beschreiben wir durch einen Vektor $(k_1, \dots, k_r)$, dabei ist k_j die Anzahl der Objekte an Platz j. Eine zufällige Besetzung entsteht, wenn man in der Situation von Abschnitt 1 notiert, wieviele der n Individuen Kennzeichen Nr. 1 haben, wie viele Kennzeichen Nr. 2, usw. Allerdings ist diese zufällige Besetzung, wie man sich leicht klar macht, nicht uniform verteilt: Ausgeglichene Besetzungen haben größere Wahrscheinlichkeit als extreme, bei denen alle Individuen dasselbe Kennzeichen haben. In diesem Abschnitt werden wir sehen, wie man uniform verteilte Besetzungen von r Plätzen mit n Objekten mithilfe von rein zufälligen n-elementigen Teilmengen von $\{1, \dots, n + r - 1\}$ gewinnen kann. Einen weiteren Zufallsmechanismus, der uniform verteilte Besetzungen liefert, werden wir im Beispiel über die Pólya-Urne in Abschnitt 14 kennenlernen.

Beispiel

Rein zufällige Permutationen. Sei $X = (X(1), \dots, X(n))$ eine rein zufällige Permutation der Zahlen $1, 2, \dots, n$. Wir fragen nach der Wahrscheinlichkeit des Ereignisses, dass der Zyklus von X, der die 1 enthält, die Länge b hat.

Zur Erinnerung: Eine Permutation von $1, \dots, n$,

$$a = (a(1), \dots, a(n)) ,$$

lässt sich auffassen als bijektive Abbildung der Menge $\{1, 2, \dots, n\}$ auf sich selbst. Jede Permutation zerfällt in Zyklen. Der Zyklus von a, der die 1 enthält, ist die Menge $\{a(1), a(a(1)), \dots\} = \{a(1), a^2(1), \dots\}$. Seine Länge ist die kleinste natürliche Zahl b mit $a^b(1) = 1$.

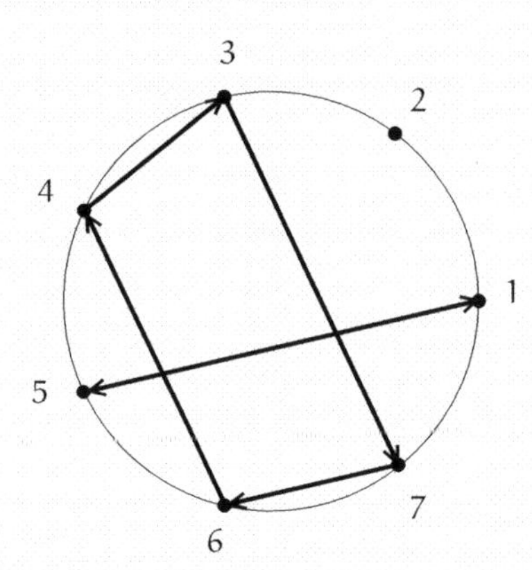

Die Permutation von $1, \dots, 7$ mit ihren drei Zyklen
$1 \to 5 \to 1,\ 2 \to 2,\ 3 \to 7 \to 6 \to 4 \to 3$

Der Zielbereich S von X ist die Menge aller Permutationen von $1, \dots, n$, sie hat die Mächtigkeit

$$\#S = n(n-1) \cdots 2 \cdot 1 = n! .$$

Denn: Für die Wahl von $a(1)$, das Bild von 1, hat man n Möglichkeiten; ist dieses festgelegt, so verbleiben $n - 1$ Möglichkeiten für die Wahl von $a(2)$, usw.

Bezeichne $h(a)$ die Länge des Zyklus von a, der die Eins enthält. Die Frage nach der Wahrscheinlichkeit des Ereignisses $\{h(X) = b\}$ läuft auf ein Abzählproblem hinaus. Wie viele Permutationen a von $1, \dots, n$ gibt es mit $h(a) = b$? Was es also zu bestimmen gilt, ist die Mächtigkeit der Menge

$$\begin{aligned} A :&= \{a \in S : h(a) = b\} \\ &= \{a \in S : a(1) \neq 1, a^2(1) \neq 1, \dots, a^{b-1}(1) \neq 1, a^b(1) = 1\}. \end{aligned}$$

Für $a(1)$ gibt es jetzt $n-1$ Möglichkeiten, für $a^2(1)$ dann noch $n-2$, für $a^{b-1}(1)$ bleiben $n-b+1$ Möglichkeiten. Weil die Länge des Zyklus b beträgt, ist der Wert $a^b(1)$ mit 1 festgelegt. Für die $n-b$ restlichen Stellen gibt es $(n-b)!$ Möglichkeiten. Also ist

$$\#A = (n-1)(n-2)\cdots(n-b+1)\cdot 1\cdot(n-b)! = (n-1)!$$

und die gesuchte Wahrscheinlichkeit ist

$$\mathbf{P}(X \in A) = \frac{\#A}{\#S} = \frac{(n-1)!}{n!} = \frac{1}{n}.$$

Das Ereignis $\{X \in A\}$ stimmt mit dem Ereignis $\{h(X) = b\}$ überein. Wir stellen zusammenfassend fest:

$$\mathbf{P}(h(X) = b) = \frac{1}{n}, \quad b = 1, \dots, n. \tag{2.3}$$

Somit ist die Länge des Zyklus einer rein zufälligen Permutation von $1, \dots, n$, der die 1 enthält, uniform verteilt auf $\{1, \dots, n\}$.

Öfter werden wir der Vorgehensweise begegnen, aus einer Zufallsvariablen X mit Zielbereich S und einer Abbildung $h : S \to S'$ eine neue Zufallsvariable $h(X)$ mit Zielbereich S' zu bilden. Man erhält die neue Zufallsvariable, indem man X als zufällige Eingabe der Abbildung h auffasst:

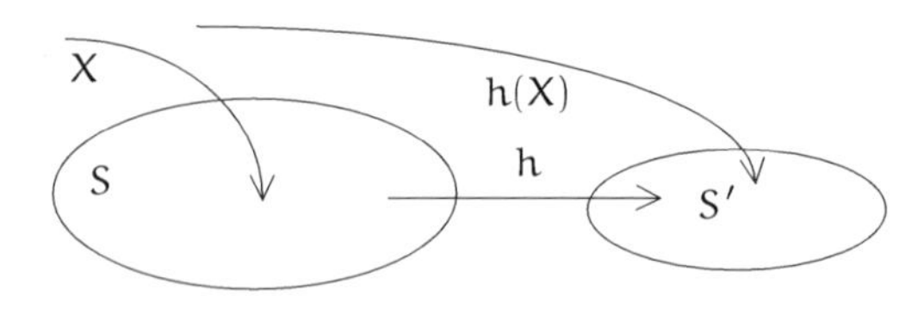

Aufgabe **Perfekt gemischt.** Die Karten eines Stapels sind mit den Zahlen $1, \dots, 48$ nummeriert. Sie werden perfekt gemischt und nacheinander aufgedeckt. Die erscheinenden Nummern $X(1), \dots, X(48)$ sind dann eine rein zufällige Permutation der Zahlen $1, \dots, 48$. Begründen Sie,

(i) warum $(X(1), X(2))$ ein rein zufälliges geordnetes Paar mit zwei verschiedenen Einträgen aus $\{1, \dots, 48\}$ ist, und

(ii) warum $(X(2), X(4))$ genau so verteilt ist wie $(X(1), X(2))$. (Betrachten Sie dazu die umsortierte Permutation $Y = (X(2), X(4), X(1), X(3), X(5), \ldots, X(48))$.)

Aufgabe

Fehlstände in Permutationen. Ein Fehlstand (oder eine Inversion) in einer Permutation $a = (a(1), \ldots, a(n))$ ist ein Paar $i < j$ mit $a(i) > a(j)$. Die Größe

$$h_j(a) := \#\{i < j : a(i) > a(j)\}, \quad j = 2, \ldots, n$$

zählt alle Fehlstände, an denen j zusammen mit einem kleineren Partner beteiligt ist. Zeigen Sie, dass $h_j(X)$ für eine rein zufällige Permutation X uniform auf $\{0, 1, \ldots, j-1\}$ verteilt ist. Dabei können Sie folgenden Weg beschreiten:

(i) Warum kann man aus der Anzahl der Fehlstände $h_n(a)$ den Wert $a(n)$ bestimmen, und aus dem Paar $h_{n-1}(a), h_n(a)$ das Paar $a(n-1), a(n)$? Wieso ist die Abbildung $h = (h_2, \ldots, h_n)$ von der Menge S aller Permutationen in die Menge $S' = \{0, 1\} \times \cdots \times \{0, 1, \ldots, n-1\}$ eine Bijektion?
(ii) Warum ist $h(X)$ uniform auf S' verteilt und $h_j(X)$ uniform auf $\{0, 1, \ldots, j-1\}$?

Auch später wird uns die Tatsache nützlich sein, die in der Aufgabe zum Zuge kam: Ist X eine auf der endlichen Menge S uniform verteilte Zufallsvariable und h eine bijektive Abbildung von S nach S', dann ist $h(X)$ uniform verteilt auf S'.

Beispiel

Rein zufällige Teilmengen einer festen Größe. Sei $0 \le k \le n$, und sei Y eine rein zufällige k-elementige Teilmenge von $\{1, \ldots, n\}$. Wir fragen nach der Wahrscheinlichkeit des Ereignisses $\{Y = \{1, \ldots, k\}\}$.

Der Zielbereich von Y ist

$$S := \{t : t \subset \{1, \ldots, n\}, \#t = k\},$$

die Menge der k-elementigen Teilmengen von $\{1, \ldots, n\}$.

Die Mächtigkeit von S ist

$$\#S = \frac{n(n-1)\cdots(n-k+1)}{k!}. \tag{2.4}$$

Wählt man nämlich die Elemente von t der Reihe nach, dann hat man für das als erstes gewählte Element n Möglichkeiten, für das als zweites gewählte $n-1$ Möglichkeiten usw., insgesamt entstehen auf diese Weise also $n(n-1)\cdots(n-k+1)$ mögliche Wahlprotokolle. Weil es bei der Frage nach der ausgewählten Teilmenge auf die Reihenfolge der Wahl nicht ankommt, führen jeweils k! dieser Wahlprotokolle auf dieselbe k-elementige Teilmenge. Damit reduziert sich die Anzahl der möglichen Ausgänge zu (2.4), und die Mächtigkeit von S ist somit

$$\#S = \frac{n!}{k!(n-k)!} =: \binom{n}{k}, \tag{2.5}$$

bekannt als *Binomialkoeffizient* „n über k“. Wir bekommen also

$$\mathbf{P}(Y = \{1, \ldots, k\}) = \frac{1}{\binom{n}{k}}.$$

Man kann dies auch so einsehen: Sei $X = (X(1), \dots, X(n))$ eine rein zufällige Permutation von $1, \dots, n$. Dann ist $Y := \{X(1), \dots, X(k)\}$ eine rein zufällige k-elementige Teilmenge von $\{1, \dots, n\}$. Die Mächtigkeit von

$$A := \{a : a \text{ ist Permutation von } 1, \dots, n \text{ mit } \{a(1), \dots, a(k)\} = \{1, \dots, k\}\}$$

ist $k!(n-k)!$, also ist

$$\mathbf{P}(Y = \{1, \dots, k\}) = \mathbf{P}(X \in A) = \frac{k!(n-k)!}{n!} .$$

Aufgabe Ein Sortiment von 20 Teilen gelte als *gut*, wenn es zwei defekte Teile hat (oder weniger), und als *schlecht*, falls es 4 defekte Teile enthält (oder mehr). Käufer und Verkäufer des Sortiments kommen überein, 4 zufällig herausgegriffene Teile zu testen. Nur wenn alle 4 Teile in Ordnung sind, findet der Kauf statt. Der Verkäufer trägt bei diesem Verfahren das Risiko, ein gutes Sortiment nicht zu verkaufen, der Käufer, ein schlechtes Sortiment zu kaufen. Wer trägt das größere Risiko? Man vergleiche die beiden Extremfälle.

Aufgabe Die erste Reihe im Hörsaal hat n Plätze, auf die sich $m \leq n/2$ Personen setzen. Wie groß ist bei rein zufälliger Wahl der Plätze die Wahrscheinlichkeit, dass keine zwei nebeneinandersitzen? Zählen Sie ab, indem Sie erst m Personen auf $n - m + 1$ Plätze setzen und dann $m - 1$ Plätze „dazwischenschieben". Zur Kontrolle: Die Wahrscheinlichkeit, dass beim Lotto (6 aus 49) keine zwei benachbarten Zahlen gezogen werden, ist 0.505.

Eine Teilmenge t von $\{1, \dots, n\}$ lässt sich in natürlicher Weise identifizieren mit einer 01-Folge der Länge n. Bezeichnen wir mit $\mathbf{1}_t$ die *Indikatorfunktion* der Menge t, dann entsteht durch

$$t \leftrightarrow (\mathbf{1}_t(1), \dots, \mathbf{1}_t(n))$$

eine Bijektion zwischen den k-elementigen Teilmengen von $\{1, \dots, n\}$ und den 01-Folgen der Länge n mit k Einsen. Gleich werden wir eine – nicht ganz so offensichtliche – bijektive Abbildung von den 01-Folgen der Länge $n + r - 1$ mit n Einsen auf die Besetzungen von r Plätzen mit n Objekten herstellen.

Beispiel **Uniform verteilte Besetzungen.** Sei $Z = (Z_1, \dots, Z_r)$ eine uniform verteilte Besetzung von r Plätzen mit n Objekten (r Urnen mit n Kugeln, r Listen mit n Namen). Wie groß ist die Wahrscheinlichkeit $\mathbf{P}(Z = (k_1, \dots, k_r))$? Der Zielbereich von Z ist die Menge

$$S_{n,r} := \{k = (k_1, \dots, k_r) : k_j \in \mathbb{N}_0, \, k_1 + \cdots + k_r = n\} ,$$

die Menge aller möglichen Besetzungen von r Plätzen mit n Objekten. Nach (2.2) ist die gesuchte Wahrscheinlichkeit gleich $1/\#S_{n,r}$. Um die Mächtigkeit von $S_{n,r}$ zu bestimmen, betrachten wir auch

$$S' := \text{Menge der 01-Folgen der Länge } n + r - 1 \text{ mit genau } n \text{ Einsen} .$$

$S_{n,r}$ wird durch

$$h(k_1, k_2, \ldots, k_r) := \underbrace{1\ldots1}_{k_1\text{-mal}}0\underbrace{1\ldots1}_{k_2\text{-mal}}0\ldots0\underbrace{1\ldots1}_{k_r\text{-mal}}$$

bijektiv auf S' abgebildet. Es zerfällt nämlich jedes $b \in S'$ in r Blöcke von Einsen, die voneinander durch jeweils eine der $r-1$ Nullen getrennt werden. Dabei können Blöcke durchaus leer sein, wie im folgenden Fall mit $n = 5$ und $r = 4$:

$$h(2, 0, 3, 0) = 11001110\,.$$

Und weil die Elemente von S' eins zu eins den n-elementigen Teilmengen von $\{1, \ldots, n+r-1\}$ entsprechen, erhalten wir nach (2.5) (mit $n+r-1$ statt n und n statt k)

$$\#S_{n,r} = \binom{n+r-1}{n}$$

und

$$\mathbf{P}\big(Z = (k_1, \ldots, k_r)\big) = \frac{1}{\binom{n+r-1}{n}}\,. \tag{2.6}$$

Damit bietet sich folgender Zufallsmechanismus an, um n weiße Kugeln auf r Plätze zu verteilen, so dass jede Besetzung die gleiche Chance bekommt: Man lege die Kugeln in eine Urne, zusammen mit $r-1$ zusätzlichen blauen Kugeln. Aus dieser Urne ziehe man alle Kugeln in rein zufälliger Reihenfolge heraus. Die ersten weißen Kugeln lege man auf Platz 1, bis die erste blaue Kugel kommt, die nächsten weißen Kugeln auf Platz 2, bis die zweite blaue Kugel kommt usw. Das Resultat ist eine uniform verteilte Besetzung der r Plätze mit den n weißen Kugeln.

Kollisionen. Berechnen Sie die Wahrscheinlichkeit, dass es bei einer uniform verteilten Besetzung von r Listen mit n Namen zu keiner Kollision kommt. Formen Sie die Wahrscheinlichkeit um zu

$$\frac{(r-1)(r-2)\cdots(r-n+1)}{(n+r-1)(n+r-2)\cdots(r+1)}\,.$$

Für $r = 365$ und $n = 25$ ergibt sich der Wert 0.193. Vergleichen Sie mit dem Ergebnis aus Abschnitt 1.

Aufgabe

In einer Fernsehlotterie wurde eine siebenstellige Gewinnzahl so ermittelt: Aus einer Trommel, die jede Ziffer $0, 1, \ldots, 9$ genau siebenmal enthält, werden ohne Zurücklegen nacheinander sieben Ziffern gezogen und in derselben Reihenfolge zu einer Zahl zusammengesetzt.

Aufgabe

(i) Haben alle siebenstelligen Losnummern dieselbe Gewinnchance?

(ii) Wenn nicht, wieviel mehr ist eine gute Losnummer wert als eine schlechte (im extremsten Fall)?

3
Kontinuierlich uniform verteilte Zufallsvariable*

Die Idee einer uniform verteilten Zufallsvariablen ist nicht nur bei endlichem Zielbereich sinnvoll.

Definition

Kontinuierliche uniforme Verteilung. Sei S eine Teilmenge des $\mathbb{R}^d$ mit endlichem Inhalt $V(S)$. Eine S-wertige Zufallsvariable X heißt uniform verteilt auf S, wenn für alle Teilmengen $A \subset S$ mit wohldefiniertem Inhalt $V(A)$ gilt:

$$\mathbf{P}(X \in A) = \frac{V(A)}{V(S)} .$$

Wieder ist die Vorstellung die, dass kein Element aus S bevorzugt ausgewählt wird. Die Wahrscheinlichkeit, dass X in A fällt, ist der relative Inhalt von A in S; man beachte die Analogie zu (2.1). In der Maßtheorie wird geklärt, für welche Teilmengen des $\mathbb{R}^d$ sich ein Inhalt definieren lässt. Zum Verständnis von Beispielen benötigt man diese Kenntnisse weniger.

Die zu (2.2) analoge Gleichung schreibt man als

$$\mathbf{P}(X \in da) = \frac{da}{V(S)}, \quad a \in S . \tag{3.1}$$

Sie ist eine infinitesimale Charakterisierung der uniformen Verteilung. Man erlaubt es sich dabei, dass der Ausdruck da in zwei Bedeutungen auftaucht, nämlich als infinitesimales Raumstück und als sein infinitesimaler Inhalt.

Aufgabe

Uniforme Verteilung auf einem Rechteck. (X, Y) sei uniform verteilt auf $[0, 3] \times [0, 2]$. Mit welcher Wahrscheinlichkeit fällt der Abstand von X und Y größer aus als 1?
Hinweis: Vergleichen Sie Flächeninhalte.

Beispiel

Uniforme Verteilung auf einem Intervall. Sei $S \subset \mathbb{R}$ ein beschränktes Intervall mit Endpunkten $l < r$. Eine Zufallsvariable X ist uniform verteilt auf S, wenn für alle c, d mit $l \le c \le d \le r$ gilt:

$$\mathbf{P}\big(X \in [c, d]\big) = \frac{d - c}{r - l} .$$

Der prominente Fall ist $l = 0, r = 1$: Ist U uniform verteilt auf dem Einheitsintervall $[0, 1]$, dann ist die Wahrscheinlichkeit von $\big\{U \in [c, d]\big\} = \{c \le U \le d\}$ gleich der Länge des Intervalls $[c, d]$.

Eine wichtige Eigenschaft der uniformen Verteilung auf $[0, 1]$ ist die Verschiebungsinvarianz modulo 1. Man macht sich klar: Ist die Zufallsvariable U uniform verteilt auf $[0, 1]$, dann ist für jedes $v \in \mathbb{R}$ auch $\langle U + v\rangle$ uniform verteilt auf $[0, 1]$. (Dabei ist $\langle x\rangle := x - \lfloor x\rfloor$ der *gebrochene Anteil* der reellen Zahl x, und

$\lfloor x \rfloor$ ihr *größtes Ganzes.*) Allgemeiner gilt: Ist $\langle Y \rangle$ uniform verteilt für irgendeine reellwertige Zufallsvariable Y, dann auch $\langle Y + \nu \rangle$.

Ebenso einsichtig ist der folgende Sachverhalt: Ist Y uniform verteilt auf dem Intervall $[l, r]$ mit $r - l \gg 1$, dann ist $\langle Y \rangle$ annähernd uniform verteilt auf $[0, 1]$.

Plausibel ist auch die allgemeinere Aussage: Ist Y eine reellwertige Zufallsvariable, die „weit streut", dann ist unter milden Zusatzannahmen die Zufallsvariable $\langle Y \rangle$ annähernd uniform verteilt auf $[0, 1]$. (Mit einer Präzisierung dieser Aussage werden wir uns in einer Aufgabe auf Seite 39/40 beschäftigen.)

Beispiel

Benfords Gesetz. Auf den ersten Blick möchte man meinen: Die Anfangsziffer der Dezimaldarstellung einer positiven Zahl, die rein zufällig aus einem weitgestreckten Intervall herausgegriffen wird, ist annähernd uniform auf $\{1, 2, \dots, 9\}$ verteilt. Dies trifft jedoch nicht zu.

Sei zunächst $a > 0$ eine feste Zahl und $h(a)$ die Anfangsziffer ihrer Dezimaldarstellung. Für $b = 1, \dots, 9$ nimmt $h(a)$ genau dann den Wert b an, wenn $b \cdot 10^n \leq a < (b+1) \cdot 10^n$ für ein $n \in \mathbb{Z}$, bzw.

$$\log_{10} b + n \leq \log_{10} a < \log_{10}(b+1) + n\,. \tag{3.2}$$

Wegen $0 \leq \log_{10} b < \log_{10}(b+1) \leq 1$ ist $n = \lfloor \log_{10} a \rfloor$. Schreiben wir wieder $\langle \log_{10} a \rangle$ für $\log_{10} a - \lfloor \log_{10} a \rfloor$, dann wird (3.2) zu

$$\log_{10} b \leq \langle \log_{10} a \rangle < \log_{10}(b+1)\,.$$

Sei nun X eine Zufallsvariable mit Zielbereich $\mathbb{R}_+$ und $h(X)$ die Anfangsziffer ihrer Dezimaldarstellung. Wir setzen

$$U := \langle \log_{10} X \rangle\,.$$

Unsere Überlegung ergibt

$$\{h(X) = b\} = \big\{U \in [\log_{10} b, \log_{10}(b+1))\big\}\,.$$

Wir betrachten nun die *Modellannahme*, dass die Zufallsvariable U auf $[0, 1)$ uniform verteilt ist. Diese Annahme bietet sich nach dem im vorigen Beispiel Gesagten als Näherung an, wenn die Zufallsvariable $\log_{10} X$ „breit streut", d.h. wenn die Werte von X auf logarithmischer Skala über einen weiten Bereich variieren können.

Unter der Modellannahme ergibt sich für $b = 1, \dots, 9$

$$\mathbf{P}\big(\log_{10} b \leq U < \log_{10}(b+1))\big) = \log_{10}(b+1) - \log_{10} b$$

und damit

$$\mathbf{P}(h(X) = b) = \log_{10}\Big(1 + \frac{1}{b}\Big)\,, \quad b = 1, \dots, 9\,.$$

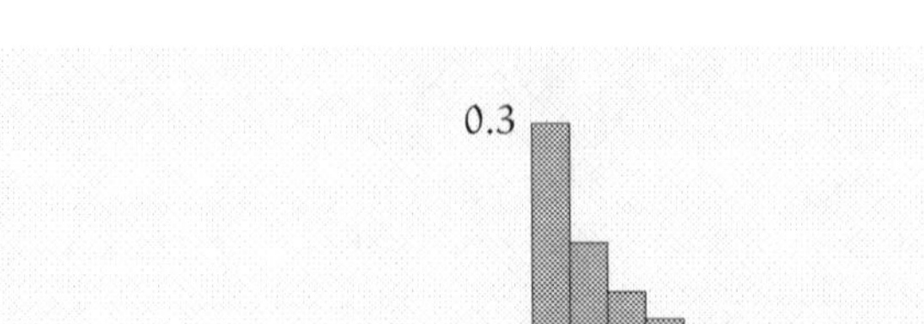

Diese Gesetzmäßigkeit wurde vom Physiker Benford 1936 (wie schon vor ihm um 1881 vom Astronomen Newcomb) empirisch entdeckt. Sie stellten an einer Reihe von verschiedenen Datensätzen fest, dass der Anteil der Daten, die mit der Ziffer b beginnt, ungefähr $\log_{10}\left(1+\frac{1}{b}\right)$ beträgt.

Eine wichtige Eigenschaft unserer Modellannahme ist, dass sie invariant unter einem Skalenwechsel ist: Gehen wir von X über zu $X' := cX$ mit einer Konstanten $c > 0$, so folgt $\log_{10} X' = \log_{10} X + \log_{10} c$. Mit $\langle \log_{10} X \rangle$ ist dann auch $\langle \log_{10} X' \rangle$ uniform verteilt.

Daten, für die es keine ausgezeichnete Skala gibt (wie die Fläche von Seen oder physikalische Konstante) sind Kandidaten für Benfords Gesetz. Dagegen kommen Daten, die an eine spezielle Skala adjustiert sind (etwa an einen Index oder, wie Preise, an eine Währung), für Benfords Gesetz weniger in Betracht. Für Beispiele und weitere Details vgl. T. Hill, The Significant-Digit Phenomenon, *American Mathematical Monthly* **102**, 1995, 322-327.

Beispiel

Uniforme Verteilung auf der Sphäre. Eine uniform auf der Einheitssphäre S verteilte Zufallsvariable X gibt Anlass zu zwei Bijektionen, die weitere uniform verteilte Zufallsvariable induzieren. Dies ist auch deswegen bemerkenswert, weil kontinuierlich uniforme Verteilungen, anders als im diskreten Fall, unter Bijektionen im Allgemeinen nicht uniform bleiben. Eine der beiden Bijektionen ist von Interesse, um rein zufällige Punkte auf S zu erzeugen, die andere hat einen bemerkenswerten physikalischen Hintergrund.

Wir betrachten erst einmal die uniforme Verteilung auf der Einheitssphäre

$$S := \left\{(a_1, a_2, a_3) \in \mathbb{R}^3 : a_1^2 + a_2^2 + a_3^2 = 1\right\}.$$

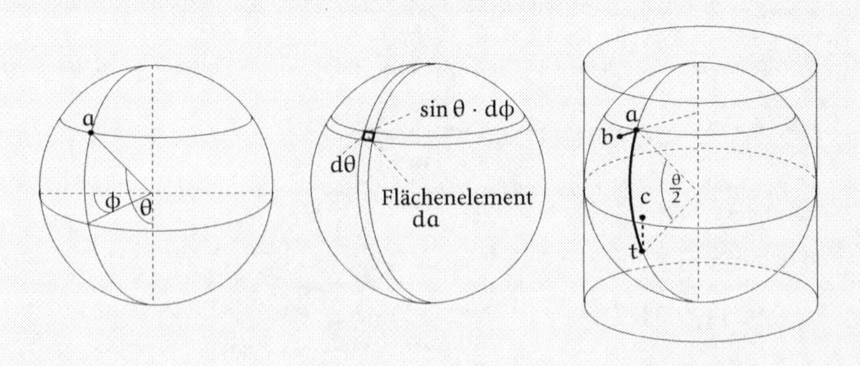

Ein Punkt $a = (a_1, a_2, a_3) \in S$ lässt sich durch seine sphärischen Koordinaten $\phi \in [0, 2\pi)$ und $\theta \in (0, \pi)$, ihren Längengrad und ihren Breitengrad, festlegen (Nord- und Südpol lassen wir hier beiseite). Für unsere Zwecke ist es übersichtlich, Breitengrade vom Südpol aus zu messen.

Betrachten wir ein infinitesimales Rechteck da innerhalb S, begrenzt durch zwei Längenkreise beim Grad ϕ und durch zwei Breitenkreise beim Grad θ, wobei die Graddifferenz der Längenkreise $d\phi$ und die der Breitenkreise $d\theta$ sei. Der Radius der Breitenkreise ist $\sin\theta$, das infinitesimale Rechteck hat also Seiten der Länge $\sin\theta\, d\phi$ und $d\theta$ sowie die Fläche $\sin\theta\, d\theta d\phi$. Integration über ϕ und θ ergibt den Wert 4π für die Gesamtoberfläche der Sphäre.

Diese Überlegungen können wir gemäß (3.1) wie folgt ausdrücken: Für eine uniform auf der Sphäre verteilte Zufallsvariable $X = (X_1, X_2, X_3)$ gilt

$$\mathbf{P}(X \in da) = \frac{\sin\theta\, d\theta\, d\phi}{4\pi} .$$

Wegen $a_3 = -\cos\theta$ und $da_3 = \sin\theta\, d\theta$ lässt sich dies auch als

$$\mathbf{P}(X \in da) = \frac{da_3\, d\phi}{4\pi}$$

schreiben.

Dies führt uns zu der ersten Abbildung h: Setzen wir $b = h(a) := (a_3, \phi)$, so gilt für die Zufallsvariable $Y := h(X) = (X_3, \Phi)$ mit Werten in $S' := (-1, 1) \times [0, 2\pi)$ (dem die Sphäre umschließenden „Zylinder") die Gleichung

$$\mathbf{P}(Y \in db) = \frac{db}{4\pi} .$$

Nach (3.1) ist also auch Y uniform verteilt, und X_3 ist uniform in $(-1, 1)$ verteilt. Die Erkenntnis dieses hier in der Sprache der Stochastik ausgedrückten Sachverhalts lässt sich bis auf Archimedes zurückverfolgen und wurde vom Geometer und Kartographen Johann Heinrich Lambert im Jahr 1772 als flächentreue Zylinderprojektion der Sphäre wiederentdeckt. Für uns ist dies ein probates Mittel, um einen rein zufälligen Punkt X auf der Einheitssphäre zu gewinnen: Man verschaffe sich einen rein zufälligen Punkt $Y = (Y_1, Y_2)$ in S' und setze $X := h^{-1}(Y)$, d.h.

$$X_1 := \sqrt{1 - Y_1^2} \cos Y_2 , \quad X_2 := \sqrt{1 - Y_1^2} \sin Y_2 , \quad X_3 := Y_1 .$$

Die zweite Abbildung k lässt sich in Worten so beschreiben: Gehe von $a \in S$ zum Punkt $t \in S$ auf halbem Weg Richtung Südpol und projiziere dann t senkrecht auf die Äquatorialebene. Den so entstehenden Punkt c in der Einheitskreisscheibe $S'' := \{(c_1, c_2) \in \mathbb{R}^2 : c_1^2 + c_2^2 < 1\}$ schreiben wir als $c = k(a)$. In Formeln ausgedrückt hat t Längengrad ϕ und Breitengrad $\theta/2$,und c hat Polarkoordinaten $r = \sin(\theta/2)$ und ϕ. Das infinitesimale Rechteck da schließlich wird auf ein infinitesimales Rechteck dc mit Seitenlängen $dr = \cos(\theta/2)\, d\theta/2$ und $r\, d\phi = \sin(\theta/2)\, d\phi$ abgebildet. Der Flächeninhalt von dc in der Ebene berechnet sich unter Beachtung der Formel $2\sin(\theta/2)\cos(\theta/2) = \sin\theta$ als

$$\frac{\sin\theta \, d\theta \, d\phi}{4} .$$

Betrachten wir also $Z := k(X)$, so folgt für uniformes X nach unseren Formeln

$$\mathbf{P}(Z \in dc) = \frac{dc}{\pi} .$$

Das bedeutet nach (3.1), dass Z uniform auf dem Äquatorialschnitt S'' der Einheitskugel verteilt ist.

Wieder handelt es sich um eine Bijektion, wir können also aus einem uniform in S'' verteilten zufälligen Punkt durch Anwendung von k^{-1} einen uniformen Punkt auf der Einheitssphäre gewinnen. Dieser Sachverhalt hat eine bemerkenswerte physikalische Interpretation: Eine elastische Kugel mit Radius 1 sei im Koordinatenursprung O fest verankert. Ihr nähere sich (wie in der folgenden Abbildung) eine andere elastische Kugel gleichen Durchmessers von Süden her in Richtung der Polarachse, mit versetztem Zentrum, so dass es zum Stoss beider Kugeln kommt.

Wir nehmen an, dass die Versetzung der Zentren rein zufällig ist und meinen damit, dass das Zentrum der ankommenden Kugel sich auf einen rein zufälligen Punkt U im Kreis vom Radius 2 um das Zentrum der festen Kugel zubewegt, seinem doppelt vergrößeren Querschnitt in der Äquatorialebene (sonst kommt es nicht zum Stoß):

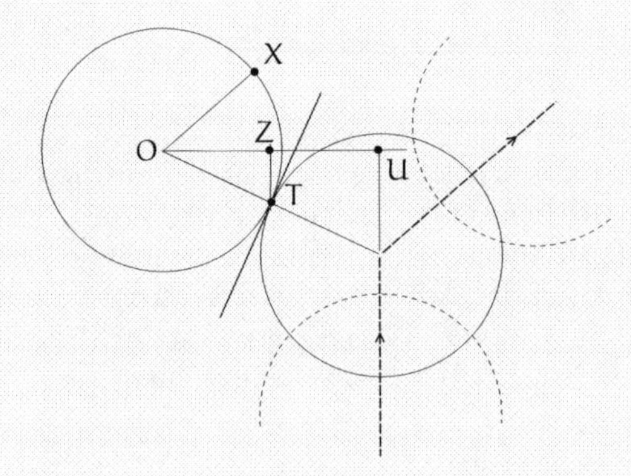

Der Treffpunkt T, projiziert auf die Äquatorialebene, liegt genau auf dem Mittelpunkt Z zwischen U und dem Ursprung O; der Punkt Z ist folglich uniform auf dem Äquatorialschnitt der festen Kugel verteilt. Nach dem Reflexionsgesetz Eintrittswinkel = Austrittswinkel entspricht die Richtung, in der die Kugel reflektiert wird, dem Punkt X, den wir unseren Rechnungen zugrunde gelegt haben. Wie wir sahen, ist er uniform verteilt auf der Einheitssphäre, eine bemerkenswerte Tatsache, die für den 3-dimensionalen Raum charakteristisch und für die zufälligen Stöße zwischen den Teilchen eines Gases von Bedeutung ist.

Die Nadel von Buffon und Laplace. Buffon stellte die Frage: Wenn man eine Nadel zufällig auf liniertes Papier fallen lässt, mit welcher Wahrscheinlichkeit trifft sie eine Linie? Nadellänge und Linienabstand seien der Einfachheit halber beide gleich d. Wir können die Lage der Nadel relativ zu den Linien durch zwei Parameter erfassen, $a_1 \in [0, d/2]$, dem Abstand der Nadelmitte zur nächsten Linie, und $a_2 \in [0, \pi)$, dem Winkel zwischen Nadel und Linien. Die Lage der Nadel ist also eine Zufallsvariable $X = (X_1, X_2)$ mit Werten in $S = [0, d/2] \times [0, \pi)$.

Aufgabe

(i) Formulieren Sie das Ereignis „die Nadel trifft eine Linie“ als $\{X \in A\}$ mit passendem $A \subset S$.

(ii) Unter der Annahme, dass X uniform auf S verteilt ist, kommt es mit Wahrscheinlichkeit $2/\pi$ zum Treffen. Zeigen Sie dies.

(iii) Laplace betrachtete stattdessen kariertes Papier. Wieder sei der Linienabstand d. Begründen Sie, warum sich in einem zu (ii) analogen Modell die Wahrscheinlichkeit, dass die Nadel keine Linie trifft, als

$$\frac{2}{\pi}\int_0^{\pi/2} (1 - \sin\theta)(1 - \cos\theta)\, d\theta$$

ergibt. Berechnen Sie die Wahrscheinlichkeit, mit der die Nadel mindestens eine Linie trifft.

Wir betrachten einen auf dem Einheitsquadrat $[0, 1] \times [0, 1]$ uniform verteilen zufälligen Punkt mit den Koordinaten U_1, U_2 und setzen $X := \min(U_1, U_2), Y := \max(U_1, U_2)$. Zeigen Sie: Für jedes $\alpha \in (0, 1)$ ist

Aufgabe

$$\mathbf{P}(\{X > \alpha/2\} \cap \{Y > \alpha\}) = 1 - \alpha.$$

II Zufallsvariable und Verteilungen

In diesem Kapitel behandeln wir Zufallsvariable mit zwei wichtigen Typen von Verteilungen. Bei diskreten Zufallsvariablen sind die Verteilungen durch Gewichte gegeben. Der Fall von Zufallsvariablen mit Dichten ist etwas anspruchsvoller. Die Analogie der beiden Typen wird deutlich, wenn man Dichten anschaulich als infinitesimale Gewichte begreift. Wir werden Erwartungswert und Varianz, grundlegende Kenngrößen der Verteilung einer reellwertigen Zufallsvariablen, einführen und verschiedene wichtige Beispiele betrachten.

4 Ein Beispiel: Vom Würfeln zum p-Münzwurf

Betrachten wir eine Zufallsvariable $X = (X_1, \dots, X_n)$, bei der X_i für das Ergebnis des i-ten Wurfes beim n-maligen Würfeln steht. Jede Serie ist gleich wahrscheinlich, X ist uniform verteilt auf $\{1, \dots, 6\}^{\{1,\dots,n\}}$. (Man erinnere sich: Im Eingangsbeispiel des vorigen Kapitels hatten wir so die rein zufällige Kennzeichnung von n Individuen mit r Kennzeichen beschrieben; jetzt ist $r = 6$.)

Wir wollen nun die Beobachtung vergröbern und nur notieren, ob der jeweilige Wurf die Augenzahl 6 hat oder nicht. Dazu betrachten wir für $i = 1, \dots, n$ eine $\{0, 1\}$-wertige Zufallsvariable Z_i, die den Ausgang 1 hat, wenn X_i auf 6 fällt, und 0 sonst.

Für ein $k \in \{0, \dots, n\}$ fragen wir erst einmal nach der Wahrscheinlichkeit des Ereignisses, dass bei den ersten k Würfen jeweils die 6 geworfen wird und bei den restlichen $n - k$ nicht. Nach (2.1) ergibt sich

$$\mathbf{P}(X_1 = 6, \dots, X_k = 6,\ X_{k+1} \neq 6, \dots, X_n \neq 6) = \frac{1^k \cdot 5^{n-k}}{6^n} = p^k q^{n-k} ,$$

mit $p := 1/6$ und $q := 5/6$. Auch jede andere Reihung von genau k Treffern der Augenzahl 6 in n Würfen hat dieselbe Wahrscheinlichkeit. Also ist für jede 01-Folge $(a_1, \dots, a_n)$ mit genau k Einsen und $n - k$ Nullen

$$\mathbf{P}(Z_1 = a_1, \dots, Z_n = a_n) = p^k q^{n-k} . \tag{4.1}$$

Auch für allgemeines $p \in [0, 1]$ und $q := 1 - p$ kann man eine Zufallsvariable $Z = (Z_1, \dots, Z_n)$ betrachten, deren Zielbereich die 01-Folgen der Länge n sind und die die Eigenschaft (4.1) hat. Man stelle sich dazu als einfaches Gedankenexperiment das n-malige Spulen eines Glücksrades mit zwei Sektoren der Größen p und $1-p$ vor, oder auch das Werfen einer Münze. Jeder Wurf hat den Ausgang 1 oder 0, Kopf oder Zahl, Erfolg oder Misserfolg. p steht für die *Erfolgswahrscheinlichkeit* in einem Versuch und q für die *Gegenwahrscheinlichkeit*. Die Münze ist fair, $p = 1/2$, oder auch gezinkt, $p \neq 1/2$. Die Wahrscheinlichkeit, beim ersten Wurf Erfolg zu haben, ist p, die Wahrscheinlichkeit, beim ersten und zweiten Wurf Erfolg zu haben, ist p^2, und die, bei jedem der n Würfe Erfolg zu haben, ist p^n. Allgemeiner ergibt sich für jede 01-Folge $a = (a_1, \dots, a_n)$ mit k Einsen und $n-k$ Nullen die Wahrscheinlichkeit (4.1).

Eine Zufallsvariable $(Z_1, \dots, Z_n)$ mit den Verteilungsgewichten (4.1) nennen wir einen (n-fachen) *Münzwurf zur Erfolgswahrscheinlichkeit* p, kurz p-*Münzwurf*. Man spricht auch von einer *Bernoulli-Folge*[1] (der Länge n) zum Parameter p.

Beispiel

Das Paradoxon des Chevalier de Méré von 1654. Die Wahrscheinlichkeit, in 4 Würfen mit einem Würfel mindestens eine Sechs zu erhalten, ist $1-(5/6)^4 = 0.518$. Hingegen ist die Wahrscheinlichkeit, in 24 Würfen mit zwei Würfeln mindestens eine Doppelsechs zu erzielen, geringer, nämlich $1-(35/36)^{24} = 0.491$. Der Glücksspieler de Méré soll diese Feststellung einen Skandal genannt und sich bei Pascal über die trügerische Mathematik beschwert haben.

Aufgabe

Wirklich skandalös? Was hat die von de Méré inkriminierte Feststellung mit dem streng monotonen Wachstum der Funktion $x \mapsto (1-\frac{1}{x})^x, x > 1$, zu tun? Stellen wir uns vor, dass m Würfel $4 \cdot 6^{m-1}$ Mal geworfen werden, und fragen wir nach der Wahrscheinlichkeit, bei mindestens einem Wurf eine m-fach-Sechs zu erzielen. Wie groß ist diese Wahrscheinlichkeit im Grenzwert $m \to \infty$?

5 Zufallsvariable mit Gewichten

Vor der Behandlung von weiteren Beispielen erklären wir einige wichtige Begriffe.

Verteilung

Wir betrachten Zufallsvariable X, deren Zielbereich eine endliche oder abzählbar unendliche Teilmenge S enthält, so dass $\mathbf{P}(X \in S) = 1$ gilt. Dann bleibt die Beziehung, die uns schon in (1.2) im Beispiel begegnet ist, zentral: Die Wahrscheinlichkeit des Ereignisses, dass die Zufallsvariable X in die Teilmenge A fällt, ist die Summe über die Wahrscheinlichkeiten, dass X den Ausgang a hat, summiert über $a \in A$. In Formeln:

$$\begin{aligned} \mathbf{P}(X \in A) &= \sum_{a \in A} \mathbf{P}(X = a)\,, \quad A \subset S\,, \qquad (5.1)\\ \mathbf{P}(X \in S) &= 1\,. \end{aligned}$$

[1] Jacob Bernoulli, 1654–1705, schweizer Mathematiker. Seine bedeutende Rolle in der Wahrscheinlichkeitstheorie gründet sich auf Beiträge in der Kombinatorik und auf die Entdeckung und den Beweis des Schwachen Gesetzes der Großen Zahlen.

Diskrete Zufallsvariable. Eine Zufallsvariable heißt *diskret*, falls ihr Zielbereich abzählbar ist oder allgemeiner eine abzählbare Menge S enthält mit der Eigenschaft $\mathbf{P}(X \in S) = 1$. Die Abbildung ρ,

Definition

$$A \mapsto \rho[A] := \mathbf{P}(X \in A) , \quad A \subset S ,$$

heißt die *Verteilung* von X. Die Zahlen

$$\rho(a) := \mathbf{P}(X = a) , \quad a \in S ,$$

sind die *Verteilungsgewichte.* Zerfällt X in Komponenten, $X = (X_1, \ldots, X_n)$, so wird die Verteilung ρ von X auch als *gemeinsame Verteilung* von $X_1, \ldots, X_n$ bezeichnet. Die Verteilungen $\rho_1, \ldots, \rho_n$ von $X_1, \ldots, X_n$ nennt man die *Rand-* oder *Marginalverteilungen* von ρ.

Sind etwa S_1, S_2 die Zielbereiche von X_1, X_2, so dass der Zielbereich von $X = (X_1, X_2)$ die Produktmenge $S = S_1 \times S_2$ ist, dann hat X die Gewichte

$$\rho(a_1, a_2) = \mathbf{P}\big((X_1, X_2) = (a_1, a_2)\big) = \mathbf{P}(X_1 = a_1, X_2 = a_2) ,$$

und es ergibt sich nach (5.1) für alle $a_1 \in S_1$

$$\mathbf{P}(X_1 = a_1) = \mathbf{P}(X \in \{a_1\} \times S_2) = \sum_{a_2 \in S_2} \mathbf{P}(X_1 = a_1, X_2 = a_2) \qquad (5.2)$$

bzw.

$$\rho_1(a_1) = \sum_{a_2 \in S_2} \rho(a_1, a_2) .$$

Die gemeinsame Verteilung legt also die Marginalverteilungen fest. Umgekehrt ist das nicht richtig: Im Allgemeinen gibt es viele gemeinsame Verteilungen mit denselben Marginalverteilungen.

Die Beziehung (5.2) ist bei der Wahl $h(a_1, a_2) := a_1$ ein Spezialfall der folgenden Bemerkung über den Transport einer Verteilung durch eine Abbildung:

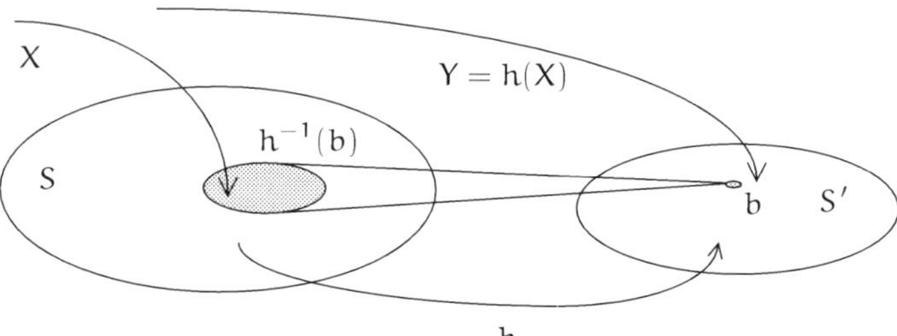

Ist X diskrete Zufallsvariable mit Zielbereich S und h Abbildung von S in eine Menge S', dann gilt für die Verteilung der Zufallsvariable $Y := h(X)$

$$\mathbf{P}(Y = b) = \mathbf{P}\big(X \in h^{-1}(b)\big) = \sum_{a \in h^{-1}(b)} \mathbf{P}(X = a)\,. \tag{5.3}$$

Man beachte dabei, dass die beiden Ereignisse $\{h(X) = b\}$ und $\{X \in h^{-1}(b)\}$ identisch sind.

Beispiel

Münzwurf. Sei $n \in \mathbb{N}$ und $p \in [0,1]$. Wir gehen aus von einem n-fachen p-Münzwurf, d.h. einer Zufallsvariablen $Z = (Z_1, \dots, Z_n)$ mit Zielbereich $S := \{a = (a_1, \dots, a_n) : a_i = 0, 1\}$, den 01-Folgen der Länge n, und mit Verteilungsgewichten (4.1). Betrachten wir die Abbildung $h(a) := a_1 + \cdots + a_n$ von S nach $S' := \{0, 1, \dots, n\}$. Dann ist für $k \in \{0, 1, \dots, n\}$ nach (5.3) und (4.1)

$$\begin{aligned}\mathbf{P}(Z_1 + \cdots + Z_n = k) &= \mathbf{P}(h(Z) = k) \\ &= \sum_{a \in h^{-1}(k)} \mathbf{P}(Z = a) = \#h^{-1}(k) \cdot p^k q^{n-k}\,.\end{aligned}$$

Aus (2.5) kennen wir $\#h^{-1}(k)$, die Anzahl der 01-Folgen der Länge n mit k Einsen:

$$\#h^{-1}(k) = \binom{n}{k}\,.$$

Damit ergibt sich

$$\mathbf{P}\Big(\sum_{i=1}^{n} Z_i = k\Big) = \binom{n}{k} p^k q^{n-k}\,. \tag{5.4}$$

Diese Verteilungsgewichte summieren zu 1, im Einklang mit dem Binomischen Lehrsatz. Wir kommen auf diese Verteilung der „Anzahl der Erfolge beim n-maligen Münzwurf" bald zurück.

Aufgabe

Uniform verteilte Besetzungen. Sei $(Z_1, \dots, Z_r)$ eine uniform verteilte Besetzung von r Plätzen mit n Objekten. Zeigen Sie für die Verteilungsgewichte von Z_1:

$$\mathbf{P}(Z_1 = k_1) = \binom{n - k_1 + r - 2}{n - k_1} \Big/ \binom{n + r - 1}{n}\,.$$

Formen Sie um zu

$$\mathbf{P}(Z_1 = k_1) = \frac{n}{n + r - 1} \cdot \frac{n - 1}{n + r - 2} \cdots \frac{n - k_1 + 1}{n + r - k_1} \cdot \frac{r - 1}{n + r - k_1 - 1}\,.$$

Sehen Sie einen Zusammenhang zu den Ausführungen nach (2.6)?

Erwartungswert und Varianz

Im Fall von reellwertigen Zufallsvariablen gibt es eine einprägsame Kenngröße für die *Lage* der Verteilung von X in $\mathbb{R}$. Sie ist das mit den Wahrscheinlichkeiten gewichtete Mittel der möglichen Werte von X.

Definition

Erwartungswert. Der *Erwartungswert* einer diskreten reellwertigen Zufallsvariablen X (oder auch ihrer Verteilung) ist definiert als

$$\mathbf{E}[X] := \sum_{a \in S} a \, \mathbf{P}(X = a) \,. \tag{5.5}$$

Voraussetzung ist, dass die Summe wohldefiniert ist. Die Werte $\pm\infty$ sind zugelassen.

Wir bezeichnen den Erwartungswert auch mit dem Symbol μ oder μ_X.

Das Konzept des Erwartungswertes ist angelegt in Arbeiten von Pascal[2] und Fermat[3] um 1654, Formeln wie (5.5) finden sich erstmalig in einem Lehrbuch von Huygens[4] aus 1657.

Häufig benutzt man für den Erwartungswert folgende „Transformationsformel".

Satz

Transformation von Erwartungswerten. Sei X eine diskrete Zufallsvariable mit $\mathbf{P}(X \in S) = 1$ und h eine Abbildung von S nach $\mathbb{R}$ (so dass der Erwartungswert der Zufallsvariablen $h(X)$ wohldefiniert ist). Dann gilt

$$\mathbf{E}[h(X)] = \sum_{a \in S} h(a)\mathbf{P}(X = a) \,. \tag{5.6}$$

Beweis. Nach (5.5) und (5.3) ist der Erwartungswert von $h(X)$ gleich

$$\begin{aligned}\sum_{b \in h(S)} b\mathbf{P}(h(X) = b) &= \sum_{b \in h(S)} b \sum_{a \in h^{-1}(b)} \mathbf{P}(X = a) \\ &= \sum_{b \in h(S)} \sum_{a \in h^{-1}(b)} h(a)\, \mathbf{P}(X = a) \\ &= \sum_{a \in S} h(a)\mathbf{P}(X = a) \,.\end{aligned}$$

□

[2] Blaise Pascal, 1623–1662, französischer Mathematiker, Physiker und Philosoph. Auf ihn gehen wichtige kombinatorische Ideen zurück. Sein Briefwechsel mit Fermat stand an der Wiege der Stochastik.

[3] Pierre de Fermat, 1601–1665, berühmter französischer Mathematiker.

[4] Christiaan Huygens, 1629–1695, niederländischer Mathematiker, Astronom und Physiker.

Für eine Zufallsvariable X mit den Komponenten X_1, X_2 übersetzt sich (5.6) unmittelbar in die Beziehung

$$\mathbf{E}[h(X_1, X_2)] = \sum_{a_1 \in S_1} \sum_{a_2 \in S_2} h(a_1, a_2)\, \mathbf{P}(X_1 = a_1, X_2 = a_2)\,. \tag{5.7}$$

Man mag sich fragen, was den Erwartungswert (5.5) vor anderen Kennzahlen für die „mittlere Lage" der Verteilung von X auszeichnet, denn man könnte etwa auch mit einem *Median* m arbeiten, charakterisiert durch die Eigenschaft, dass X mit (möglichst) derselben Wahrscheinlichkeit ihren Wert rechts oder links von m annimmt, präziser ausgedrückt: $\mathbf{P}(X \geq m) \geq 1/2$ und $\mathbf{P}(X \leq m) \geq 1/2$. Der Erwartungswert wird bevorzugt, weil er mathematisch gut handhabbar ist, wir werden dies bald in Beispielen sehen. Der tiefere Grund dafür liegt in der Linearität des Erwartungswertes, auf die wir in Kapitel III eingehen.

Neben dem Erwartungswert ist die Varianz die zweite wichtige Kenngröße der Verteilung einer reellwertigen Zufallsvariablen.

Definition

Varianz. Sei X eine reellwertige Zufallsvariable mit endlichem Erwartungswert μ. Dann ist ihre *Varianz* (bzw. die Varianz ihrer Verteilung) definiert als

$$\mathbf{Var}[X] := \mathbf{E}\big[(X-\mu)^2\big]\,. \tag{5.8}$$

Für die Varianz benutzen wir auch das Symbol σ^2.

Im diskreten Fall gilt

$$\mathbf{Var}[X] = \sum_{a \in S} (a-\mu)^2 \mathbf{P}(X = a). \tag{5.9}$$

Die Varianz ist die erwartete quadratische Abweichung der Zufallsvariablen von ihrem Erwartungswert μ. Für konkrete Berechnungen benutzen wir in diesem Abschnitt die Formel

$$\mathbf{Var}[X] = \mathbf{E}[X(X-1)] + \mathbf{E}[X] - \mathbf{E}[X]^2\,, \tag{5.10}$$

die sich aus (5.9) und (5.6) unter Beachtung von $(a-\mu)^2 = a(a-1) + a + \mu^2 - 2a\mu$ ergibt.

Eine Kennzahl für die „typische Abweichung" der Zufallsvariablen X von ihrem Erwartungswert ist die Wurzel aus der Varianz, bezeichnet als *Standardabweichung* oder *Streuung* von X:

$$\sigma = \sqrt{\mathbf{Var}[X]}\,.$$

Ähnlich wie beim Erwartungswert mag man fragen, wieso man die typische Streuung einer reellwertigen Zufallsvariablen um μ als ihre Standardabweichung σ

angibt, und nicht etwa ganz plausibel als ihre mittlere absolute Abweichung

$$\mathbf{E}\big[|X - \mu|\big] = \sum_{a \in S} |a - \mu| \, \mathbf{P}(X = a) \,.$$

Mathematisch ist die Standardabweichung viel griffiger. Man erinnere sich daran, dass man ja auch den Abstand zweier Punkte $(a_1, \dots, a_n)$ und $(b_1, \dots, b_n)$ im Euklidischen Raum als $\sqrt{\sum_i (a_i - b_i)^2}$ definiert, und nicht als $\sum_i |a_i - b_i|$.

Erwartungswert und Varianz gehören zu den grundlegenden Werkzeugen der Stochastik.

Binomial- und multinomialverteilte Zufallsvariable

Definition

Binomialverteilung. Sei $n \in \mathbb{N}$ und $p \in [0, 1]$. Eine Zufallsvariable X, deren Zielbereich die Zahlen $\{0, 1, \dots, n\}$ enthält, heißt *binomialverteilt* mit Parametern n und p, kurz $\mathrm{Bin}(n, p)$-verteilt, wenn

$$\mathbf{P}(X = k) = \binom{n}{k} p^k q^{n-k} \,, \quad k = 0, 1, \dots, n \,,$$

gilt, mit $q := 1 - p$.

Die Gewichte summieren nach dem Binomischen Lehrsatz zu $(p + q)^n = 1$.

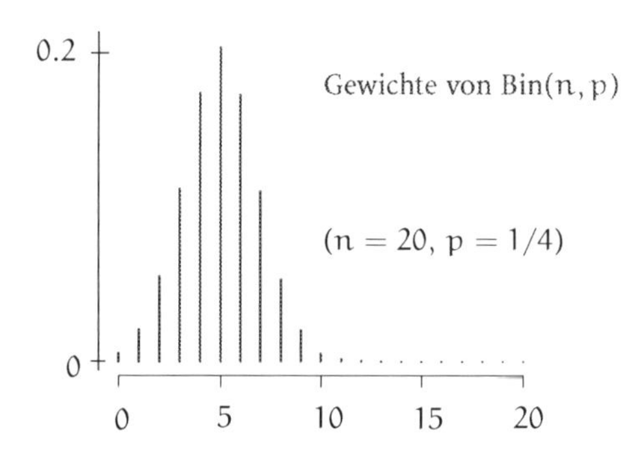

In typischen Anwendungen steht n für die *Anzahl der Versuche*, p für die *Erfolgswahrscheinlichkeit* in einem Versuch und q für die *Gegenwahrscheinlichkeit*. Diese Bezeichnungen ebenso wie das Zustandekommen einer binomialverteilten Zufallsvariable als Anzahl der Erfolge beim n-maligen Münzwurf haben wir bereits kennengelernt. Wir rekapitulieren:

Ist $(Z_1, \dots, Z_n)$ ein p-Münzwurf, dann ist $\sum_{i=1}^{n} Z_i$ nach (5.4) binomialverteilt mit Parametern n und p.

Aufgabe

Runs beim Münzwurf. Sei $Z = (Z_1, Z_2, \dots, Z_n)$ ein fairer Münzwurf. Ein *Run* ist ein maximaler Teilblock nur aus Einsen oder nur aus Nullen. 0011101 enthält also 4 Runs. Sei Y die Anzahl der Runs in Z. Begründen Sie: $Y - 1$ ist $\mathrm{Bin}(n - 1, 1/2)$-verteilt.
Hinweis: Zählen Sie als Erfolg im i-ten Versuch, falls $\{Z_i \neq Z_{i+1}\}$ eintritt.

Der Erwartungswert einer $\mathrm{Bin}(n,p)$-verteilten Zufallsvariablen X ist np. Das entspricht dem Hausverstand: Pro Versuch erwartet man p Erfolge, in n Versuchen erwartet man np Erfolge.

Satz

Erwartungswert und Varianz der Binomialverteilung. Für eine $\mathrm{Bin}(n,p)$-verteilte Zufallsvariable X gilt

$$\mathbf{E}[X] = np\,, \qquad \mathbf{Var}[X] = n\,pq\,.$$

Beweis „durch Nachrechnen“. Definitionsgemäß gilt

$$\mathbf{E}[X] = \sum_{k=0}^{n} k\binom{n}{k} p^k q^{n-k}\,.$$

Unter Beachtung von $\binom{n}{k} = \frac{n}{k}\binom{n-1}{k-1}$ folgt

$$\mathbf{E}[X] = np\sum_{k=1}^{n}\binom{n-1}{k-1} p^{k-1} q^{(n-1)-(k-1)} = np\sum_{j=0}^{n-1}\binom{n-1}{j} p^j q^{(n-1)-j}\,.$$

Weil Binomialgewichte zu 1 summieren, erhalten wir die erste Behauptung.

Ähnlich ergibt sich nach (5.6)

$$\begin{aligned}\mathbf{E}[X(X-1)] &= \sum_{k=0}^{n} k(k-1)\binom{n}{k} p^k q^{n-k}\\ &= n(n-1)p^2\sum_{k=2}^{n}\binom{n-2}{k-2} p^{k-2} q^{(n-2)-(k-2)} = n(n-1)p^2\,.\end{aligned}$$

Mit (5.10) folgt

$$\mathbf{Var}[X] = n(n-1)p^2 + np - (np)^2 = npq\,. \qquad \square$$

Dieser Beweis benutzt allein die Verteilungsgewichte. Weiteres Licht in die Angelegenheit bringt ein anderer Beweis, bei dem die Zufallsvariable X als die Anzahl von Münzwurferfolgen darstellt und die Linearität des Erwartungswertes verwendet wird. Wir gehen darauf im nächsten Kapitel ein.

Die Standardabweichung einer $\mathrm{Bin}(n,p)$-verteilten Zufallsvariable ist

$$\sigma = \sqrt{npq}\,.$$

Man präge sich ein, dass die Standardabweichung der zufälligen Anzahl von Erfolgen beim p-Münzwurf nicht etwa linear in der Anzahl n der Versuche, sondern nur mit $\sqrt{n}$ wächst. Dieses ist Spezialfall eines weitgehend universellen $\sqrt{n}$-*Gesetzes*, eines der wichtigsten Sachverhalte der Stochastik.

Um eine Vorstellung von der Gestalt der Binomialgewichte zu gewinnen, leiten wir für $k/n \approx p$ eine Approximation ab. Benutzen wir (nach demselben Schema wie in Abschnitt 1) die Stirling-Formel (1.6) für die Fakultäten im Binomialkoeffizienten, so erhalten wir

$$\binom{n}{k} p^k q^{n-k} \approx \sqrt{\frac{n}{2\pi k(n-k)}} \Big(\frac{np}{k}\Big)^k \Big(\frac{nq}{n-k}\Big)^{n-k} .$$

Die Formel liefert präzise Näherungen und versagt nur in den Fällen $k = 0, n$. Mithilfe der Funktion $\eta(t) := t \ln \frac{t}{p} + (1-t) \ln \frac{1-t}{q}$, $0 < t < 1$, schreiben wir sie um zu

$$\binom{n}{k} p^k q^{n-k} \approx \Big(2\pi n \frac{k}{n} \frac{n-k}{n}\Big)^{-1/2} \exp\Big(-n\eta\Big(\frac{k}{n}\Big)\Big) .$$

Eine kurze Rechnung ergibt $\eta(p) = \eta'(p) = 0, \eta''(p) = 1/(pq)$. Mit einer Taylorentwicklung von η um p folgt $\eta(k/n) \approx (k/n - p)^2/(2pq)$. Ersetzen wir noch unter der Wurzel k/n und $(n-k)/n$ durch p und q, so erhalten wir für eine Bin(n, p)-verteilte Zufallsvariable X als Resultat

$$\mathbf{P}(X = k) \approx \frac{1}{\sqrt{2\pi npq}} \exp\Big(-\frac{1}{2}\Big(\frac{k-np}{\sqrt{npq}}\Big)^2\Big) . \tag{5.11}$$

Es bereitet keine großen Schwierigkeiten, diese Rechnung zu präzisieren und die Größe der Fehlerterme im Detail abzuschätzen. Graphisch ergibt sich folgendes Bild, in dem die Binomialgewichte einer „Glockenkurve" folgen, mit Zentrum in np und von der „Breite" $\sqrt{npq}$:

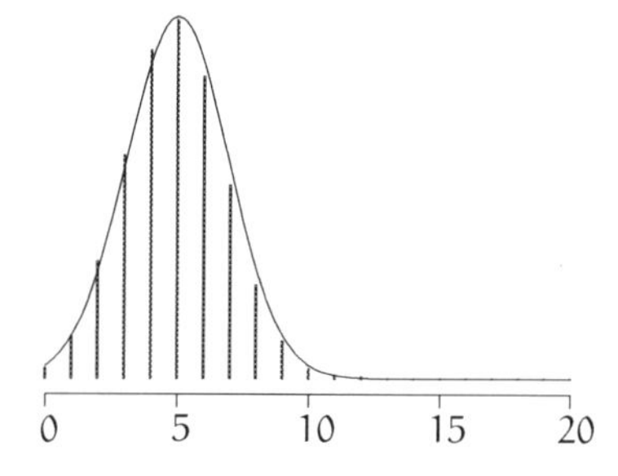

Für k nahe bei np sind die Binomialgewichte von der Größe $1/\sqrt{2\pi npq}$. Dies passt zum oben angesprochenen $\sqrt{n}$-Gesetz.

Lokaler Grenzwertsatz. Sei k_n eine Folge natürlicher Zahlen mit der Eigenschaft $k_n - np = o(n^{2/3})$ (d.h. $(k_n - np)/n^{2/3} \to 0$). Dann gilt in Präzisierung von (5.11) für Bin(n, p)-verteiltes X_n **Aufgabe**

$$\mathbf{P}(X_n = k_n) = \frac{1}{\sqrt{2\pi npq}} \exp\Big(-\frac{(k_n - np)^2}{2npq} + o(1)\Big) .$$

Anders ausgedrückt: Der Quotient aus $\mathbf{P}(X_n = k_n)$ und $\frac{1}{\sqrt{2\pi npq}} \exp\big(-\frac{(k_n-np)^2}{2npq}\big)$ strebt für $n \to \infty$ gegen 1.
Hinweis: Benutzen Sie in der Taylorentwicklung von η um p eine Restgliedabschätzung.

Wir gehen nun noch auf eine wichtige Verallgemeinerung der Binomialverteilung ein. Seien $k_1, \dots, k_r \geq 0$ ganze Zahlen und sei $n := k_1 + \cdots + k_r$. Dann ist der *Multinomialkoeffizient* (den Binomialkoeffizienten verallgemeinernd) definiert als

$$\binom{n}{k_1, \dots, k_r} := \frac{n!}{k_1! \cdots k_r!} .$$

Definition

Multinomialverteilung. Sei $n \in \mathbb{N}$ und seien $p_1, \dots, p_r$ nichtnegative Zahlen, so dass $p_1 + \cdots + p_r = 1$. Dann heißt eine Zufallsvariable $X = (X_1, \dots, X_r)$ *multinomialverteilt* mit Parameter $(n, p_1, \dots, p_r)$, falls ihr Zielbereich die Menge

$$S_{n,r} = \{(k_1, \dots, k_r) \in \mathbb{N}_0^r : k_1 + \cdots + k_r = n\}$$

umfasst und sie die Gewichte

$$\mathbf{P}(X = (k_1, \dots, k_r)) = \binom{n}{k_1, \dots, k_r} p_1^{k_1} \cdots p_r^{k_r}$$

hat.

Wegen $\sum_{k_1+\cdots+k_r=n} \binom{n}{k_1,\dots,k_r} p_1^{k_1} \cdots p_r^{k_r} = (p_1 + \cdots + p_r)^n$ summieren die Gewichte zu 1.

Die kombinatorische Bedeutung des Multinomialkoeffizienten ist wie folgt: n Objekte sollen so auf r Fächer verteilt werden, dass das j-te Fach genau k_j Objekte enthält (mit $k_1 + \cdots + k_r = n$). Wieviele Möglichkeiten gibt es? Wir stellen uns dazu vor, dass wir die Objekte in verschiedenen Reihenfolgen verteilen, und zwar: erst k_1 Stück ins erste Fach, die nächsten k_2 ins zweite Fach und so fort. Es gibt $n!$ verschiedene Reihenfolgen, davon enthält in jeweils $k_1!$ Fällen das erste Fach dieselben Objekte, in jeweils $k_2!$ das zweite Fach dieselben Objekte und so weiter. Die Anzahl der Möglichkeiten ist also

$$\frac{n!}{k_1! \cdots k_r!} .$$

Nun stellen wir uns vor, dass wir die n Objekte nacheinander so auf die r Fächer verteilen, dass jedes von ihnen mit Wahrscheinlichkeit p_j ins j-te Fach gelangt, unabhängig, was mit den anderen geschieht. Sei X_j die Anzahl der Objekte, die in Fach j landen, dann ist $(X_1, \dots, X_r)$ multinomialverteilt. Denn $p_1^{k_1} \cdots p_r^{k_r}$ ist dann die Wahrscheinlichkeit, dass k_j vorab bestimmte Objekte in das j-te Fach kommen, und für diese Vorauswahl gibt es $\binom{n}{k_1,\dots,k_r}$ Möglichkeiten.

Beispiel

Multinomialkoeffizienten. Die Wahrscheinlichkeit, dass beim Bridge jeder der 4 Spieler unter seinen 13 Karten genau ein Ass hat, ist

$$\binom{48}{12, 12, 12, 12}\binom{4}{1, 1, 1, 1} \Big/ \binom{52}{13, 13, 13, 13} \approx 0.11 .$$

Alle Sechse. Wie wahrscheinlich ist es, beim siebenmaligen Würfeln

Aufgabe

(i) insgesamt zweimal die Sechs und je einmal alle anderen Augenzahlen zu bekommen?
(ii) alle sechs Augenzahlen zu bekommen?

Sei $(X_1, \dots, X_r)$ multinomialverteilt. Begründen Sie: X_j ist $\mathrm{Bin}(n, p_j)$-verteilt und $X_j + X_l$ ist $\mathrm{Bin}(n, p_j + p_l)$-verteilt für $j \neq l$.

Aufgabe

Poissonverteilte Zufallsvariable

Definition

Poissonverteilung. Sei $\lambda \in \mathbb{R}_+$. Eine Zufallsvariable X, deren Zielbereich alle natürlichen Zahlen $0, 1, \dots$ umfasst, heißt *Poissonverteilt* mit Parameter λ, kurz $\mathrm{Pois}(\lambda)$-verteilt, wenn

$$\mathbf{P}(X = k) = e^{-\lambda} \frac{\lambda^k}{k!}, \quad k = 0, 1, 2, \dots .$$

Wegen der Darstellung von e^λ als Exponentialreihe, $e^\lambda = \sum_{k=0}^{\infty} \frac{\lambda^k}{k!}$, summieren die Verteilungsgewichte zu 1.

Satz

Erwartungswert und Varianz der Poissonverteilung. Ist X eine $\mathrm{Pois}(\lambda)$-verteilte Zufallsvariable, so gilt

$$\mathbf{E}[X] = \lambda, \quad \mathbf{Var}[X] = \lambda .$$

Beweis. Es gilt

$$\mathbf{E}[X] = \sum_{k=0}^{\infty} k e^{-\lambda} \frac{\lambda^k}{k!} = \lambda \sum_{k=1}^{\infty} e^{-\lambda} \frac{\lambda^{k-1}}{(k-1)!} = \lambda ,$$

und mit (5.10) ergibt sich

$$\mathbf{Var}[X] = \sum_{k=0}^{\infty} k(k-1) e^{-\lambda} \frac{\lambda^k}{k!} + \lambda - \lambda^2 = \lambda^2 \sum_{k=2}^{\infty} e^{-\lambda} \frac{\lambda^{k-2}}{(k-2)!} + \lambda - \lambda^2 = \lambda . \quad \square$$

Die Poissonverteilung spielt in der Stochastik eine zentrale Rolle. U. a. dient sie als Näherung von Verteilungen, vgl. (8.3). Entdeckt wurde sie von Poisson[5] als Approximation der Binomialverteilung. Kurz gesagt konvergieren die Binomialgewichte gegen die Poissongewichte, wenn n gegen unendlich geht und sich der Erwartungswert np_n dabei stabilisiert.

[5] Siméon D. Poisson, 1781–1840, französischer Mathematiker und Physiker. Die von ihm gefundene Verteilung findet sich in einem Werk aus 1837.

Satz

Poissonapproximation. Sei $\lambda > 0$ und sei X_n, $n = 1, 2, \ldots$, eine Folge von $\mathrm{Bin}(n, p_n)$-verteilten Zufallsvariablen, so dass für $n \to \infty$

$$\mathbf{E}[X_n] \to \lambda\,, \qquad \text{d.h. } p_n \sim \frac{\lambda}{n}\,.$$

Dann gilt für jedes $k = 0, 1, 2, \ldots$

$$\mathbf{P}(X_n = k) \to e^{-\lambda}\frac{\lambda^k}{k!}\,.$$

Beweis. Es gilt

$$\binom{n}{k} p_n^k (1 - p_n)^{n-k}$$
$$= \frac{n(n-1)\cdots(n-k+1)}{n^k} \cdot \frac{1}{k!} \cdot (np_n)^k \cdot \left(1 - \frac{np_n}{n}\right)^n \cdot (1 - p_n)^{-k}\,.$$

Der erste und der letzte Faktor der rechten Seite konvergieren für $n \to \infty$ gegen 1, der dritte konvergiert wegen $np_n \to \lambda$ gegen λ^k und der vierte gegen $e^{-\lambda}$. □

Aufgabe

4% aller Fluggäste, die Plätze reservieren, erscheinen nicht. Die Fluggesellschaft weiß dies und verkauft 75 Flugkarten für 73 verfügbare Plätze. Wie groß ist die Wahrscheinlichkeit, dass alle Fluggäste Platz bekommen? Lösen Sie die Aufgabe exakt und mit Poisson-Näherung.

Aufgabe

Sei X die Anzahl der Rechtschreibfehler auf einer zufälligen Seite eines Buchmanuskripts, und Y diejenige nach einem Korrekturlesen.

(i) Machen Sie die Annahme plausibel, dass X Poissonverteilt ist.
(ii) Beim Korrekturlesen werde jeder Fehler mit Wahrscheinlichkeit p entdeckt, in Manier des p-Münzwurfes. Wie ist dann Y verteilt?

Aufgabe

Nur selten nach oben. Ein in 0 startender Irrfahrer auf $\mathbb{Z}$ setzt Schritte von $+1$ oder -1 nach Manier eines Münzwurfs aneinander: +1 hat Wahrscheinlichkeit 0.01, -1 hat Wahrscheinlichkeit 0.99. Gefragt ist die Wahrscheinlichkeit, dass der Wanderer nach 300 Schritten an der Stelle -298 landet. Geben Sie eine Näherung an.

Hypergeometrisch verteilte Zufallsvariable

Definition

Hypergeometrische Verteilung. Seien $n, g \in \mathbb{N}$ und $w \in \mathbb{N}_0$ mit $n, w \leq g$. Eine Zufallsvariable X mit Zielbereich $\{0, 1, \ldots, n\}$ heißt *hypergeometrisch verteilt* mit Parametern n, g, w, kurz $\mathrm{Hyp}(n, g, w)$-verteilt, wenn

$$\mathbf{P}(X = k) = \frac{\binom{w}{k}\binom{g-w}{n-k}}{\binom{g}{n}}\,, \qquad k = 0, 1, \ldots, n\,. \tag{5.12}$$

Dabei gilt die Konvention $\binom{n}{k} = 0$ für $k < 0$ oder $k > n$. Die Gewichte summieren zu 1, gemäß der Formel

$$\sum_{k=0}^{n} \binom{w}{k} \binom{g-w}{n-k} = \binom{g}{n} , \qquad (5.13)$$

die sogleich begründet wird.

Zur Veranschaulichung stellen wir uns eine Population von g Individuen vor, w davon weiblich und $g - w$ männlich. Wir greifen rein zufällig n Individuen heraus und notieren die Anzahl X der weiblichen Individuen in der Stichprobe. Dann ist X $\text{Hyp}(n, g, w)$-verteilt.

Das sieht man so: Angenommen die Individuen tragen die Nummern $1, \ldots, g$. Diese Nummern sind in unserem Gedankenexperiment – ebenso wie das Geschlecht – völlig neutral für das Ausgewähltwerden, also können wir die Nummern $1, \ldots, w$ an die weiblichen Individuen vergeben. Nach (2.5) gibt es $\binom{g}{n}$ Möglichkeiten, eine n-elementige Teilmenge aus $\{1, \ldots, g\}$ herauszugreifen, das ist der Nenner in (5.12). Wieviele davon führen auf k weibliche und $n - k$ männliche Individuen in der Stichprobe? Dazu können wir jede der $\binom{w}{k}$ Möglichkeiten von „k aus w“ mit jeder der $\binom{g-w}{n-k}$ Möglichkeiten von „$n - k$ aus $g - w$“ kombinieren, was den Zähler in (5.12) ergibt. Durch Summation über k erhalten wir wieder alle Möglichkeiten. Auch (5.13) ist damit klar.

Aufgabe

Eine Prüfung besteht aus 12 Fragen, die mit *ja* oder *nein* zu beantworten sind. Sie gilt bei mindestens 8 richtigen Antworten als bestanden.

(i) Ein Student kreuzt auf gut Glück die Antworten an. Mit welcher Wahrscheinlichkeit besteht er die Prüfung?

(ii) Wie ändert sich die Wahrscheinlichkeit, wenn er 2 Fragen mit Sicherheit beantworten kann und nur den Rest zufällig ankreuzt?

(iii) Falls er gar nichts weiß, wäre es für ihn günstiger, auf gut Glück 6-mal *ja* und 6-mal *nein* anzukreuzen, vorausgesetzt, dass für genau 6 Fragen die richtige Antwort *ja* lautet?

Eine hypergeometrisch verteilte Zufallsvariable gewinnt man auch aus einer rein zufälligen Permutation, entlang der Linie des oben beschriebenen Gedankenexperiments. Sei $Y = (Y(1), \ldots, Y(g))$ eine rein zufällige Permutation von $1, \ldots, g$, und sei

$$Z_1 := h(Y(1)), \ldots, Z_n := h(Y(n)) \qquad (5.14)$$

mit

$$h(y) := \begin{cases} 1 , & \text{falls } y \le w , \\ 0 , & \text{falls } y > w , \end{cases}$$

und $1 \le w \le g$. Dann ist $X := Z_1 + \cdots + Z_n$ hypergeometrisch verteilt mit Parametern n, g und w. Die Analogie zum p-Münzwurf und zu binomialverteilten

Zufallsgrößen ist augenscheinlich. In der Tat ist wie beim Münzwurf

$$\mathbf{P}(Z_i = 1) = p\,, \quad i = 1, \ldots, n\,,$$

hier mit $p = w/g$.

Satz

Erwartungswert und Varianz der hypergeometrischen Verteilung. Für eine Hyp(n, g, w)-verteilte Zufallsvariable X gilt

$$\mathbf{E}[X] = np\,, \quad \mathbf{Var}[X] = npq\Big(1 - \frac{n-1}{g-1}\Big)\,, \tag{5.15}$$

mit $p := w/g$, $q := 1 - p$.

Beweis. Wir zeigen zunächst die Identität

$$\sum_{k=0}^{n} k\binom{w}{k}\binom{g-w}{n-k} = w\binom{g-1}{n-1}\,. \tag{5.16}$$

Dazu zählen wir, ähnlich wie oben im Gedankenexperiment, die Anzahl der Möglichkeiten, ein Komitee von n Individuen einzurichten, dabei nun aber zusätzlich eine Frau zur Vorsitzenden zu machen. Wählen wir erst eine der w Frauen als Vorsitzende, und dann noch die restlichen $n - 1$ Mitglieder, so ergeben sich $w\binom{g-1}{n-1}$ Möglichkeiten. Etablieren wir andererseits ein Komitee von k Frauen, $n - k$ Männern und einer Vorsitzenden, so gibt es $k\binom{w}{k}\binom{g-w}{n-k}$ Möglichkeiten. Summation über k zeigt die Gültigkeit von (5.16). Genauso folgt

$$\sum_{k=0}^{n} k(k-1)\binom{w}{k}\binom{g-w}{n-k} = w(w-1)\binom{g-2}{n-2}\,, \tag{5.17}$$

indem man nun Komitees mit einer Vorsitzenden und einer Vertreterin betrachtet.

Nun gilt $w\binom{g-1}{n-1} = w\frac{n}{g}\binom{g}{n} = np\binom{g}{n}$, daher folgt mit (5.16)

$$\mathbf{E}[X] = np\,.$$

Genauso gilt $w(w-1)\binom{g-2}{n-2} = w(w-1)\frac{n(n-1)}{g(g-1)}\binom{g}{n}$, und (5.17) ergibt

$$\mathbf{E}[X(X-1)] = w(w-1)\frac{n(n-1)}{g(g-1)} = np\frac{(n-1)(w-1)}{g-1}\,.$$

Mit (5.10) folgt daraus

$$\mathbf{Var}[X] = np\frac{(n-1)(w-1)}{g-1} + np - (np)^2 = npq\frac{g-n}{g-1}\,. \qquad \square$$

Die Analogie zur Binomialverteilung sticht ins Auge. Für den Erwartungswert sagt auch hier der Hausverstand: Der erwartete Anteil der weiblichen Individuen in der

Stichprobe ist die Stichprobengröße mal dem Anteil der weiblichen Individuen in der Gesamtpopulation. Bei der Varianz ist die Sache etwas komplizierter, hier tritt ein Korrekturfaktor auf, der damit zu tun hat, dass wir Stichproben nicht aus einer unendlichen Population ($g = \infty$) ziehen. Im Spezialfall $n = g$ nimmt die Zufallsvariable X den festen Wert g an, so dass $\mathbf{Var}[X] = 0$, in Übereinstimmung mit der Varianzformel.

Beispiel

Urnenmodelle, Stichprobenziehen. Das Ziehen einer Stichprobe aus einer Grundgesamtheit veranschaulicht man in der Stochastik gern mit der rein zufälligen Wahl von n Kugeln aus einer Urne. Die Annahme ist, dass die Urne insgesamt g Kugeln enthält, davon w weiße und $g - w$ blaue. Die Zufallsvariable

$$X = \text{Anzahl der weißen Kugeln in der Stichprobe}$$

gibt das Resultat der Zufallswahl. Man erwartet, dass die relative Häufigkeit X/n der weißen Kugeln in der Stichprobe annähernd der relativen Häufigkeit $p := w/g$ der weißen Kugeln in der Urne gleicht. Anders ausgedrückt: X ist ein plausibler Schätzer von np.

Das Zufallsexperiment bedarf aber noch der Präzisierung. Die Stichprobe kann *mit Zurücklegen* oder aber *ohne Zurücklegen* gewählt sein. Dabei geht man von der Vorstellung aus, dass die n Kugeln nacheinander der Urne entnommen werden. Im einen Fall kommt jede gezogene Kugel vor dem nächsten Zug wieder in die Urne zurück, im anderen nicht. Nach unseren bisherigen Erörterungen ist X im ersten Fall $\mathrm{Bin}(n, p)$-verteilt, im zweiten Fall $\mathrm{Hyp}(n, g, w)$-verteilt.

In beiden Fällen erscheint X geeignet als Schätzer von np. Tatsächlich gilt beidesmal $\mathbf{E}[X] = np$, wie wir gesehen haben. Was die Genauigkeit der Schätzung betrifft, erwartet man jedoch im Mittel bessere Resultate beim Ziehen ohne Zurücklegen (wenn man stichprobenartig eine Umfrage in einer Population macht, wird man auch nicht mehrmals eine Person befragen). Dies verträgt sich mit unserem Resultat, dass bei gleichem p die Streuung der hypergeometrischen Verteilung kleiner ist als diejenige der Binomialverteilung.

Kehren wir zurück zu der durch (5.14) aus einer rein zufälligen Permutation gewonnenen Zufallsvariablen $Z = (Z_1, \ldots, Z_n)$. Deren Verteilung unterscheidet sich von der eines Münzwurfs: Für jedes $a = (a_1, \ldots, a_n) \in \{0, 1\}^{\{1,\ldots,n\}}$ mit $a_1 + \cdots + a_n = k$ ist

$$\mathbf{P}(Z_1 = a_1, \ldots, Z_n = a_n) \\ = \frac{w(w-1)\cdots(w-k+1)(g-w)(g-w-1)\cdots(g-w-(n-k)+1)}{g(g-1)\cdots(g-n+1)} .$$

Für n konstant, $g \to \infty$ und $w/g \to p$ konvergiert die rechte Seite gegen das uns aus (4.1) vertraute Gewicht $(w/g)^k(1 - w/g)^{n-k}$. Dementsprechend lassen sich für großes g die $\mathrm{Hyp}(n, g, w)$-Verteilungsgewichte durch die $\mathrm{Bin}(n, w/g)$-Verteilungsgewichte approximieren. Anders gesagt: Für großes g fällt es nicht mehr ins Gewicht, ob man mit oder ohne Zurücklegen zieht.

Geometrisch verteilte Zufallsvariable

Definition

Geometrische Verteilung. Sei $p \in (0,1)$. Eine Zufallsvariable X, deren Zielbereich alle natürlichen Zahlen $1, 2, \ldots$ enthält, heißt *geometrisch verteilt* mit Parameter p, kurz Geom(p)-verteilt, wenn

$$\mathbf{P}(X > i) = q^i \,, \quad i = 0, 1, 2 \ldots,$$

mit $q := 1 - p$.

Die Verteilungsgewichte von X sind wegen $\mathbf{P}(X > i) = \sum_{j=i+1}^{\infty} \mathbf{P}(X = j)$ dann $\mathbf{P}(X = i) = \mathbf{P}(X > i - 1) - \mathbf{P}(X > i) = q^{i-1} - q^i$, also

$$\mathbf{P}(X = i) = q^{i-1} p \,.$$

In einem p-Münzwurf $(Z_1, Z_2, \ldots)$ ist die Anzahl X der Versuche bis zum ersten Erfolg geometrisch verteilt zum Parameter p. In der Tat stimmt das Ereignis $\{X > i\}$ mit dem Ereignis $\{Z_1 = 0, \ldots, Z_i = 0\}$ überein und hat somit die Wahrscheinlichkeit q^i. Dem Leser wird nicht entgangen sein, dass wir bisher nur von einem n-maligen Münzwurf mit beliebigem aber festem n gesprochen hatten; an dieser Stelle kommt ein Münzwurf mit unbeschränktem Zeithorizont ins Spiel. Für die Diskussion geometrisch verteilter Zufallsgrößen ist dies der Anschauung zuträglich.

Satz

Erwartungswert und Varianz der geometrischen Verteilung. Ist X eine Geom(p)-verteilte Zufallsvariable, so gilt

$$\mathbf{E}[X] = \frac{1}{p}, \quad \mathbf{Var}[X] = \frac{1}{p}\left(\frac{1}{p} - 1\right). \tag{5.18}$$

Also: Beim Würfeln $(p = 1/6)$ ist die erwartete Anzahl der Würfe gleich 6, bis die erste Sechs fällt. Wer wollte dies bezweifeln.

Zum Beweis benützen wir folgendes Lemma.

Lemma

Ist X eine Zufallsvariable mit Zielbereich $\mathbb{N}_0$, dann ist

$$\mathbf{E}[X] = \sum_{i=0}^{\infty} \mathbf{P}(X > i)$$

und

$$\mathbf{E}[X(X-1)] = 2\sum_{i=0}^{\infty} i\mathbf{P}(X > i) \,.$$

Beweise des Lemmas. Sind $\rho(j), j = 0, 1, \ldots$ die Verteilungsgewichte von X, dann folgt mittels Umsummation

$$\sum_{j\geq 1} j\rho(j) = \sum_{j\geq 1}\sum_{i=0}^{j-1} \rho(j) = \sum_{i\geq 0}\sum_{j=i+1}^{\infty} \rho(j) = \sum_{i\geq 0} \mathbf{P}(X > i)$$

und wegen $1 + 2 + \cdots + (j-1) = j(j-1)/2$

$$\sum_{j\geq 1} j(j-1)\rho(j) = 2\sum_{j\geq 1}\sum_{i=0}^{j-1} i\rho(j) = 2\sum_{i\geq 0}\sum_{j=i+1}^{\infty} i\rho(j) = 2\sum_{i\geq 0} i\mathbf{P}(X > i) . \qquad \square$$

Beweis des Satzes. Für eine geometrisch verteilte Zufallsvariable X folgt nach dem Lemma unter Verwendung der Summenformel für die geometrische Reihe

$$\mathbf{E}[X] = \sum_{i\geq 0} q^i = \frac{1}{1-q} = \frac{1}{p}$$

und

$$\mathbf{E}[X(X-1)] = 2\sum_{i\geq 0} iq^i = 2\frac{q}{p}\sum_{i\geq 0} iq^{i-1}p = 2\frac{q}{p}\mathbf{E}[X] = 2\frac{q}{p^2} .$$

Damit ergibt sich aus (5.10)

$$\mathbf{Var}[X] = 2\frac{q}{p^2} + \frac{1}{p} - \frac{1}{p^2} = \frac{q}{p^2} . \qquad \square$$

Aufgabe

Pólya-Urne. Eine Urne enthält w weiße und b blaue Kugeln. Wir ziehen Kugeln nach folgendem Muster: Jede gezogene Kugel wird zurückgelegt, zusammen mit einer weiteren Kugel derselben Farbe. Sei X die Nummer des Zuges, bei dem erstmals eine blaue Kugel gezogen wird.

(i) Der Fall $b = 1$: Begründen Sie $\mathbf{P}(X > i) = \frac{w}{w+i}$ und folgern Sie $\mathbf{E}[X] = \infty$.

(ii) Der Fall $b = 2$: Begründen Sie $\mathbf{P}(X > i) = \frac{w(w+1)}{(w+i)(w+i+1)}$. Folgern Sie $\mathbf{E}[X] = w + 1$. Wie groß ist die Varianz von X?

Aufgabe

Negative Binomialverteilung. In einem Münzwurf $(Z_1, Z_2, \ldots)$ mit Erfolgswahrscheinlichkeit p sei Y die Anzahl der Versuche bis zum n-ten Erfolg. Zeigen Sie

$$\mathbf{P}(Y = n + i) = \binom{n+i-1}{i} p^n q^i , \quad i = 0, 1, \ldots$$

Man sagt, Y ist negativ binomialverteilt mit Parametern n, p, denn man kann auch schreiben

$$\mathbf{P}(Y = n + i) = \binom{-n}{i} p^n (-q)^i ,$$

mit der Konvention $\binom{-n}{i} := (-n)(-n-1)\cdots(-n-i+1)/i!$.

Indikatorvariable und Ereignisse

Zwischen Zufallsvariablen und Ereignissen bestehen enge Beziehungen, die wir nun etwas genauer beleuchten wollen. Bisher haben wir zu vorgegebenen Zufallsvariablen X Ereignisse E der Gestalt $\{X \in A\}$ und $\{X = a\}$ für gewisse Teilmengen A bzw. Elemente a des Zielbereichs betrachtet. Anschaulich gesprochen handelt es sich um das Ereignis, dass die Zufallsvariable X ihren Wert in A bzw. den Wert a annimmt.

Wichtig ist der Fall einer Zufallsvariablen, die nur zwei Werte, die Werte 0 und 1 annehmen kann. Einer derartigen Zufallsvariable X wollen wir dann das Ereignis

$$E = \{X = 1\}$$

zuordnen. Anschaulich gesprochen: X zeigt durch seinen Wert an, ob E eintritt oder nicht. Umgekehrt gehört zu jedem Ereignis E eine entsprechende $\{0, 1\}$-wertige Zufallsvariable. Sie heißt die *Indikatorvariable* I_E des Ereignisses E. Also:

$$E = \{I_E = 1\} .$$

Für die Ereignisse $\{X \in A\}$ haben wir die Beziehung

$$I_{\{X \in A\}} = \mathbf{1}_A(X) .$$

Die folgenden Beispiele illustrieren, dass sich Ereignisse auf verschiedene Weisen darstellen lassen.

Beispiel

Kollisionen. Wir kommen zurück auf die in Abschnitt 1 geschilderte Situation und stellen uns vor, dass die Individuen der Reihe nach ihr Kennzeichen bekommen. Das zufällige Kennzeichen des i-ten Individuums sei X_i, eine Zufallsvariable mit Werten in $\{1, \ldots, r\}$. Weiter sei T der Moment der ersten Kollision. Man schreibt

$$T = \min\{i \geq 1 : X_i = X_j \text{ für ein } j < i\} .$$

Dann gilt für das Ereignis aus (1.1)

$$\{X \in A\} = \{T \geq n + 1\} .$$

Beispiel

Urbilder. Sei X eine Zufallsvariable mit abzählbarem Zielbereich S und sei $h : S \to S'$ eine Abbildung. Dann gilt für $b \in S'$ und $A := h^{-1}(b)$

$$\{X \in A\} = \{h(X) = b\} ,$$

vgl. die Abbildung auf Seite 21.

Ereignisse sind gleich, wenn dies für ihre Indikatorvariablen zutrifft, und mit Indikatorvariablen lässt sich leicht rechnen. Wir nutzen das, um die üblichen Operationen auf Ereignissen zu definieren. Zunächst definieren wir das *sichere Ereignis* und das *unmögliche Ereignis*,

$$E_s \quad \text{und} \quad E_u ,$$

dadurch, dass ihre Indikatorvariablen sicher den Wert 1 bzw. sicher den Wert 0 annehmen,

$$I_{E_s} = 1 , \quad I_{E_u} = 0 .$$

Da $\mathbf{1}_S(a) = 1$ und $\mathbf{1}_\varnothing(a) = 0$ für $a \in S$, gilt für eine S-wertige Zufallsvariable X

$$\{X \in S\} = E_s , \quad \{X \in \varnothing\} = E_u .$$

Seien weiter E_1 und E_2 Ereignisse. Dann definieren wir die Ereignisse

$$E_1 \cup E_2 \quad \text{und} \quad E_1 \cap E_2$$

durch

$$I_{E_1 \cup E_2} = \max(I_{E_1}, I_{E_2}) , \quad I_{E_1 \cap E_2} = \min(I_{E_1}, I_{E_2}) .$$

Die Interpretation liegt auf der Hand: $\max(I_{E_1}, I_{E_2})$ nimmt den Wert 1 an, falls I_{E_1} oder I_{E_2} den Wert 1 annimmt. Oder: $E_1 \cup E_2$ tritt ein, falls mindestens eines der Ereignisse E_1 oder E_2 eintreten. Genauso: $E_1 \cap E_2$ tritt ein, falls E_1 und E_2 beide eintreten.

$E_1 \cup E_2$ und $E_1 \cap E_2$ heißen *Vereinigung* und *Durchschnitt* von E_1 und E_2. Diese Sprechweise ist aus der Mengenlehre entlehnt. Dies gibt Sinn, auch wenn wir hier Ereignisse nicht in einen mengentheoretischen Kontext eingebettet haben. Es gilt nämlich

$$\{X \in A_1\} \cup \{X \in A_2\} = \{X \in A_1 \cup A_2\} , \quad \{X \in A_1\} \cap \{X \in A_2\} = \{X \in A_1 \cap A_2\} ,$$

dabei sind $A_1 \cup A_2$ und $A_1 \cap A_2$ Vereinigung und Durchschnitt der Mengen A_1 und A_2 im Zielbereich von X. Der Beweis ergibt sich aus den Identitäten für Indikatorvariable $\max(\mathbf{1}_{A_1}(X), \mathbf{1}_{A_2}(X)) = \mathbf{1}_{A_1 \cup A_2}(X)$ und $\min(\mathbf{1}_{A_1}(X), \mathbf{1}_{A_2}(X)) = \mathbf{1}_{A_1 \cap A_2}(X)$. Damit lässt sich dann auch ohne weiteres begründen, dass die bekannten Rechenregeln für Mengen sich eins zu eins auf Ereignisse übertragen.

Falls

$$E_1 \cap E_2 = E_u ,$$

so heißen E_1 und E_2 *disjunkte* oder *sich ausschließende Ereignisse*. Gilt $E_1 \cap E_2 = E_1$, so schreiben wir (wieder in Anlehnung an die Mengenlehre)

$$E_1 \subset E_2 .$$

Anschaulich gesprochen: Mit E_1 tritt sicher auch E_2 ein.

Schließlich definieren wir für jedes Ereignis E das *Komplementärereignis*

$$E^c$$

durch

$$I_{E^c} := 1 - I_E \quad \text{bzw.} \quad E^c := \{I_E = 0\}\,.$$

Die Interpretation ist klar: E^c tritt genau dann ein, wenn E nicht eintritt. Wegen $\mathbf{1}_{A^c} = 1 - \mathbf{1}_A$ gilt

$$\{X \in A\}^c = \{X \in A^c\}\,.$$

Aufgabe Begründen Sie

$$E \cup E^c = E_s \quad , \quad E \cap E^c = E_u$$

durch Betrachtung der entsprechenden Indikatorvariablen.

Es fällt nun leicht, weitere Ereignisse für Zufallsvariable einzuführen. Seien z. B. X, Y Zufallsvariable mit demselben Wertebereich S. Dann setzen wir

$$\{X = Y\} := \{(X, Y) \in D\} \quad \text{bzw.} \quad I_{\{X=Y\}} = \mathbf{1}_D(X, Y)$$

mit $D := \{(x, y) \in S^2 : x = y\}$, der „Diagonalen" in S^2. Für reellwertige Zufallsvariable X, Y setzen wir

$$\{X \le Y\} := \{(X, Y) \in H\}$$

mit dem Halbraum $H := \{(x, y) \in \mathbb{R}^2 : x \le y\}$. Wir schreiben

$$X \le Y \quad :\Leftrightarrow \quad \{X \le Y\} = E_s\,.$$

Die Gedanken dieses Abschnittes lassen zu einer Axiomatik von Zufallsvariablen und Ereignissen ausbauen, siehe dazu Götz Kersting, Random variables – without basic space, *Trends in Stochastic Analysis*, Eds. J. Blath, P. Mörters, M. Scheutzow, Cambridge University Press, 2009.

6 Zufallsvariable mit Dichten

Zufallsvariable mit Dichten sind ein kontinuierliches Analogon zu Zufallsvariablen mit Gewichten. Die Dichten darf man sich als infinitesimale Gewichte denken. In diesem Abschnitt betrachten wir Intervalle der reellen Achse als Zielbereiche.

Dichten

Zufallsvariable mit Dichten. Sei $S \subset \mathbb{R}$ ein Intervall mit den Endpunkten l, r, $-\infty \leq l < r \leq \infty$, und sei $f : S \to \mathbb{R}$ eine nicht-negative integrierbare Funktion mit der Eigenschaft

Definition

$$\int_l^r f(a)\, da = 1 \, .$$

Gilt dann für eine Zufallsvariable X mit Zielbereich S für alle Intervalle $[c, d] \subset S$ die Gleichung

$$\mathbf{P}\big(X \in [c, d]\big) = \int_c^d f(a)\, da \, ,$$

so sagt man, dass X die *Dichte* $f(a)\, da$ besitzt. Wir schreiben dann auch kurz

$$\mathbf{P}(X \in da) = f(a)\, da \, , \quad a \in S \, .$$

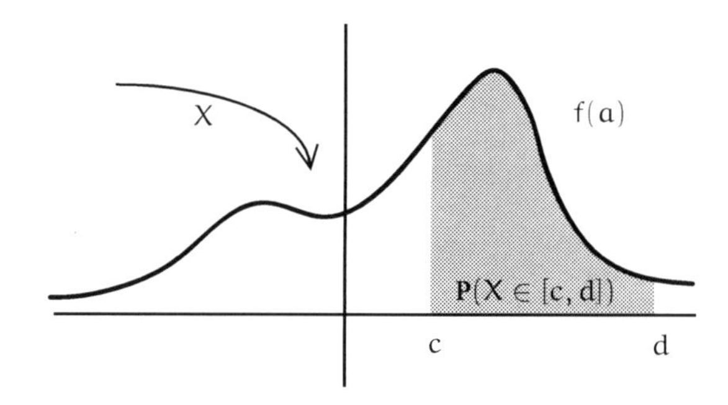

Die Funktion

$$F(x) := \mathbf{P}(X \leq x) = \int_{-\infty}^{x} f(a)\, da \, , \quad x \in \mathbb{R} \, ,$$

(mit $f(a) = 0$ für $a \notin S$) heißt *Verteilungsfunktion* von X.

Uniforme Verteilung. Eine in einem endlichen Intervall $S = [l, r]$ uniform verteilte Zufallsvariable hat die Dichte $f(a)\, da$ mit $f(a) := 1/(r - l)$, $a \in S$.

Beispiel

Gebrochener Anteil. Sei X Zufallsvariable mit Dichte $f(a)\, da$ und $Y := X - \lfloor X \rfloor$ ihr gebrochener Anteil.

Aufgabe

(i) Zeigen Sie, dass Y die Dichte $g(b)\, db$, $0 \leq b < 1$ besitzt, dabei setzen wir $g(b) := \sum_{n=-\infty}^{\infty} f(b + n)$.

(ii) f heißt unimodal, falls $f(a)$ zunächst monoton steigt und dann monoton fällt. Zeigen Sie in diesem Fall: $|g(b) - 1| \leq \sup_a f(a)$. Wenn also $\sup f \ll 1$ ist und damit die Werte von X weit streuen, so ist Y angenähert uniform verteilt.
Hinweis: Schätzen Sie $g(b) - g(b')$ für $0 \leq b < b' < 1$ ab.

Erwartungswert und Varianz sind nun gegeben durch

$$\mu = \mathbf{E}[X] := \int_l^r a\, f(a)\, da$$

und

$$\sigma^2 = \mathbf{Var}[X] := \int_l^r (a-\mu)^2 f(a)\, da ,$$

vorausgesetzt, die Integrale sind wohldefiniert.

Skalierung. Verteilungen mit Dichten kann man als Grenzwerte von diskreten Verteilungen gewinnen. Wir werden dies an verschiedenen Beispielen demonstrieren. Dabei ist es dann nötig, die zugehörigen Zufallsvariablen $X_1, X_2, \ldots$ richtig zu skalieren. Es gibt zwei Ansätze.

Den einen Ansatz benutzt man für Zufallsvariable X_n, deren Zielbereiche in $\mathbb{R}_+$ enthalten sind und die Erwartungswerte $0 < \mu_n < \infty$ besitzen. Dann haben auch die Zufallsvariablen

$$X_n^* := \frac{X_n}{\mu_n}$$

Zielbereiche innerhalb $\mathbb{R}_+$, der Erwartungswert ist nun zu

$$\mathbf{E}[X_n^*] = 1$$

normiert. Man kann auf einen nicht-entarteten Grenzwert der Verteilungen hoffen, wenn die Standardabweichungen σ_n von der gleichen Größenordnung wie die Erwartungswerte μ_n sind, d.h. wenn die Standardabweichungen von X_n^* beschränkt bleiben und auch nicht gegen 0 gehen. Als Beispiel werden wir geometrische Verteilungen diskutieren.

Weiterreichend ist der Ansatz, dass man von den X_n zu den Zufallsvariablen

$$X_n^* := \frac{X_n - \mu_n}{\sigma_n}$$

übergeht. Die Bedingungen $X_n \geq 0$ und $\mu_n > 0$ sind nicht mehr erforderlich. Hier werden Erwartungswert und Varianz normiert zu

$$\mathbf{E}[X_n^*] = 0 , \quad \mathbf{Var}[X_n^*] = 1 .$$

Dann heißt die Zufallsvariable *standardisiert*.

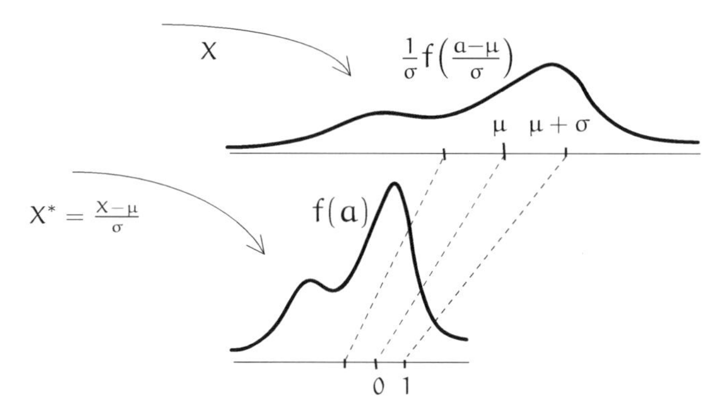

Das Bild zeigt, wie sich Verteilungen beim Standardisieren transformieren. Wir werden Binomialverteilungen als Beispiel kennenlernen.

Exponentialverteilte Zufallsvariable

Exponentialverteilung. Eine Zufallsvariable X mit Zielbereich $S = \mathbb{R}_+$ heißt *exponentialverteilt* zum Parameter $\lambda > 0$, kurz Exp(λ)-verteilt, falls sie die folgende Dichte besitzt: Definition

$$\mathbf{P}(X \in da) = \lambda e^{-\lambda a}\, da\,, \quad a \geq 0\,.$$

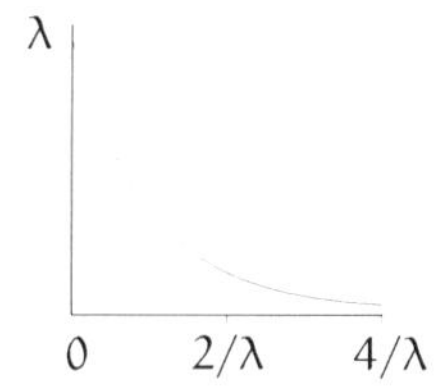

Die Definition gibt Sinn wegen $\int_0^\infty \lambda e^{-\lambda x}\, dx = 1$. Weiter gilt (partielle Integration)

$$\int_0^\infty x\lambda e^{-\lambda x}\, dx = \frac{1}{\lambda}\,, \int_0^\infty x^2\lambda e^{-\lambda x}\, dx = \frac{2}{\lambda^2}$$

und folglich

$$\mathbf{E}[X] = \frac{1}{\lambda}\,, \quad \mathbf{Var}[X] = \frac{1}{\lambda^2}\,.$$

Sei X exponentialverteilt mit Erwartungswert μ. Zeigen Sie, dass dann X/μ exponentialverteilt mit Erwartungswert 1 ist. Aufgabe

U sei uniform verteilt auf $[0, 1]$. Wir betrachten die Zufallsvariable $X := \ln(1/U)$. Berechnen Sie die Verteilungsfunktion und die Dichte von (i) X und (ii) X^2. Aufgabe

Wir wollen nun die Exponentialverteilung mit Erwartungswert 1 durch Grenzübergang aus geometrischen Verteilungen gewinnen.

Satz

Exponentialapproximation. Sei $X_1, X_2, \ldots$ eine Folge von geometrisch verteilten Zufallsvariablen mit der Eigenschaft $\mathbf{E}[X_n] \to \infty$. Dann gilt mit $n \to \infty$

$$\mathbf{P}\Big(c \le \frac{X_n}{\mathbf{E}[X_n]} \le d\Big) \to \mathbf{P}(c \le Z \le d)$$

für alle $0 \le c < d \le \infty$. Dabei bezeichnet Z eine Exp(1)-verteilte Zufallsvariable.

Beweis. Sei X_n Geom(p_n)-verteilt, also $\mathbf{E}[X_n] = 1/p_n$. Dann gilt

$$\begin{aligned}\mathbf{P}\Big(c \le \frac{X_n}{\mathbf{E}[X_n]} \le d\Big) &= \mathbf{P}\big(X_n \ge c\mathbf{E}[X_n]\big) - \mathbf{P}\big(X_n > d\mathbf{E}[X_n]\big) \\ &= q_n^{\lceil c\mathbf{E}[X_n]\rceil - 1} - q_n^{\lfloor d\mathbf{E}[X_n]\rfloor}\,.\end{aligned}$$

Nach Annahme gilt $p_n \to 0$, also $\lceil c\mathbf{E}[X_n]\rceil - 1 = c_n/p_n$, $\lfloor d\mathbf{E}[X_n]\rfloor = d_n/p_n$ mit $c_n \to c$, $d_n \to d$. Unter Beachtung von $(1-p_n)^{1/p_n} \to e^{-1}$ folgt die Behauptung:

$$\begin{aligned}\mathbf{P}\Big(c \le \frac{X_n}{\mathbf{E}[X_n]} \le d\Big) &= \big((1-p_n)^{1/p_n}\big)^{c_n} - \big((1-p_n)^{1/p_n}\big)^{d_n} \\ &\to e^{-c} - e^{-d} = \int_c^d e^{-a}\,da\,.\end{aligned}$$

□

Normalverteilte Zufallsvariable

Definition

Normalverteilung. Eine Zufallsvariable Z mit Zielbereich $\mathbb{R}$ heißt *standardnormalverteilt*, kurz N(0, 1)-verteilt, falls sie die Dichte

$$\mathbf{P}(Z \in da) = \frac{1}{\sqrt{2\pi}} \exp\Big(-\frac{a^2}{2}\Big)\,da\,, \quad a \in \mathbb{R}\,,$$

besitzt. Allgemeiner: Seien $\mu \in \mathbb{R}$ und $0 < \sigma^2 < \infty$. Eine Zufallsvariable X mit Werten in $\mathbb{R}$ heißt N(μ, σ^2)-verteilt, falls sie die Dichte

$$\mathbf{P}(X \in da) = \frac{1}{\sqrt{2\pi\sigma^2}} \exp\Big(-\frac{(a-\mu)^2}{2\sigma^2}\Big)\,da\,, \quad a \in \mathbb{R}\,,$$

hat.

Als Entdecker gelten de Moivre, Laplace und Gauß[6]. Während de Moivre und Laplace die Normalverteilung als Approximation der Binomialverteilung identifizierten, fand Gauß sie aufgrund struktureller Überlegungen im Zusammenhang mit seiner Methode der kleinsten Quadrate.

Dass man es mit Dichten zu tun hat, ergibt sich aus der folgenden Formel der Analysis:

$$\int_{-\infty}^{\infty} \exp\Big(-\frac{z^2}{2}\Big)\, dz = \sqrt{2\pi}\,.$$

Die Gleichung $\frac{1}{\sqrt{2\pi\sigma^2}} \int_{-\infty}^{\infty} \exp(-(x-\mu)^2/2\sigma^2)\, dx = 1$ folgt dann mittels der Substitution $(x-\mu)/\sigma = z$.

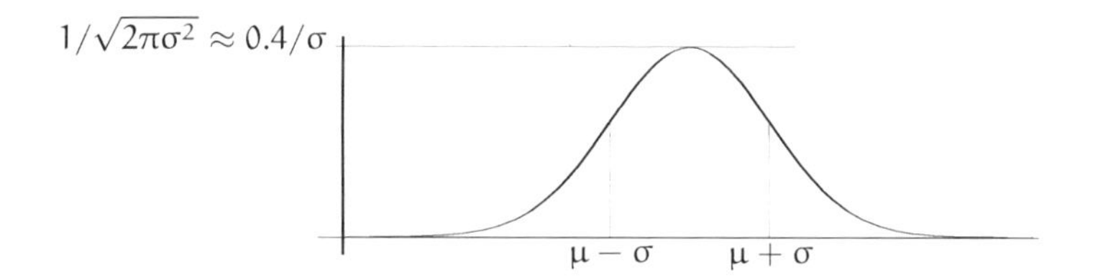

Die Parameter μ und σ^2 erweisen sich als Erwartungswert und Varianz:

$$\int_{-\infty}^{\infty} x \frac{1}{\sqrt{2\pi\sigma^2}} \exp\Big(-\frac{(x-\mu)^2}{2\sigma^2}\Big)\, dx = \int_{-\infty}^{\infty} \frac{y+\mu}{\sqrt{2\pi\sigma^2}} \exp\Big(-\frac{y^2}{2\sigma^2}\Big)\, dy = \mu$$

und

$$\int_{-\infty}^{\infty} (x-\mu)^2 \frac{1}{\sqrt{2\pi\sigma^2}} \exp\Big(-\frac{(x-\mu)^2}{2\sigma^2}\Big)\, dx$$

$$= \sigma^2 \int_{-\infty}^{\infty} z^2 \frac{1}{\sqrt{2\pi}} \exp\Big(-\frac{z^2}{2}\Big)\, dz = \sigma^2\,.$$

Das letzte Integral ist 1, wie eine partielle Integration zeigt.

Aufgabe

Standardisierung. Sei X eine $N(\mu, \sigma^2)$-verteilte Zufallsvariable. Zeigen Sie, dass $(X-\mu)/\sigma$ standard-normalverteilt ist. Umgekehrt: Sei Z $N(0,1)$-verteilt, dann ist $\mu + \sigma Z$ eine $N(\mu, \sigma^2)$-verteilte Zufallsvariable.

Die Normalverteilung nimmt zusammen mit der Poissonverteilung den ersten Platz unter allen Verteilungen ein. Beide haben wichtige Eigenschaften, auf die wir an anderer Stelle zu sprechen kommen. Die Poissonverteilung haben wir als Approximation der Binomialverteilung bei beschränktem Erwartungswert np kennengelernt. Hier begegnen wir der Normalverteilung als Approximation der Binomialverteilung im Fall großer Varianz npq.

[6] Carl Friedrich Gauss, 1777–1855, berühmter deutscher Mathematiker. Die Beiträge von Gauß zur Stochastik waren durch seine Untersuchungen zur Astronomie und Geodäsie angeregt.

Satz

Satz von de Moivre-Laplace. Sei $X_1, X_2, \ldots$ eine Folge von binomialverteilten Zufallsvariablen mit der Eigenschaft $\mathbf{Var}[X_n] \to \infty$. Dann gilt mit $n \to \infty$

$$\mathbf{P}\Big(c \leq \frac{X_n - \mathbf{E}[X_n]}{\sqrt{\mathbf{Var}[X_n]}} \leq d\Big) \to \mathbf{P}(c \leq Z \leq d)$$

für alle $-\infty \leq c < d \leq \infty$. Dabei sei Z eine $N(0,1)$-verteilte Zufallsvariable.

Der Satz geht im Fall $p = 1/2$ auf de Moivre (1733) und allgemeiner auf Laplace (1812) zurück.

Von der Gültigkeit des Satzes von de Moivre-Laplace überzeugt man sich mit Hilfe von (5.11): Setzen wir $\mu_n = \mathbf{E}[X_n], \sigma_n^2 = \mathbf{Var}[X_n]$ und

$$z_{x,n} := \frac{x - \mu_n}{\sigma_n},$$

so erhalten wir

$$\begin{aligned}
\mathbf{P}\Big(c \leq \frac{X_n - \mu_n}{\sigma_n} \leq d\Big) &= \sum_{k: c \leq (k-\mu_n)/\sigma_n \leq d} \mathbf{P}(X_n = k) \\
&\approx \sum_{k: c \leq z_{k,n} \leq d} \frac{1}{\sqrt{2\pi\sigma_n^2}} \exp\Big(-\frac{(k-\mu_n)^2}{2\sigma_n^2}\Big) \\
&= \sum_{k: c \leq z_{k,n} \leq d} \frac{1}{\sqrt{2\pi}} \exp\Big(-\frac{z_{k,n}^2}{2}\Big)\big(z_{k+\frac{1}{2},n} - z_{k-\frac{1}{2},n}\big).
\end{aligned}$$

Die Summe lässt sich als Riemann-Approximation von $\int_c^d (2\pi)^{-1/2} \exp(-z^2/2)\,dz$ auffassen. Da $z_{k+\frac{1}{2},n} - z_{k-\frac{1}{2},n} = \sigma_n^{-1} \to 0$ mit $n \to \infty$, ergibt sich die Behauptung des Satzes.

Ein vollständiger Beweis würde es noch erfordern zu zeigen, dass der Approximationsfehler für $n \to \infty$ verschwindet. Dies bereitet keine besonderen Schwierigkeiten. Wir verzichten hier darauf, weil wir am Ende des nächsten Kapitels ein allgemeineres Resultat beweisen werden, den Zentralen Grenzwertsatz, der den Satz von de Moivre-Laplace umfasst.

Für numerische Berechnungen ergibt sich für $\mathrm{Bin}(n,p)$-verteiltes X und ganzzahlige $c \leq d$ die Approximation

$$\begin{aligned}
\mathbf{P}(c \leq X \leq d) &\approx \sum_{k=c}^{d} \frac{1}{\sqrt{2\pi}} \exp\Big(-\frac{z_{k,n}^2}{2}\Big)\big(z_{k+\frac{1}{2},n} - z_{k-\frac{1}{2},n}\big) \\
&\approx \int_{z_{c-1/2,n}}^{z_{d+1/2,n}} \frac{1}{\sqrt{2\pi}} e^{-z^2/2}\,dz,
\end{aligned}$$

oder

$$\mathbf{P}(c \le X \le d) \approx \Phi\Big(\frac{d + \frac{1}{2} - np}{\sqrt{npq}}\Big) - \Phi\Big(\frac{c - \frac{1}{2} - np}{\sqrt{npq}}\Big),$$

mit

$$\Phi(x) := \int_{-\infty}^{x} \frac{1}{\sqrt{2\pi}} e^{-z^2/2}\, dz .$$

$\Phi(x)$ heißt die *Verteilungsfunktion der Standard-Normalverteilung* oder das *Gaußsche Fehlerintegral*. Die Güte der Approximation hängt von der Größe der Varianz npq ab.

Aufgabe

Ein Hotel hat 218 Betten. Wieviele Reservierungen durch eine Kongressleitung darf der Hotelmanager entgegennehmen, wenn erfahrungsgemäß eine Reservierung mit Wahrscheinlichkeit 0.2 annulliert wird? Die Hotelleitung nimmt dabei in Kauf, mit 2.5%-iger Wahrscheinlichkeit in Verlegenheit zu geraten.
Hinweis: Es gilt $\mathbf{P}(|Z| \ge 1.96) = 0.05$ für $N(0,1)$-verteiltes Z.

Beta-Verteilungen*

Definition

Beta-Verteilung. Seien $r, s > 0$. Eine Zufallsvariable U mit Werten in $[0,1]$ heißt *Beta-verteilt* mit den Parametern r, s, kurz Beta(r,s)-verteilt, falls sie die Dichte

$$\mathbf{P}(U \in du) = c_{r,s} u^{r-1}(1-u)^{s-1}\, du\,, \quad 0 < u < 1\,,$$

hat, mit $c_{r,s} := 1/\int_0^1 u^{r-1}(1-u)^{s-1}\, du$.

Beta-Verteilungen werden uns öfter wiederbegegnen. Die Beta$(1,1)$-Verteilung ist die uniforme. Das Bild zeigt die Dichten der Beta$(r, 7-r)$-Verteilung für $r = 1, \dots, 6$.

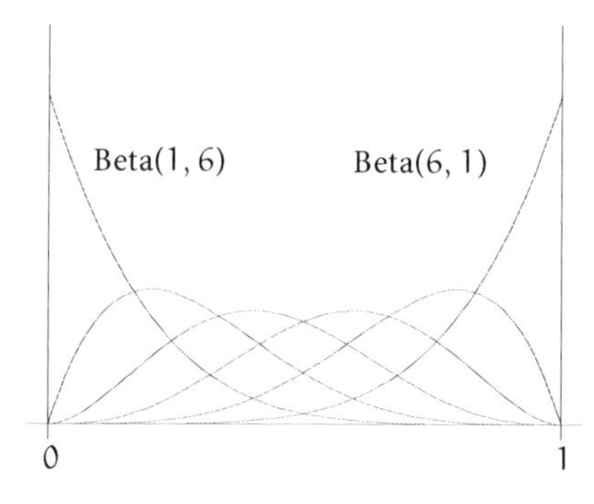

Der Erwartungswert bestimmt sich als

$$\mathbf{E}[U] = \frac{r}{r+s}\,. \tag{6.1}$$

Partielle Integration ergibt nämlich $\frac{s}{r}\int_0^1 u^r(1-u)^{s-1}\,du = \int_0^1 u^{r-1}(1-u)^s\,du$, folglich $\frac{s}{r}\int_0^1 u^r(1-u)^{s-1}\,du = \int_0^1 u^{r-1}(1-u)^{s-1}\,du - \int_0^1 u^r(1-u)^{s-1}\,du$ und $\frac{r+s}{r}\int_0^1 u^r(1-u)^{s-1}\,du = \int_0^1 u^{r-1}(1-u)^{s-1}\,du$.

Die letzte Gleichung können wir auch schreiben als

$$c_{r+1,s} = \frac{r+s}{r} c_{r,s} \,.$$

Es folgt für ganzzahlige r, s

$$c_{r,s} = \frac{s+r-1}{r-1}\,\frac{s+r-2}{r-2}\cdots\frac{s+1}{1} c_{1,s}$$

und unter Beachtung von $c_{1,s} = s$

$$c_{r,s} = \frac{(r+s-1)!}{(r-1)!(s-1)!}\,, \qquad r, s \in \mathbb{N}\,.$$

Allgemeiner kann man für beliebige $r, s > 0$ zeigen, dass sich $c_{r,s}$ mit der *Gamma-Funktion* $\Gamma(r) := \int_0^\infty x^{r-1}e^{-x}\,dx$ ausdrücken lässt, nämlich durch die Formel $c_{r,s} = \Gamma(r+s)/\Gamma(r)\Gamma(s)$.

Beispiel

Ordnungsstatistiken. Sei $(U_1, \ldots, U_n)$ uniform verteilt auf dem n-dimensionalen Würfel $[0,1]^n$. Wir betrachten die sog. *Ordnungsstatistiken*

$$U_{(1)} \le U_{(2)} \le \cdots \le U_{(n)} \tag{6.2}$$

von $U_1, \ldots, U_n$, das sind die Werte von $U_1, \ldots, U_n$, der Größe nach geordnet. Was ist die Verteilung von $U_{(k)}$?

Eine heuristische Überlegung gibt uns die Antwort. Wir zerlegen das infinitesimale Ereignis $\{U_{(k)} \in du\}$, dass $U_{(k)}$ seinen Wert in einem Intervall der Länge du an der Stelle $u \in [0,1]$ annimmt. Dazu unterscheiden wir, welche $k-1$ der Zufallsvariablen $U_1, \ldots, U_n$ einen Wert kleiner als u haben, welche $n-k$ einen Wert größer als u haben und welche von ihnen ihren Wert in du annimmt. Eine der $\binom{n}{k-1,n-k,1}$ Möglichkeiten ist

$$\{U_1, \ldots, U_{k-1} < u,\ U_k \in du,\ U_{k+1}, \ldots, U_n > u\} = \{(U_1, \ldots, U_n) \in A\}\,,$$

mit $A := \{(a_1, \ldots, a_n) : a_1, \ldots, a_{k-1} < u, a_k \in du, a_{k+1}, \ldots, a_n > u\}$. A hat den infinitesimalen Inhalt $u^{k-1}(1-u)^{n-k}\,du$. Dies ist dann die Wahrscheinlichkeit des Ereignisses $\{(U_1, \ldots, U_n) \in A\}$. Die anderen Möglichkeiten haben dieselbe Wahrscheinlichkeit, und wir erhalten

$$\mathbf{P}(U_{(k)} \in du) = \binom{n}{k-1, n-k, 1} u^{k-1}(1-u)^{n-k}\,du\,.$$

Heuristisch ist die rechte Seite das Gewicht an der Stelle $(k-1, n-k, 1)$ einer Multinomialverteilung mit den Parametern $r = 3$ und $p_1 = u, p_2 = 1-u$, $p_3 = du$.

Wegen $\binom{n}{k-1, n-k, 1} = c_{k,n+1-k}$ erkennen wir:

$$U_{(k)} \text{ ist Beta}(k, n+1-k)\text{-verteilt.}$$

Auch die Verteilungsfunktion von $U_{(k)}$ lässt sich übersichtlich ausdrücken. Sei dazu $p \in [0,1]$ und $Z_i := I_{\{U_i \leq p\}}$. Da $(U_1, \ldots, U_n)$ uniform verteilt ist, folgt

$$\mathbf{P}(Z_1 = a_1, \ldots, Z_n = a_n) = p^k(1-p)^{n-k}$$

mit $k = a_1 + \cdots + a_n$, d.h. $(Z_1, \ldots, Z_n)$ ist ein p-Münzwurf mit Erfolgswahrscheinlichkeit p, und $X_p := Z_1 + \cdots + Z_n$ ist Bin(n, p)-verteilt. Die beiden Ereignisse $\{X_p \geq k\}$ und $\{U_{(k)} \leq p\}$ stimmen überein, also folgt

$$\mathbf{P}(U_{(k)} \leq p) = \mathbf{P}(X_p \geq k)\,.$$

Aufgabe

Zeigen Sie für eine Bin(n, p)-verteilte Zufallsvariable X

$$\mathbf{P}(X \geq k) = \frac{n!}{(k-1)!(n-k)!} \int_0^p u^{k-1}(1-u)^{n-k}\,du\,.$$

III Erwartungswert, Varianz, Unabhängigkeit

Nachdem bisher Beispiele im Vordergrund standen, wollen wir nun erste Schritte in die Theorie gehen. Wir zeigen, wie man mit Erwartungswerten und Varianzen umgeht, behandeln den Begriff der (stochastischen) Unabhängigkeit und leiten zwei besonders wichtige Resultate der Stochastik ab, das Schwache Gesetz der Großen Zahlen und den Zentralen Grenzwertsatz.

7 Ein neuer Blick auf alte Formeln

Erwartungswert und Varianz der $\mathrm{Bin}(n, p)$-Verteilung, np und npq, sowie der $\mathrm{Hyp}(n, g, w)$-Verteilung, np und $npq\frac{g-n}{g-1}$ mit $p := w/g$, haben wir bereits berechnet. Jetzt wollen wir diese Ausdrücke in ihrer Form besser verstehen. Es fällt auf, dass die ersten drei linear in n wachsen, dass dieses Schema aber für den letzten Ausdruck aufgehoben ist.

Wenden wir uns erst der Binomialverteilung zu und rufen wir uns ihre Darstellung (5.4) durch den p-Münzwurf in Erinnerung: Es ist

$$X := Z_1 + \cdots + Z_n \qquad (7.1)$$

binomialverteilt, wenn $Z_1, \ldots, Z_n$ Zufallsvariable mit Werten in $\{0, 1\}$ sind, deren gemeinsame Verteilung durch (4.1) gegeben ist.

Ein fundamentale Eigenschaft des Erwartungswertes, die wir im nächsten Abschnitt beweisen, ist seine Linearität. Damit überträgt sich (7.1) auch auf den Erwartungswert, d.h.

$$\mathbf{E}[X] = \mathbf{E}[Z_1] + \cdots + \mathbf{E}[Z_n]\,. \qquad (7.2)$$

Nun hat beim p-Münzwurf $(Z_1, \ldots, Z_n)$ das Ereignis $\{Z_i = 1\}$ die Wahrscheinlichkeit p, so dass

$$\mathbf{E}[Z_i] = 1 \cdot \mathbf{P}(Z_i = 1) + 0 \cdot \mathbf{P}(Z_i = 0) = p\,.$$

Insgesamt erkennen wir in der Linearität den tieferen Grund dafür, dass np der Erwartungswert von X ist.

Ganz ähnlich lässt sich die Varianz der Z_i berechnen:

$$\mathbf{Var}[Z_i] = (1-p)^2 \mathbf{P}(Z=1) + (-p)^2 \mathbf{P}(Z=0) = q^2 p + p^2 q = pq .$$

Es ist verlockend, nun auch die Varianz der Binomialverteilung nach demselben Muster „durch Linearität" zu gewinnen. Für die Varianz liegen aber die Verhältnisse etwas anders. In Abschnitt 9 werden wir die Formel

$$\mathbf{Var}[X] = \sum_i \mathbf{Var}[Z_i] + \sum_{i \neq j} \mathbf{Cov}[Z_i, Z_j] \tag{7.3}$$

beweisen, mit Korrekturtermen

$$\mathbf{Cov}[Z_i, Z_j] = \mathbf{E}[X_i X_j] - \mathbf{E}[X_i]\mathbf{E}[X_j] ,$$

den „Kovarianzen" von Z_i und Z_j. Das Auftreten solcher Korrekturterme ist nicht weiter erstaunlich, denn Abhängigkeiten zwischen den $Z_1, \ldots, Z_n$ werden sich in der Varianz von X niederschlagen.

Im Fall der Binomialverteilung sind die Z_i voneinander unabhängig, was das Verschwinden der Kovarianzen nach sich zieht. Deshalb hat die Varianz der Binomialverteilung den Wert npq. Wir werden diese Überlegung im Lauf dieses Kapitels präzisieren und in Abschnitt 10 den Begriff der Unabhängigkeit von Zufallsvariablen definieren. Auch auf die asymptotische Normalität der Binomialverteilung werden wir zurückkommen: Im letzten Kapitel haben wir sie durch pures Rechnen mit Verteilungen erhalten. Nun schaffen wir die Voraussetzungen, um einen einprägsamen Beweis „mit Zufallsvariablen" führen zu können, der von (7.1) ausgeht und deutlich macht, welche Eigenschaft der Normalverteilung entscheidend ist. Als Resultat erhalten wir ein sehr viel allgemeineres Resultat, den fundamentalen *zentralen Grenzwertsatz.*

Für die hypergeometrische Verteilung gehen wir analog vor. Das Münzwurfmodell ist nun nicht mehr geeignet, jetzt legen wir das Modell (5.14), ausgedrückt in Indikatorvariablen,

$$Z_1 := I_{\{Y(1) \leq w\}}, \ldots Z_n := I_{\{Y(n) \leq w\}}$$

zugrunde, basierend auf einer rein zufälligen Permutation $Y = (Y(1), \ldots, Y(g))$ der Länge g ($\geq n$). Mit diesen Z_i ist das in (7.1) definierte X hypergeometrisch verteilt. Wir wollen wieder Erwartungswert und Varianz gewinnen.

$Z_1, \ldots, Z_n$ weisen nun Abhängigkeiten auf, aber das ist kein Hindernis. Der entscheidende Gedanke ist, dass wir die Z_i untereinander vertauschen dürfen, ohne dass sich die stochastischen Gesetzmäßigkeiten ändern. Das sieht man so ein: Sei π eine beliebige, fest gewählte Permutation der Länge g. Dann ist offenbar mit Y auch $Y \circ \pi$ eine zufällige Permutation, uniform verteilt im Raum aller Permutationen der Länge g. Es folgt, dass die beiden Zufallsvariablen

$$(Z_1, \ldots, Z_g) \quad \text{und} \quad (Z_{\pi(1)}, \ldots, Z_{\pi(g)})$$

identisch in Verteilung sind, dabei darf π beliebig gewählt werden. Man sagt, $(Z_1, \ldots, Z_g)$ hat eine *austauschbare Verteilung.*

Insbesondere sind Z_1 und $Z_{\pi(1)}$ identisch verteilt. Da π beliebig ist, folgt, dass alle Z_i identisch verteilt sind und damit denselben Erwartungswert haben. Da nun $\mathbf{E}[Z_1] = p$ mit $p = w/g$, erhalten wir den Erwartungswert gemäß (7.2).

Auch haben die Z_i alle wie oben dieselbe Varianz pq. Außerdem folgt, dass (Z_1, Z_2) und $(Z_{\pi(1)}, Z_{\pi(2)})$ identisch in Verteilung sind, bzw. dass für $i \neq j$ alle (Z_i, Z_j) identisch verteilt sind. Dies impliziert, dass für $i \neq j$ alle Kovarianzterme $\mathbf{Cov}[Z_i, Z_j]$ gleich sind. Nach (7.3) folgt

$$\mathbf{Var}[X] = npq + n(n-1)\mathbf{Cov}[Z_1, Z_2] \,.$$

Es bleibt, diese Kovarianz zu bestimmen. Hier hilft nun die Beobachtung weiter, dass im Fall $n = g$ die Zufallsvariable X den festen Wert w und folglich Varianz 0 hat. Die letzte Gleichung ergibt damit für die Kovarianz

$$\mathbf{Cov}[Z_1, Z_2] = -\frac{pq}{g-1}$$

und nach einer kurzen Rechnung

$$\mathbf{Var}[X] = npq\frac{g-n}{g-1} \,.$$

Überprüfen Sie für das soeben beschriebene Modell durch direkte Rechnung die Gleichheit $\mathbf{E}[Z_1 Z_2] - \mathbf{E}[Z_1]\mathbf{E}[Z_2] = -pq/(g-1)$. **Aufgabe**

Eine andere Darstellung der hypergeometrische Verteilung. Wir ziehen n Kugeln aus einer Urne mit g Kugeln, von denen w weiß seien. Sei X die Anzahl der weißen Kugeln in der Stichprobe. Wir stellen uns vor, dass die weißen Kugeln durchnummeriert sind. Dann gilt $X = Y_1 + \cdots + Y_w$, wobei Y_i die Indikatorvariable des Ereignisses sei, dass die i-te weiße Kugel in der Stichprobe erscheint. **Aufgabe**

(i) Zeigen Sie $\mathbf{P}(Y_i = 1) = \binom{g-1}{n-1}/\binom{g}{n}$ und $\mathbf{P}(Y_i = Y_j = 1) = \binom{g-2}{n-2}/\binom{g}{n}$ für $i \neq j$.

(ii) Folgern Sie $\mathbf{E}[Y_i] = n/g$, $\mathbf{Var}[Y_i] = n(g-n)/g^2$, $\mathbf{E}[Y_i Y_j] = n(n-1)/g(g-1)$ und $\mathbf{Cov}[Y_i, Y_j] = -n(g-n)/g^2(g-1)$ für $i \neq j$.

(iii) Bestätigen Sie erneut die Formeln (5.15) für Erwartungswert und Varianz von X.

Zusammenfassend betonen wir: Die Formel (7.2) über den Erwartungswert einer Summe ist gültig, ungeachtet, welche Abhängigkeiten zwischen $Z_1, \ldots, Z_n$ bestehen. In die Varianz einer Summe gehen Abhängigkeiten gemäß (7.3) ein.

8
Das Rechnen mit Erwartungswerten

Wir kommen nun zu den fundamentalen Eigenschaften des Erwartungswertes. Bei Beweisen beschränken wir uns der Übersichtlichkeit halber auf diskrete Zufallsvariable, die Regeln gelten allgemein.

Die folgende Aussage nimmt eine zentrale Stellung in der Stochastik ein.

Satz

Linearität des Erwartungswertes. Für reellwertige Zufallsvariable X_1, X_2 mit wohldefiniertem Erwartungswert gilt

$$\mathbf{E}[c_1X_1 + c_2X_2] = c_1\mathbf{E}[X_1] + c_2\mathbf{E}[X_2], \quad c_1, c_2 \in \mathbb{R}.$$

Beweis. Seien $S_1, S_2 \subset \mathbb{R}$ abzählbar mit $\mathbf{P}(X_1 \in S_1) = \mathbf{P}(X_2 \in S_2) = 1$. Aus (5.7) folgt mit $h(a_1, a_2) := c_1a_1 + c_2a_2$ die Gleichheit

$$\mathbf{E}[c_1X_1 + c_2X_2] = \sum_{a_1 \in S_1} \sum_{a_2 \in S_2} (c_1a_1 + c_2a_2)\,\mathbf{P}(X_1 = a_1, X_2 = a_2).$$

Das lässt sich mit (5.2) umformen zu

$$c_1 \sum_{a_1 \in S_1} a_1\mathbf{P}(X_1 = a_1) + c_2 \sum_{a_2 \in S_2} a_2\mathbf{P}(X_2 = a_2),$$

und dies ist nichts anderes als $c_1\mathbf{E}[X_1] + c_2\mathbf{E}[X_2]$. □

Insbesondere gilt für reelle Zahlen d

$$\mathbf{E}[X + d] = \mathbf{E}[X] + d.$$

Man sagt, der Erwartungswert ist ein *Lageparameter*.

Die Linearität erlaubt es unter anderem, Erwartungswerte von Zufallsvariablen zu berechnen, ohne deren Verteilung im Detail kennen zu müssen.

Beispiel

Wartezeiten. In einer Urne seien w weiße und b blaue Kugeln. Wir ziehen, bis wir die erste blaue Kugel entnehmen. X sei die Zahl der vorher gezogenen weißen Kugeln. Was ist der Erwartungswert?

Wenn wir *mit Zurücklegen* ziehen, können wir leicht den Erwartungswert von $X + 1$ bestimmen. Dies ist der Zug zum ersten „Erfolg“, dem Ziehen der ersten blauen Kugel. Daher ist $X + 1$ Geom(p)-verteilt mit $p = b/(w + b)$ und folglich $\mathbf{E}[X + 1] = 1/p$. Es folgt

$$\mathbf{E}[X] = \frac{w}{b}.$$

Wenn wir *ohne Zurücklegen* ziehen, ist X nach den Ausführungen, die (2.6) folgen, genauso verteilt wie die Anzahl der Objekte am Platz 1 bei einer uniform verteilten Besetzung von $b + 1$ Plätzen mit w Objekten. Die Anzahl Z_i von Objekten an Platz i sind aus Gründen der Austauschbarkeit alle identisch verteilt, insbesondere gilt $\mathbf{E}[Z_1] = \cdots = \mathbf{E}[Z_{b+1}]$. Da $Z_1 + \cdots + Z_{b+1}$ den festen Wert

w annimmt, folgt mittels Linearität des Erwartungswertes die Gleichheit $w = \mathbf{E}[Z_1] + \cdots + \mathbf{E}[Z_{b+1}] = (b+1)\mathbf{E}[Z_1]$. Wir erhalten

$$\mathbf{E}[X] = \frac{w}{b+1} .$$

Aufgabe

Früher einmal hat man folgendes Bluttest-Verfahren benutzt: n Personen werden in Gruppen zu je k Personen aufgeteilt. Die Blutproben jeder Gruppe werden in einem einzigen Test untersucht. Ist das Resultat negativ, so reicht der Test aus für die k Personen. Andernfalls werden alle k Personen der Gruppe einzeln getestet, dann sind pro Gruppe insgesamt $k + 1$ Tests erforderlich. Wir nehmen an, dass ein Einzeltest mit Wahrscheinlichkeit p positiv ausfällt und die Resultate von k verschiedenen Personen unabhängig sind in dem Sinne, dass ihr Gesamtergebnis mit Wahrscheinlichkeit $(1-p)^k$ negativ ist.

(i) Berechnen Sie die erwartete Anzahl der für die n Personen benötigten Tests. Nehmen Sie der Einfachheit halber an, dass k ein Teiler von n ist.
(ii) Was ergibt sich unter Benutzung der Ungleichung $(1-p)^k \geq 1 - kp$? Was ist eine vorteilhafte Wahl für k?

Aufgabe

Der Kupon-Sammler. Aus einer Urne mit r Kugeln werden mit Zurücklegen Kugeln gezogen, und zwar so lange, bis jede Kugel einmal gegriffen wurde. Sei X die Anzahl der nötigen Züge. Wir wollen

$$\mathbf{E}[X] = r\Big(1 + \frac{1}{2} + \frac{1}{3} + \cdots + \frac{1}{r-1}\Big)$$

beweisen. Dazu betrachten wir auch Zufallsvariable $1 = T_1 < T_2 < \cdots < T_r = X$, die „Erfolgsmomente", zu denen man eine vorher noch nicht gegriffene, neue Kugel erwischt. Was ist die Verteilung und der Erwartungswert von $T_{i+1} - T_i$? Wie bestimmt sich folglich der Erwartungswert von X?

Der Titel der Aufgabe erinnert an den Werbegag „Sammle alle 10 Kupons und gewinne" oder auch an die Kinderzeit: Wieviel Schokotafeln muss man im Mittel kaufen, um alle r Bildchen zu erhalten, die den Tafeln „rein zufällig" beigelegt sind?

Ein häufiger Fall ist

$$X = Z_1 + \cdots + Z_n ,$$

wobei die $Z_1, \ldots, Z_n$ nur die Werte 0 oder 1 annehmen. Dann gilt offenbar

$$\mathbf{E}[Z_i] = \mathbf{P}(Z_i = 1)$$

und die Linearität des Erwartungswertes ergibt

$$\mathbf{E}[X] = \mathbf{P}(Z_1 = 1) + \cdots + \mathbf{P}(Z_n = 1) .$$

Mit dieser Formel haben wir im vorigen Abschnitt den Erwartungswert von Binomial- und hypergeometrischer Verteilung bestimmt, weitere Beispiele finden sich in den folgenden Aufgaben.

Aufgabe **Runs beim Münzwurf.** Sei $(Z_1, Z_2, \dots, Z_n)$ ein p-Münzwurf.

(i) Bestimmen Sie die Wahrscheinlichkeit, dass mit Z_i ein neuer Run beginnt, vgl. die Aufgabe auf Seite 25.
(ii) Folgern Sie für die Anzahl Y aller Runs: $\mathbf{E}[Y] = 1 + 2pq(n-1)$.

Aufgabe **Zyklische Runs.** An einen runden Tisch mit n Plätzen setzen sich m Personen $(m < n)$. Dabei entstehen Y Gruppen, die jeweils durch freie Plätze getrennt sind. Wir nehmen eine rein zufällige Anordnung der Personen am Tisch an.

(i) Zeigen Sie: Die Wahrscheinlichkeit, dass ein bestimmter Platz frei, der rechts benachbarte aber besetzt ist, beträgt $\frac{m(n-m)}{n(n-1)}$.
(ii) Was ist $\mathbf{E}[Y]$?

Aufgabe **Zyklenzahl rein zufälliger Permutationen.** Sei Y die Zufallsvariable, die die Anzahl der Zyklen einer rein zufälligen Permutation $X = (X(1), \dots, X(n))$ von $1, \dots, n$ angibt. Dann gilt die Formel

$$\mathbf{E}[Y] = 1 + \frac{1}{2} + \frac{1}{3} + \cdots + \frac{1}{n}$$

und folglich, wie die Analysis lehrt, $\mathbf{E}[Y] \sim \ln n$.
Zum Beweis rekapitulieren wir die Zyklendarstellung $1 = Z_1 \to Z_2 \to \cdots \to Z_{k_1} \to 1$, $Z_{k_1+1} \to Z_{k_1+2} \to \cdots \to Z_{k_1+k_2} \to Z_{k_1+1}, \dots$ von X, wobei $Z_{k_1}, Z_{k_1+k_2} \dots$ die Zyklenenden sind. Also: Die Permutation $(3, 6, 4, 1, 5, 2)$ hat die Darstellung $1 \to 3 \to 4 \to 1$, $2 \to 6 \to 2, 5 \to 5$, und Zyklen werden bei 4, 6 und 5 beendet.

(i) Zeigen Sie $\mathbf{P}(Z_i \text{ beendet einen Zyklus}) = \frac{1}{n-i+1}$ für $i = 1, \dots, n$.
(ii) Folgern Sie die Formel für $\mathbf{E}[Y]$.

Aufgabe **Farbwechsel.** 48 Karten (mit 4 Farben à 12 Karten) werden perfekt gemischt und eine nach der anderen aufgedeckt. Für jeden Farbwechsel zwischen zwei unmittelbar nacheinander aufgedeckte Karten bekommen Sie einen Euro. Was ist Ihr erwarteter Gewinn? (Vgl. dazu die Aufgabe „Perfekt gemischt" auf Seite 8/9.)

Aufgabe **Wieviele Täler?** $X := (X_1, \cdots, X_{20})$ sei eine rein zufällige Permutation der Zahlen $1, \dots, 20$. Für $i \in \{2, \dots, 19\}$ sagen wir: X hat ein lokales Minimum bei i, falls $X_i = \min(X_{i-1}, X_i, X_{i+1})$.

(i) Mit welcher Wahrscheinlichkeit ist X_2 das Kleinste von X_1, X_2 und X_3?
(ii) Berechnen Sie den Erwartungswert der Anzahl der lokalen Minima von X.

Aufgabe **Wieviele paarweise Kollisionen erwartet man?** 10 Kugel werden auf 100 Plätze verteilt, alle Kugeln unabhängig und jede Kugel uniform verteilt auf den 100 Plätzen. Wir denken uns die Kugeln nummeriert mit $1, \dots, 10$.

(i) Für $1 \le i < j \le 10$ sei Z_{ij} die Indikatorvariable des Ereignisses „die Kugel mit der Nummel i und die Kugel mit der Nummer j landen auf demselben Platz". Berechnen Sie den Erwartungswert der Summe der Z_{ij}.
(ii) Was ist „mit Stirling und Taylor" eine Approximation für die Wahrscheinlichkeit, dass es zu keiner Kollision kommt? (Vgl. dazu Abschnitt 1, „Eine Näherung mit der Stirling-Formel".) Welcher Zusammenhang mit dem Ergebnis von (i) fällt auf?

Wir gehen nun noch auf unmittelbar einleuchtende Eigenschaften des Erwartungswertes ein.

Satz

Positivität. Für die reellwertige Zufallsvariable X gelte $X \geq 0$. Dann gilt

(i) $\mathbf{E}[X] \geq 0$,
(ii) $\mathbf{E}[X] = 0$ genau dann, wenn $\mathbf{P}(X = 0) = 1$.

Beweis. $X \geq 0$ impliziert, dass $\mathbf{P}(X = a) = 0$ für $a < 0$. Beide Aussagen ergeben sich daher aus $\mathbf{E}[X] = \sum_a a\mathbf{P}(X = a)$. □

Satz

Monotonie. Für reellwertige Zufallsvariable $X_1 \leq X_2$ mit wohldefiniertem Erwartungswert gilt $\mathbf{E}[X_1] \leq \mathbf{E}[X_2]$.

Beweis. $X_1 \leq X_2$ ist gleichbedeutend mit $X_2 - X_1 \geq 0$. Mittels Linearität des Erwartungswertes folgt $\mathbf{E}[X_2] - \mathbf{E}[X_1] \geq 0$. □

Die Kombination von Linearität und Monotonie gibt wichtige Aussagen.

Beispiel

Jensen-Ungleichung. Für jede konvexe Funktion $k : \mathbb{R} \to \mathbb{R}$ und jede reellwertige Zufallsvariable X mit endlichem Erwartungswert gilt die Ungleichung

$$k\big(\mathbf{E}[X]\big) \leq \mathbf{E}\big[k(X)\big] .$$

Wichtige Einzelfälle sind

$$\big|\mathbf{E}[X]\big| \leq \mathbf{E}\big[|X|\big] , \ \mathbf{E}[X]^2 \leq \mathbf{E}[X^2] . \tag{8.1}$$

Zum Beweis benutzen wir die für konvexe Funktionen charakteristische Eigenschaft, dass für k und jedes $d \in \mathbb{R}$ eine „Stützgerade" g existiert, eine Gerade der Gestalt $g(x) = k(d) + c(x - d)$ mit der Eigenschaft

$$g(a) \leq k(a) \quad \text{für alle } a , \quad g(d) = k(d) .$$

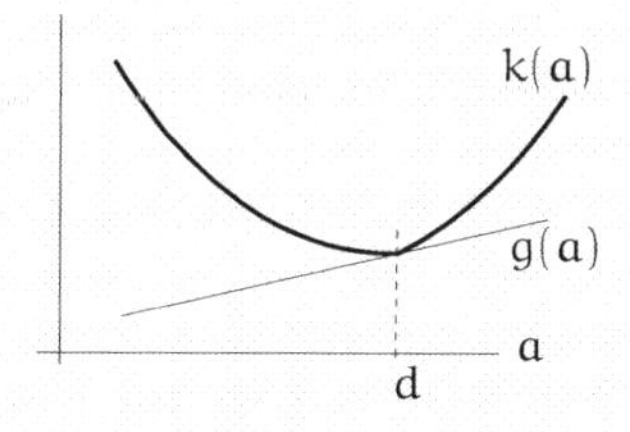

Ersetzen wir a durch die Zufallsvariable X und gehen wir zum Erwartungswert über, so folgt mittels Linearität und Monotonie

$$k(d) + c\big(\mathbf{E}[X] - d\big) \leq \mathbf{E}[k(X)] .$$

Die Wahl $d = \mathbf{E}[X]$ ergibt die Behauptung.

Aufgabe **Median.** Sei X eine reelle Zufallsvariable mit endlichem Erwartungswert μ, endlicher Varianz σ^2 und Median m. (Wir erinnern: Ein Median m für X hat die Eigenschaften $\mathbf{P}(X \geq m) \geq 1/2$ und $\mathbf{P}(X \leq m) \geq 1/2$.) Zeigen Sie:

(i) m minimiert die reelle Funktion $x \mapsto \mathbf{E}|X - x|$. Führen Sie den Beweis, indem Sie erst für $x > m$ die Ungleichung

$$|X - x| - |X - m| \geq (x - m)I_{\{X \leq m\}} - (x - m)I_{\{X > m\}}$$

herleiten.

(ii) Folgern Sie $|\mu - m| \leq \sigma$.
Hinweis: Benutzen Sie (i) und die beiden Ungleichungen in (8.1).

Beispiel **Cauchy-Schwarz Ungleichung.** Für reellwertige Zufallsvariable X, Y mit $\mathbf{E}[X^2]$, $\mathbf{E}[Y^2] < \infty$ gilt die Ungleichung

$$\mathbf{E}[XY]^2 \leq \mathbf{E}[X^2]\mathbf{E}[Y^2] . \tag{8.2}$$

Zum Beweis betrachten wir erst den Fall $\mathbf{E}[X^2], \mathbf{E}[Y^2] > 0$. Dann können wir die Zufallsvariablen $U := X/\sqrt{\mathbf{E}[X^2]}$, $V := Y/\sqrt{\mathbf{E}[Y^2]}$ bilden. Sie erfüllen $\mathbf{E}[U^2] = \mathbf{E}[V^2] = 1$. Unter Beachtung von $(U-V)^2, (U+V)^2 \geq 0$ bzw. $\pm 2UV \leq U^2 + V^2$ folgt durch Übergang zum Erwartungswert

$$\pm\mathbf{E}[UV] \leq 1 .$$

Multiplikation mit $\sqrt{\mathbf{E}[X^2]}\sqrt{\mathbf{E}[Y^2]}$ ergibt die Behauptung.

Es bleibt der Fall $\mathbf{E}[X^2] = 0$. Nach dem Satz über die Positivität des Erwartungswertes folgt dann $\mathbf{P}(X^2 = 0) = 1$, und damit $\mathbf{P}(XY = 0) = 1$ und $\mathbf{E}[XY] = 0$. Daraus folgt die Behauptung. Der Fall $\mathbf{E}[Y^2] = 0$ ist analog.

Die Cauchy-Schwarz Ungleichung ist aus der Theorie der Euklidischen Vektorräume bekannt. Es ist oft hilfreich, dass man Systeme von reellwertigen Zufallsvariablen X mit $\mathbf{E}[X^2] < \infty$ als Euklidische Vektorräume auffassen kann.

Aufgabe Sei $\mathcal{V}$ ein System von (diskreten) reellwertigen Zufallsvariablen, dem mit X_1, X_2 immer auch $c_1X_1 + c_2X_2$ angehört, mit $c_1, c_2 \in \mathbb{R}$. Setze

$$\mathcal{L}_2 := \{X \in \mathcal{V} : \mathbf{E}[X^2] < \infty\} .$$

Zeigen Sie:

(i) $\mathcal{L}_2$ ist ein Vektorraum.

(ii) $\langle X, Y \rangle := \mathbf{E}[XY]$ hat die folgenden Eigenschaften eines Skalarproduktes: $\langle X, Y \rangle$ ist bilinear und $\langle X, X \rangle \geq 0$.

(iii) $\langle X, X \rangle = 0$ genau dann, wenn $\mathbf{P}(X = 0) = 1$.

Aufgabe x und y seien zwei Vekoren in $\mathbb{R}^n$. Definieren Sie Zufallsvariable X und Y so, dass die Cauchy-Schwarz Ungleichung für X und Y zur klassischen Cauchy-Schwarz Ungleichung $|\langle x, y \rangle| \leq \|x\| \, \|y\|$ wird.
Hinweis: Setzen Sie X und Y als Funktionen einer auf $\{1, \ldots, n\}$ uniform verteilten Zufallsvariablen an.

Das Rechnen mit Wahrscheinlichkeiten

Am Ende von Abschnitt 5 haben wir Beziehungen zwischen Ereignissen und Indikatorvariablen kennengelernt. Für jedes Ereignis E gilt

$$\mathbf{E}[I_E] = \mathbf{P}(I_E = 1) = \mathbf{P}(E) .$$

Damit ergeben sich die Regeln für das Rechnen mit Wahrscheinlichkeiten.

Satz

Eigenschaften von Wahrscheinlichkeiten. Es gilt

(i) $\mathbf{P}(E_s) = 1, \mathbf{P}(E_u) = 0$.
(ii) $\mathbf{P}(E_1) + \mathbf{P}(E_2) = \mathbf{P}(E_1 \cup E_2) + \mathbf{P}(E_1 \cap E_2)$,
insbesondere $\mathbf{P}(E_1 \cup E_2) \leq \mathbf{P}(E_1) + \mathbf{P}(E_2)$.
(iii) $\mathbf{P}(E_1 \cup E_2) = \mathbf{P}(E_1) + \mathbf{P}(E_2)$, falls E_1 und E_2 disjunkt sind.
(iv) $\mathbf{P}(E^c) = 1 - \mathbf{P}(E)$.
(v) $\mathbf{P}(E_1) \leq \mathbf{P}(E_2)$, falls $E_1 \subset E_2$.

Beweis. (i) folgt wegen $\mathbf{E}[I_{E_s}] = \mathbf{E}[1] = 1, \mathbf{E}[I_{E_u}] = \mathbf{E}[0] = 0$.
(ii) folgt aus $I_{E_1} + I_{E_2} = I_{E_1 \cup E_2} + I_{E_1 \cap E_2}$ und der Linearität des Erwartungswertes.
(iii) folgt aus (i), (ii) und (iv) aus (i), (iii).
(v) folgt aus $I_{E_1} = I_{E_1 \cap E_2} \leq I_{E_2}$ und der Monotonie des Erwartungswertes. □

Bemerkung. Eigenschaft (iii) ist die Additivität von Wahrscheinlichkeiten. Für manche Zwecke benötigt man eine stärkere Form dieser Eigenschaft, die σ-Additivität. Sie besagt: Für unendliche Folgen $E_1, E_2, \ldots$ von paarweise disjunkten Ereignissen gilt

$$\mathbf{P}(E_1 \cup E_2 \cup \cdots) = \mathbf{P}(E_1) + \mathbf{P}(E_2) + \cdots .$$

Diese Formel entspricht zusammen mit der Eigenschaft (i) den Axiomen von Kolmogorov[1] für Wahrscheinlichkeitsmaße.

Wir verallgemeinern nun noch die Formel (ii) des letzten Satzes.

Satz

Einschluss-Ausschluss-Formel. Für Ereignisse $E_1, \ldots, E_n$ gilt

$$\mathbf{P}(E_1 \cup \cdots \cup E_n) = \sum_i \mathbf{P}(E_i) - \sum_{i<j} \mathbf{P}(E_i \cap E_j) + \cdots \pm \mathbf{P}(E_1 \cap \cdots \cap E_n) .$$

[1] Andrej N. Kolmogorov, 1903–1987, berühmter russischer Mathematiker. Er brachte viele wichtige Bereiche der Stochastik vorwärts. Sein axiomatischer Zugang zur Wahrscheinlichkeit trug entscheidend zu deren mathematischer Klärung bei.

Beweis. Man gehe in der Identität für Indikatorvariable

$$\begin{aligned} 1 - I_{E_1 \cup \cdots \cup E_n} &= (1 - I_{E_1}) \cdots (1 - I_{E_n}) \\ &= 1 - \sum_i I_{E_i} + \sum_{i<j} I_{E_i} \cdot I_{E_j} - \cdots \\ &= 1 - \sum_i I_{E_i} + \sum_{i<j} I_{E_i \cap E_j} - \cdots \end{aligned}$$

zum Erwartungswert über. □

Beispiel

Fixpunkte in rein zufälligen Permutationen. Sei Y_n die Anzahl der Fixpunkte einer rein zufälligen Permutation $X = (X(1), \ldots, X(n))$ von $1, \ldots, n$. Wir wollen die Verteilung von Y_n bestimmen. Mit $E_i := \{X(i) = i\}$ bezeichnen wir das Ereignis, dass i Fixpunkt von X ist. Dann gilt $\mathbf{P}(E_{i_1} \cap \cdot \cdots \cdot \cap E_{i_k}) = (n-k)!/n!$, falls $i_1 < \cdots < i_k$. Die Wahrscheinlichkeit, dass X mindestens einen Fixpunkt hat, ist also nach der Einschluss-Ausschluss-Formel

$$\mathbf{P}(E_1 \cup \cdots \cup E_n) = 1 - \frac{1}{2!} + \cdots \pm \frac{1}{n!} .$$

Anders ausgedrückt: Insgesamt $n!(\frac{1}{2!} - \cdots \mp \frac{1}{n!})$ Permutationen haben *keinen* Fixpunkt. Es folgt, dass $\binom{n}{k}(n-k)!(\frac{1}{2!} - \cdots \mp \frac{1}{(n-k)!})$ Permutationen genau k Fixpunkte haben, so dass

$$\mathbf{P}(Y_n = k) = \frac{1}{k!}\Big(\frac{1}{2!} - \frac{1}{3!} + \cdots \mp \frac{1}{(n-k)!}\Big) .$$

Für $n \to \infty$ folgt

$$\mathbf{P}(Y_n = k) \to \frac{e^{-1}}{k!} , \tag{8.3}$$

Y_n ist also asymptotisch Poissonverteilt zum Parameter 1.

Aufgabe

Wie groß ist die Wahrscheinlichkeit, bei 10-maligem Würfeln nicht alle 6 Augenzahlen zu werfen?
Hinweis: Betrachten Sie das Ereignis $E_i, i = 1, \ldots, 6$, dass i in den 10 Würfen nicht vorkommt, und begründen Sie $\mathbf{P}(E_1 \cap \cdots \cap E_i) = (6-i)^{10}/6^{10}$.

9 Das Rechnen mit Varianzen

Der Definition (5.8) entnimmt man die für beliebige $c, d \in \mathbb{R}$ geltende Eigenschaft

$$\mathbf{Var}[cX + d] = c^2 \mathbf{Var}[X] ,$$

oder, in der Standardabweichung ausgedrückt, $\sqrt{\mathbf{Var}[cX + d]} = c\sqrt{\mathbf{Var}[X]}$. Man sagt, die Standardabweichung ist ein *Skalenparameter*.

Eine Zufallsvariable X mit Varianz 0 ist deterministisch in dem Sinne, dass

$$\mathbf{Var}[X] = 0 \quad \Leftrightarrow \quad \mathbf{P}\big(X = \mathbf{E}[X]\big) = 1 .$$

Man sagt, X ist *fast sicher* konstant. Die Äquivalenz sieht man aus der Gleichheit $\mathbf{Var}[X] = \mathbf{E}[(X - \mathbf{E}[X])^2]$ und aus dem Satz über die Positivität des Erwartungswertes.

Die weiteren Eigenschaften der Varianz ergeben sich aus der Linearität des Erwartungswertes. Das Rechnen mit der Varianz wird übersichtlich durch eine zusätzliche Rechengröße.

Kovarianz. Seien X, Y reellwertige Zufallsvariable mit $\mathbf{E}[X^2], \mathbf{E}[Y^2] < \infty$. Dann ist die *Kovarianz* von X und Y definiert als

Definition

$$\mathbf{Cov}[X, Y] := \mathbf{E}\big[(X - \mathbf{E}X)(Y - \mathbf{E}Y)\big] .$$

Im diskreten Fall gilt:

$$\mathbf{Cov}[X, Y] = \sum_{a,b} (a - \mathbf{E}X)(b - \mathbf{E}Y)\, \mathbf{P}(X = a, Y = b) .$$

Die Varianz ergibt sich aus der Kovarianz nach der Formel

$$\mathbf{Var}[X] = \mathbf{Cov}[X, X] .$$

Häufig berechnet man Varianzen und Kovarianzen nach folgenden Formeln, die sich aus der Linearität des Erwartungswertes ergeben:

$$\mathbf{Cov}[X, Y] = \mathbf{E}[XY] - \mathbf{E}[X]\mathbf{E}[Y] \quad , \quad \mathbf{Var}[X] = \mathbf{E}[X^2] - \mathbf{E}[X]^2 .$$

Eine andere Lesart der letzten Formel ist

$$\mathbf{E}[X^2] = \mathbf{Var}[X] + \mathbf{E}[X]^2 , \tag{9.1}$$

die man manchmal für das Berechnen von $\mathbf{E}[X^2]$ benutzt.

Die wesentliche Eigenschaft der Kovarianz ist, dass sie eine positiv semidefinite symmetrische Bilinearform ist:

Satz

Eigenschaften der Kovarianz. Es gilt

(i) $\mathbf{Cov}[X,Y] = \mathbf{Cov}[Y,X]$,
(ii) $\mathbf{Cov}[X,X] \geq 0$,
(iii) $\mathbf{Cov}[c_1X_1 + c_2X_2, Y] = c_1\mathbf{Cov}[X_1, Y] + c_2\mathbf{Cov}[X_2, Y]$,
$\mathbf{Cov}[X, c_1Y_1 + c_2Y_2] = c_1\mathbf{Cov}[X, Y_1] + c_2\mathbf{Cov}[X, Y_2]$.

Die ersten beiden Aussagen sind offensichtlich, die letzte ergibt sich aus der Linearität des Erwartungswertes. Auch gilt nach (8.2)

$$\mathbf{Cov}[X,Y]^2 \leq \mathbf{Var}[X]\mathbf{Var}[Y] , \tag{9.2}$$

eine Eigenschaft, die entsprechend für jede positiv semidefinite symmetrische Bilinearform richtig ist.

Die Kovarianz kommt bei der Varianz von Summen ins Spiel:

Satz

Varianz von Summen. Seien X, Y reellwertige Zufallsvariable mit endlichen Varianzen. Dann gilt

$$\mathbf{Var}[X+Y] = \mathbf{Var}[X] + \mathbf{Var}[Y] + 2\mathbf{Cov}[X,Y] .$$

Beweis. Es gilt

$$\begin{aligned}\mathbf{Var}[X+Y] &= \mathbf{Cov}[X+Y, X+Y] = \mathbf{Cov}[X, X+Y] + \mathbf{Cov}[Y, X+Y] \\ &= \mathbf{Cov}[X,X] + \mathbf{Cov}[X,Y] + \mathbf{Cov}[Y,X] + \mathbf{Cov}[Y,Y] \\ &= \mathbf{Var}[X] + 2\mathbf{Cov}[X,Y] + \mathbf{Var}[Y] .\end{aligned}$$

□

Aufgabe

Fixpunktzahl rein zufälliger Permutationen. n Hüte werden rein zufällig an ihre Besitzer verteilt. Sei X die Anzahl der Personen, die den eigenen Hut erhalten. Zeigen Sie: $\mathbf{E}[X] = 1$ und $\mathbf{Var}[X] = 1$. Arbeiten Sie mit der Darstellung $X = Z_1 + \cdots + Z_n$, wobei Z_i die Indikatorvariable des Ereignisses sei, dass die i-te Person den eigenen Hut erhält.

Aufgabe

Multinomialverteilung. Sei $(X_1, \ldots, X_r)$ multinomialverteilt zum Parameter $(n, p_1, \ldots, p_r)$. Berechnen Sie $\mathbf{Cov}[X_i, X_j]$ für $i \neq j$. Zur Erinnerung: X_i und $X_i + X_j$ sind binomialverteilt zum Parameter (n, p_i) und $(n, p_i + p_j)$.

Aufgabe

Runs beim Münzwurf. Sei Y die Anzahl der Runs im p-Münzwurf $(Z_1, \ldots, Z_n)$.

(i) Begründen Sie die Formel $Y = 1 + \sum_{i=2}^{n} X_i$, wobei X_i die Indikatorvariable des Ereignisses $\{Z_{i-1} \neq Z_i\}$ sei.
(ii) Zeigen Sie: $\mathbf{Cov}[X_i, X_j]$ ist gleich $2pq(1-2pq)$ im Fall $i = j$, gleich $pq(1-4pq)$ im Fall $i - j = \pm 1$ und gleich 0 sonst. Was ist die Varianz von Y?
Man bemerke: Die Kovarianzen verschwinden nur im Fall $p = 1/2$. Können Sie dies plausibel machen?

Der Fall verschwindender Kovarianz verdient besonderes Interesse.

Unkorreliertheit. Zwei reellwertige Zufallsvariable X, Y von endlicher Varianz heißen *unkorreliert*, falls $\mathbf{Cov}[X, Y] = 0$. — Definition

Stichprobenmittel. Seien $X_1, \ldots, X_n$ paarweise unkorreliert und identisch verteilt mit Varianz $\sigma^2 < \infty$, und sei $\bar{X} := \frac{1}{n}(X_1 + \cdots + X_n)$ ihr Stichprobenmittel. Zeigen Sie: — Aufgabe

(i) $\mathbf{Var}[\bar{X}] = \sigma^2/n$.

(ii) $\frac{1}{n-1}\big((X_1 - \bar{X})^2 + \cdots + (X_n - \bar{X})^2\big)$ hat Erwartungswert σ^2.

Hinweis: Benutzen Sie die Zerlegung $\sum_{i=1}^n (X_i - \mu)^2 = \sum_{i=1}^n (X_i - \bar{X})^2 + n(\bar{X} - \mu)^2$, mit $\mu = \mathbf{E}[X_i]$.

Ein wichtiger Fall von Unkorreliertheit ergibt sich aus Unabhängigkeit.

Unabhängigkeit von zwei Zufallsvariablen. Zufallsvariable X_1, X_2 heißen *unabhängig*, falls für alle Ereignisse $\{X_1 \in A_1\}, \{X_2 \in A_2\}$ die Produktformel — Definition

$$\mathbf{P}(X_1 \in A_1, X_2 \in A_2) = \mathbf{P}(X_1 \in A_1)\mathbf{P}(X_2 \in A_2) \tag{9.3}$$

gilt.

Erwartungswert unabhängiger Produkte. Seien X_1, X_2 unabhängige Zufallsvariable mit Zielbereichen S_1, S_2 und seien h_1, h_2 Abbildungen von S_1 bzw. S_2 in die reellen Zahlen. Haben $h_1(X_1)$ und $h_2(X_2)$ endlichen Erwartungswert, so folgt — Satz

$$\mathbf{E}\big[h_1(X_1)h_2(X_2)\big] = \mathbf{E}\big[h_1(X_1)\big]\mathbf{E}\big[h_2(X_2)\big] .$$

Insbesondere sind (im Fall endlicher Varianzen) $h_1(X_1)$ und $h_2(X_2)$ unkorreliert.

Beweis. Für diskrete Zufallsvariable ergibt sich die Behauptung aus der Rechnung

$$\begin{aligned}
&\sum_{a_1, a_2} h_1(a_1)h_2(a_2)\mathbf{P}(X_1 = a_1, X_2 = a_2)\\
&\quad = \sum_{a_1, a_2} h_1(a_1)\mathbf{P}(X_1 = a_1)h_2(a_2)\mathbf{P}(X_2 = a_2)\\
&\quad = \sum_{a_1} h_1(a_1)\mathbf{P}(X_1 = a_1)\sum_{a_2} h_2(a_2)\mathbf{P}(X_2 = a_2) .
\end{aligned}$$

□

Seien $h_1, h_2 : \mathbb{R} \to \mathbb{R}$ monoton wachsende Funktionen und sei X eine reellwertige Zufallsvariable. Zeigen Sie, dass dann $h_1(X)$ und $h_2(X)$ nichtnegative Korrelation haben, d.h. $\mathbf{Cov}[h_1(X), h_2(X)] \geq 0$ gilt. — Aufgabe

Hinweis. Eine Möglichkeit besteht darin, den Erwartungswert

$$\mathbf{E}\big[(h_1(Y) - h_1(Z))(h_2(Y) - h_2(Z)\big]$$

zu betrachten, wobei Y, Z unabhängig seien und mit X in Verteilung übereinstimmen.

Aufgabe **Unkorreliert und doch nicht unabhängig.** $X = (X_1, X_2)$ sei uniform verteilt auf $\{(-1,0), (1,0), (0,-1), (0,1)\}$. Zeigen Sie:

(i) X_1, X_2 sind unkorreliert, aber nicht unabhängig.
(ii) $X_1 - X_2, X_1 + X_2$ sind unabhängig.

Der Korrelationskoeffizient

Der Wert der Kovarianz von zwei reellwertigen Zufallsvariablen X, Y lässt sich nicht anschaulich deuten, nur sein Vorzeichen. Die Situation ist wie beim Euklidischen Skalarprodukt $\langle x, y\rangle$ zweier Vektoren, das bekanntlich erst nach Normierung zu einer geometrisch interpretierbaren Größe wird: $\langle x, y\rangle \,/\, |x| \cdot |y|$ ist der Cosinus des Winkels zwischen x und y.

Formal ist die Kovarianz wie das Skalarprodukt eine positiv semidefinite symmetrische Bilinearform. An die Stelle des Normquadrats $|x|^2 = \langle x, x\rangle$ für Vektoren tritt die Varianz $\mathbf{Var}[X] = \mathbf{Cov}[X, X]$.

Ein spezieller Fall verdient besondere Beachtung, dass nämlich X, Y unkorreliert sind, also Kovarianz 0 haben. Dann gilt

$$\mathbf{Var}[X + Y] = \mathbf{Var}[X] + \mathbf{Var}[Y] .$$

Die analoge Situation ist, dass x, y orthogonale Vektoren sind und somit $|x + y|^2 = |x|^2 + |y|^2$ gilt. Geometrisch ist das der Satz von Pythagoras.

Es liegt also nahe, die Kovarianz ähnlich wie das Skalarprodukt zu normieren.

Definition **Korrelation.** Seien X und Y Zufallsvariable mit endlichen Erwartungswerten μ_X, μ_Y, positiven, endlichen Varianzen σ_X^2, σ_Y^2 und Kovarianz $\gamma_{X,Y}$. Dann ist ihr *Korrelationskoeffizient* definiert als

$$\kappa = \kappa_{X,Y} := \frac{\gamma_{X,Y}}{\sigma_X \sigma_Y} .$$

Nach der Cauchy-Schwarz Ungleichung (9.2) gilt

$$-1 \le \kappa \le 1 .$$

Der Korrelationskoeffizient lässt sich anschaulich interpretieren: κ ist ein Maß dafür, um wieviel besser Y durch eine Zufallsvariable der Gestalt $\beta_1 X + \beta_0$ angenähert werden kann (im Sinne des mittleren quadratischen Fehlers) als durch einen festen Wert β. Es gilt nämlich

$$\min_{\beta_0, \beta_1} \mathbf{E}\big[(Y - \beta_1 X - \beta_0)^2\big] = (1 - \kappa^2) \cdot \min_{\beta} \mathbf{E}\big[(Y - \beta)^2\big] .$$

Zum Beweis benutzen wir (9.1): $\mathbf{E}\big[(Y-\beta)^2\big] = \mathbf{Var}[Y] + (\mathbf{E}[Y]-\beta)^2$ hat σ_Y^2 als minimalen Wert, während

$$\begin{aligned}\mathbf{E}\big[(Y-\beta_1 X-\beta_0)^2\big] &= \mathbf{Var}[Y-\beta_1 X-\beta_0] + \big(\mathbf{E}[Y]-\beta_1\mathbf{E}[X]-\beta_0\big)^2\\ &= \mathbf{Var}[Y] - 2\beta_1\mathbf{Cov}[X,Y] + \beta_1^2\mathbf{Var}[X] + \big(\mathbf{E}[Y]-\beta_1\mathbf{E}[X]-\beta_0\big)^2\\ &= \sigma_Y^2 - 2\beta_1\sigma_X\sigma_Y\kappa + \beta_1^2\sigma_X^2 + \big(\mu_Y-\beta_1\mu_X-\beta_0\big)^2\\ &= \sigma_Y^2(1-\kappa^2) + \sigma_X^2\Big(\beta_1 - \frac{\sigma_Y\kappa}{\sigma_X}\Big)^2 + \big(\mu_Y-\beta_1\mu_X-\beta_0\big)^2\end{aligned}$$

als Minimum den Wert $(1-\kappa^2)\sigma_Y^2$ annimmt, für

$$\beta_1 := \frac{\sigma_Y}{\sigma_X}\kappa\,, \quad \beta_0 := \mu_Y - \beta_1\mu_X\,. \tag{9.4}$$

$y = \beta_1 x + \beta_0$ heißt *Regressionsgerade*. Insbesondere folgt:

(i) Es gilt $|\kappa| = 1$ genau dann, wenn man reelle Zahlen β_1, β_0 wählen kann, so dass $\mathbf{E}\big[(Y-\beta_1 X-\beta_0)^2\big] = 0$ und damit fast sicher die Beziehung $Y = \beta_1 X + \beta_0$ gilt.

(ii) Im Fall $\kappa = 0$ findet sich keinerlei affin lineare Beziehung zwischen X und Y. Ein nichtlinearer Zusammenhang kann dagegen sehr wohl bestehen. Sei etwa X eine reellwertige Zufallsvariable mit $\mathbf{E}[X] = \mathbf{E}[X^3] = 0$ (man denke an eine symmetrisch um 0 verteilte Zufallsvariable), dann gilt

$$\mathbf{Cov}[X,X^2] = \mathbf{E}[X^3] - \mathbf{E}[X]\mathbf{E}[X^2] = 0\,.$$

Korrelation 0 impliziert also im allgemeinen nicht stochastische Unabhängigkeit.

Kovarianz bei Austauschbarkeit. Eine Urne enthält 30 Kugeln. Jede Kugel ist mit einer Zahl beschriftet: 10 Kugeln tragen die Zahl 6, 10 Kugeln tragen die Zahl 7 und 10 Kugeln tragen die Zahl 8. Es werden rein zufällig ohne Zurücklegen Kugeln gezogen. **Aufgabe**

(i) Machen Sie sich klar, dass die Kovarianz der ersten und zweiten gezogenen Zahl negativ ist.

(ii) Berechnen Sie die Varianz der ersten und die Kovarianz der ersten und zweiten gezogenen Zahl.

Hinweis: Es hilft, in Gedanken alle 30 Kugeln in rein zufälliger Reihenfolge zu ziehen (vgl. die Aufgabe „Perfekt gemischt" auf Seite 8/9). Dann ist die Varianz der Summe aller gezogenen Zahlen gleich Null.

Seien X, Y, Z reellwertige, identisch verteilte Zufallsvariable, für die $X+Y+Z$ einen festen Wert c annimmt. Folgern Sie, dass der Korrelationskoeffizient von X und Y gleich $-1/2$ ist. Diskutieren Sie auch den Fall von mehr als drei Summanden. **Aufgabe**
Hinweis: Betrachten Sie die Varianz von $Z = c - X - Y$.

Beste affin lineare Vorhersage. Z_1 und Z_2 seien Zufallsvariable mit Erwartungswert 0, Varianz 1 und Kovarianz $1/2$. Es sei $X := 2Z_1 + 1$, $Y := Z_1 - Z_2$. Für welche Gerade $g(x) = \beta_1 x + \beta_0$ wird $\mathbf{E}[(Y-g(X))^2]$ minimal? **Aufgabe**

Zum Abschluss betrachten wir noch etwas genauer die Regressionsgerade mit den durch (9.4) bestimmten Koeffizienten β_1, β_0. Wegen $\mu_Y = \beta_1 \mu_X + \beta_0$ liegt (μ_X, μ_Y) auf der Geraden. Dies leuchtet ein.

Bemerkenswert ist die Gestalt von β_1: Bei vorgegebenen Varianzen von X, Y ist β_1 proportional zu κ. Das bedeutet, dass die Regressionsgerade, verglichen mit der Geraden $(y - \mu_Y)/\sigma_Y = (x - \mu_X)/\sigma_X$, um so stärker kippt, je näher κ bei 0 ist. Vertauschen wir die Rollen von X und Y und approximieren X analog durch $\alpha_1 Y + \alpha_0$, so ergibt sich $\alpha_1 = \kappa\sigma_X/\sigma_Y$ und $\alpha_1\beta_1 = \kappa^2$. Die beiden Regressionsgeraden $y = \beta_1 x + \beta_0$ und $x = \alpha_1 y + \alpha_0$ stimmen also nur im Fall $|\kappa| = 1$ überein, sonst ist die eine in Richtung x-Achse gedreht, die zweite in Richtung y-Achse.

Ist (X, Y) uniform verteilt in einer Ellipse S in allgemeiner Lage im $\mathbb{R}^2$, so kann man den Effekt geometrisch gut veranschaulichen. Der relevante Sachverhalt ist, dass die Mittelpunkte der senkrechten Sehnen dieser Ellipse alle auf einem Durchmesser, also auf einer Geraden liegen (denn Ellipsen sind affine Bilder von Kreisen, und für Kreise ist das evident).

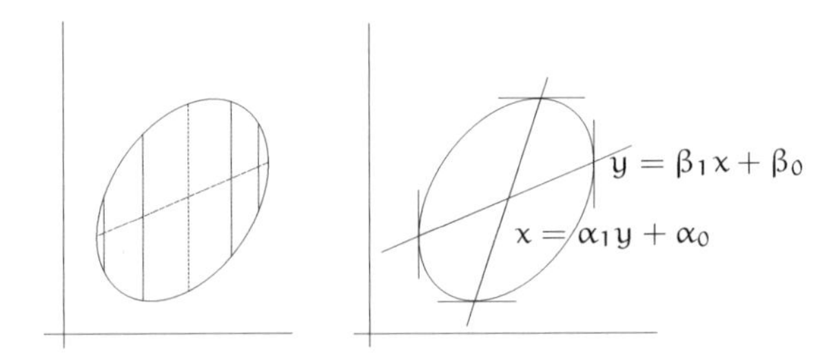

Diese Gerade ist die gesuchte Regressionsgerade, sie ist im Allgemeinen keine Hauptachse der Ellipse.

Das Kippen der Regressionsgeraden wurde erstmalig von Galton[2] im Jahre 1886 beschrieben und von ihm als *Regression zum Mittel* bezeichnet. Er bemerkte, dass die Kinder kleiner Eltern tendenziell größer sind als ihre Eltern und die Kinder großer Eltern tendenziell kleiner. Dies ist ein Effekt des puren Zufalls.

10 Unabhängigkeit

Unabhängigkeit gehört zu den fundamentalen Konzepten der Stochastik. Im vorigen Abschnitt haben wir bereits Bekanntschaft mit dem Begriff der Unabhängigkeit von zwei Zufallsvariablen gemacht, wir verallgemeinern ihn nun auf endliche Systeme von Zufallsvariablen.

Definition

Unabhängigkeit. Zufallsvariable $X_1, \ldots, X_n$ heißen (stochastisch) *unabhängig*, falls für alle Ereignisse $\{X_i \in A_i\}$ folgende Produktformel gilt:

$$\mathbf{P}(X_1 \in A_1, \ldots, X_n \in A_n) = \mathbf{P}(X_1 \in A_1) \cdots \mathbf{P}(X_n \in A_n) .$$

[2] Sir Francis Galton, 1822–1911, englischer Statistiker und Universalgelehrter. Galton prägte den Begriff der Korrelation und setzte die Statistik in vielen Gebieten ein.

Insbesondere ist im Falle von Unabhängigkeit die gemeinsame Verteilung von $X_1, \ldots, X_n$ durch die Marginalverteilungen festgelegt – in einfacher Weise durch Produktbildung.

Bemerkung. Seien $X_1, \ldots, X_n$ unabhängig. Dann gilt:

(i) Jede Teilfamilie $X_{i_1}, \ldots, X_{i_k}$ ist unabhängig ($1 \le i_1 < \cdots < i_k \le n$). Man erkennt dies, indem man in der Produktformel $A_j = S_j$ für $j \neq i_1, \ldots, i_k$ einsetzt und so die entsprechende Produktformel für die Teilfamilie erhält.

(ii) $h_1(X_1), \ldots, h_n(X_n)$ sind unabhängig für geeignete Funktionen auf den Zielbereichen der $X_1, \ldots, X_n$. Die Produktformel überträgt sich auf die Ereignisse $\{h_i(X_i) \in A_i\} = \{X_i \in h_i^{-1}(A_i)\}$.

Aufgabe

Seien X, Y unabhängige Zufallsvariable mit Zielbereich $\mathbb{Z}$ und seien $\rho(b) := \mathbf{P}(Z = b)$ die Gewichte der Verteilung von $Z := X - Y$. Zeigen Sie

$$\rho(b) = \sum_{a \in \mathbb{Z}} \mathbf{P}(X = a) \cdot \mathbf{P}(Y = a - b)\,, \quad b \in \mathbb{Z}\,.$$

Folgern Sie $\rho(b) \le \rho(0)$ für den Fall, dass X und Y identisch in Verteilung sind (wenden Sie auf die Summe die Ungleichung $\left(\sum_a x_a y_a\right)^2 \le \sum_a x_a^2 \sum_a y_a^2$ an).

Unabhängigkeit stellt man für diskrete Zufallsvariable bequem wie folgt fest.

Satz

Produktgewichte. Seien $X_1, \ldots, X_n$ diskrete Zufallsvariable mit Werten in $S_1, \ldots, S_n$ und seien $\rho_1, \ldots, \rho_n$ Verteilungen auf $S_1, \ldots, S_n$ mit den Gewichten $\rho_1(a_1), \ldots, \rho_n(a_n)$. Dann sind folgende Aussagen äquivalent:

(i) Die $X_1, \ldots, X_n$ sind unabhängig, und X_i hat die Verteilung $\rho_i, i = 1, \ldots, n$.

(ii) Es gilt

$$\mathbf{P}(X_1 = a_1, \ldots, X_n = a_n) = \rho_1(a_1) \cdots \rho_n(a_n)$$

für alle $a_1 \in S_1, \ldots, a_n \in S_n$.

Beweis. Der Schluss (i) $\Rightarrow$ (ii) ist offensichtlich. Umgekehrt folgt aus (ii)

$$\begin{aligned} \mathbf{P}(X_1 \in A_1, \ldots, X_n \in A_n) &= \mathbf{P}\big((X_1, \ldots, X_n) \in A_1 \times \cdots \times A_n\big) \\ &= \sum_{(a_1, \ldots, a_n) \in A_1 \times \cdots \times A_n} \rho_1(a_1) \cdots \rho_n(a_n) \\ &= \sum_{a_1 \in A_1} \rho_1(a_1) \cdots \sum_{a_n \in A_n} \rho_n(a_n)\,. \end{aligned}$$

Insbesondere gilt $\mathbf{P}(X_i \in A_i) = \sum_{a_i \in A_i} \rho_i(a_i)$, wie die Wahl $A_j = S_j$ für alle $j \neq i$ zeigt, und es folgt (i). □

Beispiel

$(Z_1, \ldots, Z_n)$ ist genau dann ein p-Münzwurf, wenn $Z_1, \ldots, Z_n$ unabhängige, identisch verteilte $\{0, 1\}$-wertige Zufallsvariable sind, mit $p = \mathbf{P}(Z_1 = 1)$.

Bemerkung. Wählen wir in dem Satz ρ_i als die Verteilung von X_i, so erkennen wir, dass diskrete Zufallsvariable genau dann unabhängig sind, wenn die Produktformel

$$\mathbf{P}(X_1 = a_1, \ldots, X_n = a_n) = \mathbf{P}(X_1 = a_1) \cdots \mathbf{P}(X_n = a_n)$$

für alle $a_1 \in S_1, \ldots, a_n \in S_n$ erfüllt ist.

Aufgabe Seien $X_1, \ldots, X_n$ unabhängige Zufallsvariable. Dann gilt: $Y_1 = (X_{i_0+1}, \ldots, X_{i_1}), \ldots, Y_k = (X_{i_{k-1}+1}, \ldots, X_{i_k})$ sind unabhängig für beliebige $0 = i_0 < i_1 < \cdots < i_k = n$. Zeigen Sie dies im diskreten Fall.

Beispiel **Fehlstände bei Permutation.** Einer Permutation $a = (a(1), \ldots, a(n))$ der Zahlen $1, \ldots, n$ ordnen wir für jedes $j = 2, \ldots, n$ ihre Zahl der Fehlstände

$$b_j = h_j(a) := \#\{i : i < j, a(i) > a(j)\}$$

zu, vgl. die Aufgabe auf Seite 9.

Nun sei X eine rein zufällige Permutation von $1, \ldots, n$ und $Y_j := h_j(X)$ ihre Fehlstandszahlen, mit Zielbereichen $S_j = \{0, 1, \ldots, j-1\}$. Da es insgesamt $n!$ Permutationen gibt und die Abbildung $h = (h_2, \ldots, h_n)$ nach $S_2 \times \cdots \times S_n$ bijektiv ist, gilt

$$\mathbf{P}(Y_2 = b_2, \ldots, Y_n = b_n) = \frac{1}{n!} = \frac{1}{2} \cdot \frac{1}{3} \cdots \frac{1}{n}.$$

Nach unserem Satz folgt, dass Y_j uniform auf S_j verteilt ist und dass $Y_2, \ldots, Y_n$ unabhängig sind.

Umgekehrt kann man aus unabhängigen, uniform verteilten $Y_2, \ldots, Y_n$ eine rein zufällige Permutation gewinnen. Man kann also Spielkarten perfekt auf die folgende Weise mischen: Stecke im Blatt die j-te Spielkarte von oben an eine rein zufällige Stelle zwischen die Karten, die sich über ihr befinden, nacheinander für $j = 2, 3, \ldots, n$ und unabhängig voneinander (dabei darf die Karte auch ganz oben auf den Stapel kommen oder ihre Position beibehalten).

Aufgabe Berechnen Sie Erwartungswert und Varianz der Anzahl $Y_2 + \cdots + Y_n$ der Fehlstände einer rein zufälligen Permutation.

Aufgabe N sei die Anzahl von Autounfällen in einem gewissen Zeitraum, X_n die Anzahl der in den n-ten Unfall verwickelten Autos und N_k die Anzahl der Unfälle, in die genau k Autos verwickelt sind. Wir nehmen an, dass $X_1, X_2, \ldots$ unabhängige, identisch verteilte Zufallsvariable sind mit Werten in $\{1, 2, \ldots, m\}$ und dass N eine davon unabhängige Poissonverteilte Zufallsvariable zum Parameter λ ist. Zeigen Sie, dass $N_1, \ldots, N_m$ unabhängig und Poissonverteilt mit den Parametern $\lambda p_1, \ldots, \lambda p_m$ sind, mit $p_k := \mathbf{P}(X_i = k)$.

Aufgabe Sei $(Z_1, Z_2, \ldots)$ ein p-Münzwurf und seien $X := Z_1 + \cdots + Z_N$ und $Y := N - X$ die Anzahl der Erfolge bzw. Misserfolge bis zum zufälligen Zeitpunkt N. Zeigen Sie: Ist N Poissonverteilt und unabhängig von $Z_1, Z_2, \ldots$, so sind X und Y unabhängige, Poissonverteilte Zufallsvariable.

Aufgabe

Zweiseitige Exponentialverteilung. X sei standard-exponentialverteilt, V sei uniform verteilt auf $\{+1, -1\}$ und unabhängig von X. Wir setzen $Y := X \cdot V$.

(i) Berechnen Sie $\mathbf{P}(|Y| > b), \mathbf{P}(Y > b), \mathbf{E}[Y]$ und $\mathbf{Var}[Y]$.
(ii) Finden und skizzieren Sie die Dichte von Y.

Unabhängigkeit von Ereignissen

Definition

Unabhängigkeit von Ereignissen. Ereignisse $E_1, \dots, E_n$ heißen *unabhängig*, falls dies für die zugehörigen Indikatorvariablen $I_{E_1}, \dots, I_{E_n}$ gilt.

Satz

Produktformeln. Für Ereignisse $E_1, \dots, E_n$ sind folgende Aussagen äquivalent:

(i) Die Ereignisse sind unabhängig.
(ii) $\mathbf{P}(E_1' \cap \dots \cap E_n') = \mathbf{P}(E_1') \cdots \mathbf{P}(E_n')$, wobei E_i' beliebig als das Ereignis E_i oder sein Komplement E_i^c gewählt werden darf.
(iii) $\mathbf{P}(E_{i_1} \cap \dots \cap E_{i_k}) = \mathbf{P}(E_{i_1}) \cdots \mathbf{P}(E_{i_k})$ für beliebige $1 \le i_1 < \dots < i_k \le n$.

Beweis. Nach dem vorigen Satz sind $I_{E_1}, \dots, I_{E_n}$ genau dann unabhängig, wenn $\mathbf{P}(I_{E_1} = a_1, \dots, I_{E_n} = a_n) = \mathbf{P}(I_{E_1} = a_1) \cdots \mathbf{P}(I_{E_n} = a_n)$ für alle $a_i = 0, 1$ gilt. Umformuliert gibt das die Äquivalenz von (i) und (ii).
(iii) folgt aus (i) und (ii), da bei Unabhängigkeit auch jede Teilfamilie unabhängig ist.

Der Schluss von (iii) auf (ii) ist etwas aufwändiger. Es reicht aus, dass wir den Fall $E_1' = E_1, \dots, E_i' = E_i, E_{i+1}' = E_{i+1}^c, \dots, E_n' = E_n^c$ betrachten. Es gilt

$$\begin{aligned} I_{E_1 \cap \dots \cap E_i \cap E_{i+1}^c \cap \dots \cap E_n^c} &= I_{E_1 \cap \dots \cap E_i}(1 - I_{E_{i+1}}) \cdots (1 - I_{E_n}) \\ &= I_{E_1 \cap \dots \cap E_i} - \sum_{j>i} I_{E_1 \cap \dots \cap E_i \cap E_j} + \sum_{k>j>i} I_{E_1 \cap \dots \cap E_i \cap E_j \cap E_k} \mp \cdots . \end{aligned}$$

Durch Übergang zum Erwartungswert erhalten wir unter Benutzung der angenommenen Produktformeln

$$\begin{aligned} &\mathbf{P}(E_1 \cap \dots \cap E_i \cap E_{i+1}^c \cap \dots \cap E_n^c) \\ &\quad = \mathbf{P}(E_1) \cdots \mathbf{P}(E_i)\Big(1 - \sum_{j>i} \mathbf{P}(E_j) + \sum_{k>j>i} \mathbf{P}(E_j)\mathbf{P}(E_k) \mp \cdots\Big) \\ &\quad = \mathbf{P}(E_1) \cdots \mathbf{P}(E_i)(1 - \mathbf{P}(E_{i+1})) \cdots (1 - \mathbf{P}(E_n)) , \end{aligned}$$

und wie behauptet folgt

$$\mathbf{P}(E_1 \cap \dots \cap E_i \cap E_{i+1}^c \cap \dots \cap E_n^c) = \mathbf{P}(E_1) \cdots \mathbf{P}(E_i)\mathbf{P}(E_{i+1}^c) \cdots \mathbf{P}(E_n^c) . \quad \square$$

Bemerkung. Man beachte: Für die Unabhängigkeit von Ereignissen $E_1, \dots, E_n$ ist im Fall $n \geq 3$ die Gültigkeit einzig von $\mathbf{P}(E_1 \cap \dots \cap E_n) = \mathbf{P}(E_1) \cdots \mathbf{P}(E_n)$ nicht ausreichend. Man nehme aber auch den Ausnahmefall $n = 2$ zur Kenntnis: E_1 und E_2 sind nach (iii) unabhängig, falls $\mathbf{P}(E_1 \cap E_2) = \mathbf{P}(E_1)\mathbf{P}(E_2)$.

Aufgabe Es wird n mal eine Münze geworfen. $E_i, i = 1, \dots, n$ sei das Ereignis, dass beim i-ten Wurf Kopf fällt, und E_{n+1} das Ereignis, dass insgesamt eine gerade Zahl von Köpfen fällt. Zeigen Sie, dass diese $n+1$ Ereignisse nicht unabhängig sind, dass jedoch jeweils n von ihnen unabhängig sind.

Aufgabe Eine Zahl X wird rein zufällig aus $S = \{1, 2, \dots, n\}$ gezogen. Sei E_k das Ereignis, dass die Zahl k ein Teiler von X ist.

(i) Zeigen Sie: $E_p, E_q, \dots$ sind für die verschiedenen Primteiler $p, q, \dots$ von n unabhängige Ereignisse.
(ii) Berechnen Sie die Wahrscheinlichkeit des Ereignisses, dass X und n teilerfremd sind, und daraus die Anzahl $\phi(n)$ der Elemente von S, die teilerfremd zu n sind (ϕ heißt Eulersche Funktion).

Die folgenden Beispiele beleuchten den Sachverhalt, dass Unabhängigkeit von Ereignissen nicht in jedem Fall deren kausale Unverknüpftheit bedeutet. Gewisse Teilaspekte von abhängigen Zufallsexperimenten können unabhängig sein, und umgekehrt kann kausal Unverknüpftes sich in abhängigen Zufallsvariablen ausdrücken.

Beispiele

1. Ziehen ohne Zurücklegen. Aus einem (aus 32 Karten bestehenden) Skatblatt S werden zwei Karten X, Y gezogen. Sei $A \subset S$ die Menge der Asse und $K \subset S$ die Menge der Karos. Dann sind die Ereignisse

$$\{X \in A\} \quad \text{und} \quad \{Y \in K\},$$

dass die erste Karte eine Ass und die zweite Karo ist, nicht nur beim Ziehen mit Zurücklegen unabhängig, sondern auch, falls *ohne Zurücklegen* gezogen wird. Es gilt dann nämlich

$$\mathbf{P}(X \in A) = \frac{1}{8}, \quad \mathbf{P}(Y \in K) = \frac{1}{4}, \quad \mathbf{P}(X \in A, Y \in K) = \frac{3 \cdot 8 + 1 \cdot 7}{32 \cdot 31} = \frac{1}{32}.$$

Das Beispiel zeigt: Zufallsvariable der Gestalt $h_1(X), h_2(Y)$ können unabhängig sein, auch wenn dies für X, Y nicht gilt.

2. Treffer beim Lotto. Seien X, Y, U unabhängige Zufallsvariable mit Werten in der endlichen Menge S der Mächtigkeit r, seien X und Y identisch verteilt mit Gewichten $\rho(a)$, $a \in S$, und sei U uniform verteilt auf S. Wir betrachten die Ereignisse

$$\{X = U\} \quad \text{und} \quad \{Y = U\}.$$

Es gilt

$$\mathbf{P}(X = U) = \sum_a \mathbf{P}(X = a, U = a) = \sum_a \rho(a) r^{-1} = r^{-1}$$

und analog $\mathbf{P}(Y = U) = r^{-1}$, sowie

$$\mathbf{P}(X = U, Y = U) = \sum_a \mathbf{P}(X = a, Y = a, U = a) = \sum_a \rho(a)^2 r^{-1} .$$

Unabhängigkeit von $\{X = U\}$ und $\{Y = U\}$ liegt also genau dann vor, wenn $\sum_a \rho(a)^2 = r^{-1}$ gilt. Wegen $\sum_a (\rho(a) - r^{-1})^2 = \sum_a \rho(a)^2 - r^{-1}$ ist das genau dann der Fall, wenn $\rho(a) = r^{-1}$ für alle $a \in S$ gilt, wenn also auch X und Y uniform verteilt sind.

Interpretation. Seien X und Y die von zwei Lottospielern unabhängig getippten Lottozahlen und U die danach unabhängig von dem Lottoziehgerät ermittelten Lottozahlen. Dann sind die beiden Ereignisse, dass der eine bzw. der andere Spieler einen Hauptgewinn hat, i.a. nicht unabhängig (es sei denn, sie wählen ihre Zahlen rein zufällig). Ähnlich können zwei Größen (wie Schuhgröße und Größe des Wortschatzes einer zufällig ausgewählten Person), die man gemeinhin nicht als kausal abhängig ansieht, dennoch über eine dritte Größe (das Alter der Person) zu stochastisch abhängigen Größen werden.

Unabhängigkeit bei Dichten

Um ein Unabhängigkeitskriterium auch für Zufallsvariable mit Dichten zu formulieren, müssen wir Zufallsvariable mit Dichten in höherdimensionalen Zielbereichen betrachten. Dies führt auf Mehrfachintegrale.

Multivariate Dichten. Sei S Teilmenge des $\mathbb{R}^n$ mit wohldefiniertem Inhalt und sei $f : S \to \mathbb{R}$ eine nichtnegative integrierbare Funktion mit der Eigenschaft

Definition

$$\int \cdots \int_S f(a_1, \ldots, a_n)\, da_1 \ldots da_n = 1 .$$

Gilt dann für eine Zufallsvariable X mit Zielbereich S für alle Teilmengen A von S mit wohldefiniertem Inhalt die Gleichung

$$\mathbf{P}(X \in A) = \int \cdots \int_A f(a_1, \ldots, a_n)\, da_1 \ldots da_n ,$$

so sagt man, dass X die *Dichte* $f(a_1, \ldots, a_n)\, da_1 \ldots da_n = f(a)\, da$ besitzt, mit $a = (a_1, \ldots, a_n)$. Wir schreiben dann kurz

$$\mathbf{P}(X \in da) = f(a)\, da , \quad a \in S .$$

Beispiel

Ordnungsstatistiken. Im Anschluss an das Beispiel am Ende von Abschnitt 6 bestimmen wir nun die Dichte von $(U_{(i)}, U_{(j)})$ mit $i < j$, wieder mit Blick auf die Multinomialverteilung. Damit $U_{(i)}$ und $U_{(j)}$ Werte in Intervallen der infinitesimalen Länge du und dv bei u und v annehmen, müssen von den restlichen $n-2$ Ordnungsstatistiken $i-1$ einen Wert kleiner als u, $j-i-1$ einen Wert zwischen u und v und $n-j$ einen Wert größer als v annehmen. Gemäß der Multinomialverteilung erhalten wir also

$$\begin{aligned} &\mathbf{P}((U_{(i)}, U_{(j)}) \in du dv) \\ &= \binom{n}{i-1, j-i-1, n-j, 1, 1} u^{i-1}(v-u)^{j-i-1}(1-v)^{n-j}\, du dv\,. \end{aligned}$$

Wir können nun ein weiteres Unabhängigkeitskriterium formulieren.

Satz

Produktdichten. Seien $X_1, \dots, X_n$ reellwertige Zufallsvariable und $f_1, \dots, f_n$ nicht-negative, integrierbare Funktionen auf $\mathbb{R}$ mit Integral 1. Dann sind folgende Aussagen äquivalent:

(i) $X_1, \dots, X_n$ sind unabhängig, und X_i hat die Dichte $f_i(a_i)\, da_i, i = 1, \dots, n$.
(ii) $(X_1, \dots, X_n)$ hat die Dichte

$$f(a_1, \dots, a_n)\, da_1 \dots da_n := f_1(a_1) \cdots f_n(a_n)\, da_1 \dots da_n\,,$$

mit $(a_1, \dots, a_n) \in \mathbb{R}^n$.

Der Satz ist analog zu dem über Produktgewichte, wobei nun die Gewichte durch Dichten ersetzt sind. Der Beweis ist jedoch nicht mehr mit elementaren Hilfsmitteln zu führen, er erfordert den Satz von Fubini und den Eindeutigkeitssatz für Maße aus der Maß- und Integrationstheorie.

Aufgabe

Seien $U_1, \dots, U_n$ reellwertige Zufallsvariable. Zeigen Sie die Äquivalenz der folgenden Aussagen:

(i) $U_1, \dots, U_n$ sind unabhängig und uniform verteilt auf $[0,1]$,
(ii) $U = (U_1, \dots, U_n)$ ist uniform verteilt auf $[0,1]^n$.

Das folgende Beispiel enthält eine besonders wichtige Anwendung. Es geht um charakteristische Eigenschaften der Standard-Normalverteilung, die weitgehend deren Bedeutung ausmachen und auf die wir später beim Beweis des Zentralen Grenzwertsatzes und bei statistischen Anwendungen der Normalverteilung zurückgreifen werden.

Multivariate Standard-Normalverteilung. Beispiel

1. Dichte. Seien $Z_1, \dots, Z_n$ unabhängige, standard-normalverteilte, reellwertige Zufallsvariable. Wegen

$$\prod_{i=1}^{n} \frac{1}{\sqrt{2\pi}} \exp\Big(-\frac{a_i^2}{2}\Big) = \frac{1}{(2\pi)^{n/2}} \exp\Big(-\frac{a_1^2 + \cdots + a_n^2}{2}\Big)$$

hat dann $Z := (Z_1, \dots, Z_n)$ die Dichte

$$\mathbf{P}(Z \in da) = \frac{1}{(2\pi)^{n/2}} \exp\Big(-\frac{|a|^2}{2}\Big)\, da\,, \quad a \in \mathbb{R}^n\,,$$

wobei $|a|^2 := a_1^2 + \cdots + a_n^2$ die quadrierte Euklidische Norm von a ist.

Besitzt umgekehrt $Z = (Z_1, \dots, Z_n)$ die angegebene Dichte in $\mathbb{R}^n$, so sind nach unserem Satz die Komponenten unabhängige, standard-normalverteilte Zufallsvariable mit Werten in $\mathbb{R}$. Z wird dann als *multivariat standard-normalverteilt* bezeichnet.

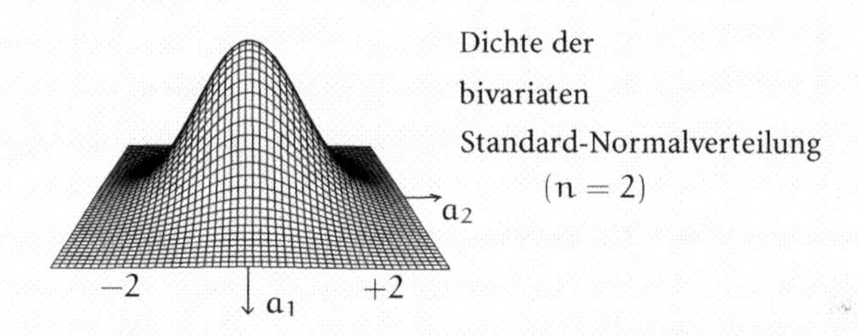

Dichte der bivariaten Standard-Normalverteilung ($n = 2$)

2. Invarianz. Die wesentliche Eigenschaft der multivariaten Standard-Normalverteilung ist, dass ihre Dichte unter linearen Isometrien invariant ist, also unter Drehungen und Spiegelungen bei festem Ursprung gleich bleibt. Der Wert von $\exp(-|a|^2/2)$ ändert sich dann nämlich nicht. Dies kann man auch so ausdrücken: Ist die Zuvallsvariable $Z = (Z_1, \dots, Z_n)$ standard-normalverteilt und ist $\mathcal{O}$ eine lineare Isometrie, so ist auch $X = (X_1, \dots, X_n)$, gegeben durch

$$X := \mathcal{O}Z$$

standard-normalverteilt. Noch anders gesagt: Sind $Z_1, \dots, Z_n$ unabhängige, standard-normalverteilte, reellwertige Zufallsvariable, ist $O = (o_{ij})_{i,j=1,\dots,n}$ eine orthogonale Matrix und ist

$$X_i := o_{i1}Z_1 + \cdots + o_{in}Z_n\,, \tag{10.1}$$

so sind auch $X_1, \dots, X_n$ unabhängig und standard-normalverteilt.

3. Koordinatenwechsel. Die Formel (10.1) kann man bei orthogonalen Matrizen O auch als Koordinatentransformation auffassen. Nun betrachten wir eine einzige Zufallsvariable mit Werten in einem endlich-dimensionalen reellen Euklidischen Vektorraum, jedoch in verschiedenen Koordinatendarstellungen. Wir stellen fest: Die Eigenschaft, dass ihre Koordinaten in einer Orthonormalbasis unabhängige, standard-normalverteilte Zufallsvariable sind, hängt nicht von der gewählten Orthonormalbasis ab. Wir definieren also: Eine Zufallsvariable mit Werten in einem endlichdimensionalen reellen Euklidischen Vektorraum heißt *standard-normalverteilt*, wenn ihre Koordinaten in einer (und damit auch jeder anderen) Orthonormalbasis unabhängig und standard-normalverteilt sind.

Aufgabe **Die Exponentialverteilung in der Gaußglocke.** Z_1 und Z_2 seien unabhängig und $N(0,1)$-verteilt. Berechnen Sie $\mathbf{P}(Z_1^2 + Z_2^2 \geq a)$. Finden Sie die Verteilung von $Z_1^2 + Z_2^2$ in Ihrem Repertoire?
Hinweis: Der Übergang zu Polarkoordinaten ergibt die Identität

$$\iint_{\{(x,y):\sqrt{x^2+y^2}\geq c\}} e^{-(x^2+y^2)/2}\,dx\,dy = 2\pi \int_c^\infty e^{-r^2/2} r\,dr.$$

Aufgabe **Von der uniformen zur Normalverteilung (Box-Müller-Verfahren).** U und V seien unabhängig und uniform verteilt auf $[0,1]$. Wir setzen

$$Z_1 := \sqrt{-2\ln U}\,\cos(2\pi V), \qquad Z_2 := \sqrt{-2\ln U}\,\sin(2\pi V).$$

Zeigen Sie: Z_1 und Z_2 sind unabhängig und standard-normalverteilt. (Die vorige Aufgabe ist dabei hilfreich.)

11 Summen von unabhängigen Zufallsvariablen

In diesem Abschnitt befassen wir uns mit der Verteilung der Summe

$$Y := X_1 + \cdots + X_n \tag{11.1}$$

von unabhängigen, reellwertigen Zufallsvariablen $X_1, \ldots, X_n$. Die Frage nach der Verteilung von Y ist ein altes Thema der Stochastik, das sich auf mannigfaltige Weise motivieren lässt. Man kann z. B. (wie schon Gauß) an zufällige Messfehler Y denken, die sich aus n unabhängigen Einzelfehlern zusammensetzen.

Erst einmal gilt es festzustellen, dass sich die Verteilung von Y nur ausnahmsweise explizit berechnen lässt. Diese Fälle sind von besonderer Bedeutung. Einen kennen wir bereits: Sind die Summanden $X_1, \ldots, X_n$ identisch verteilte Indikatorvariable, so ist Y binomialverteilt. Zwei weitere besonders wichtige Fälle behandeln wir in den folgenden Beispielen.

Beispiel **Normalverteilung.** Für unabhängige normalverteilte Zufallsvariable ist auch deren Summe normalverteilt. Seien zunächst $Z_1, \ldots, Z_n$ standard-normalverteilt und $\tau_1, \ldots, \tau_n$ reelle Zahlen, so dass $\tau_1^2 + \cdots + \tau_n^2 = 1$. Wie die Lineare Algebra lehrt, gibt es dann eine orthogonale Matrix $O = (o_{ij})$, für deren erste

Zeile $o_{1j} = \tau_j$ gilt. Nach (10.1) ist dann

$$Z := \tau_1 Z_1 + \cdots + \tau_n Z_n \tag{11.2}$$

standard-normalverteilt.

Seien nun allgemeiner X_i $N(\mu_i, \sigma_i^2)$-verteilt, $i = 1, \ldots, n$. Wir setzen

$$\mu := \mu_1 + \cdots + \mu_n \quad , \quad \sigma^2 := \sigma_1^2 + \cdots + \sigma_n^2 \, .$$

Dann sind $Z_i := (X_i - \mu_i)/\sigma_i$ unabhängig und standard-normalverteilt und $Z := \tau_1 Z_1 + \cdots + \tau_n Z_n$ standard-normalverteilt, mit $\tau_i := \sigma_i/\sigma$. Es folgt

$$X_1 + \cdots + X_n = \sigma Z + \mu \, ,$$

folglich ist die Summe $N(\mu, \sigma^2)$-verteilt.

Beispiel

Poissonverteilung. Für unabhängige Poissonverteilte Zufallsvariable ist auch deren Summe Poissonverteilt. Es langt, den Fall $n = 2$ zu betrachten. Für unabhängige Zufallsvariable X_1, X_2 mit Werten in $\mathbb{N}_0$ gilt für $Y = X_1 + X_2$

$$\begin{aligned} \mathbf{P}(Y = b) &= \sum_{a_1, a_2 : a_1 + a_2 = b} \mathbf{P}(X_1 = a_1, X_2 = a_2) \\ &= \sum_{a=0}^{b} \mathbf{P}(X_1 = a)\mathbf{P}(X_2 = b - a) \, . \end{aligned}$$

Sind nun X_1 und X_2 Poissonverteilt mit Parametern λ_1 und λ_2, so folgt

$$\mathbf{P}(Y = b) = \sum_{a=0}^{b} e^{-\lambda_1} \frac{\lambda_1^a}{a!} e^{-\lambda_2} \frac{\lambda_2^{b-a}}{(b-a)!} = e^{-(\lambda_1 + \lambda_2)} \frac{1}{b!} \sum_{a=0}^{b} \binom{b}{a} \lambda_1^a \lambda_2^{b-a} \, .$$

Nach dem Binomischen Lehrsatz erhalten wir

$$\mathbf{P}(Y = b) = e^{-(\lambda_1 + \lambda_2)} \frac{(\lambda_1 + \lambda_2)^b}{b!} \, .$$

Also ist Y Poissonverteilt zum Parameter $\lambda_1 + \lambda_2$.

Aufgabe

Negative Binomialverteilung. Die Zufallsvariablen $X_1, \ldots, X_n$ seien unabhängig und Geom(p)-verteilt. Überzeugen Sie sich, dass $X_1 + \cdots + X_n$ negativ binomialverteilt ist (vgl. Sie die entsprechende Aufgabe auf Seite 35).

Im Allgemeinen hat man keinen expliziten Ausdruck für die Verteilung von Y in (11.1), man kann über sie aber doch einiges aussagen. Wir beschränken uns jetzt auf die Situation, dass $X_1, \ldots, X_n$ unabhängig und identisch verteilt sind (abgekürzt u.i.v). Man spricht dann auch von *unabhängigen Kopien* einer Zufallsvariablen X.

Zunächst folgt aus den Rechenregeln für Erwartungswert und Varianz

$$\mathbf{E}[Y] = n\mathbf{E}[X] \quad , \quad \mathbf{Var}[Y] = n\mathbf{Var}[X] .$$

Insbesondere ist die Standardabweichung von Y proportional zu $\sqrt{n}$. Wir stoßen hier erneut auf das fundamentale, uns schon von der Binomialverteilung bekannte $\sqrt{n}$-Gesetz: Eine Zufallsvariable, die sich aus n unabhängigen, identisch verteilten Summanden zusammensetzt, streut ihre Werte typischerweise in einem Bereich, deren Breite von der Größenordnung $\sqrt{n}$ ist. Diese Einsicht ist intuitiv nicht ohne weiteres klar. Wir werden sie am Ende dieses Abschnitts im Zentralen Grenzwertsatz vertiefen.

Erst beweisen wir einen einfachen Satz, der den folgenden Sachverhalt erfasst: Wiederholt man ein Zufallsexperiment mit Erfolgswahrscheinlichkeit p in unabhängiger Weise, so stabilisiert sich die relative Häufigkeit der Erfolge mit wachsender Versuchszahl n bei p. Allgemeiner gilt, dass das arithmetische Mittel von n identisch verteilten, unabhängigen Zufallsvariablen mit wachsendem n gegen den Erwartungswert strebt. Ein erstes Resultat dieses Typs stammt aus dem Jahr 1713 von Jacob Bernoulli.

Satz

Schwaches Gesetz der Großen Zahlen. Die Zufallsvariablen $X_1, X_2, \ldots$ seien reellwertig, unabhängig und identisch verteilt mit endlichem Erwartungswert μ und endlicher Varianz. Dann gilt für alle $\varepsilon > 0$

$$\lim_{n\to\infty} \mathbf{P}\Big(\Big|\frac{X_1 + \cdots + X_n}{n} - \mu\Big| \geq \varepsilon\Big) = 0 .$$

Den Beweis führt man heute nach Chebyshev[3]. Sein Ansatz mittels der nach ihm benannten Ungleichung lässt sich auf viele andere Situationen übertragen.

Satz

Ungleichungen von Markov und Chebyshev.

(i) Für jede Zufallsvariable $X \geq 0$ und jedes $\varepsilon > 0$ gilt die *Markov-Ungleichung*[4]

$$\mathbf{P}(X \geq \varepsilon) \leq \frac{1}{\varepsilon}\mathbf{E}[X] .$$

(ii) Für eine reellwertige Zufallsvariable X mit endlichem Erwartungswert gilt für beliebiges $\varepsilon > 0$ die *Chebyshev-Ungleichung*

$$\mathbf{P}\big(|X - \mathbf{E}[X]| \geq \varepsilon\big) \leq \frac{1}{\varepsilon^2} \cdot \mathbf{Var}[X] .$$

[3] Pafnutij L. Chebyshev, 1821–1894, bedeutender russischer Mathematiker. Ausgehend von ihm bildete sich in Russland eine produktive Schule der Wahrscheinlichkeitstheorie. Als einer der ersten betrachtete er Zufallsvariable.

[4] Andrej A. Markov, 1856–1922, russischer Mathematiker. Markov ist Pionier in der Untersuchung von abhängigen Zufallsvariablen, namentlich der Markovketten.

Beweis. Für jede Zufallsvariable $X \geq 0$ gilt $\varepsilon I_{\{X \geq \varepsilon\}} \leq X$. Die erste Behauptung folgt, indem man in dieser Ungleichung zum Erwartungswert übergeht. (ii) ergibt sich, indem man (i) auf $Y = (X - \mathbf{E}[X])^2$ anwendet:

$$\mathbf{P}\big(|X - \mathbf{E}[X]| \geq \varepsilon\big) = \mathbf{P}(Y \geq \varepsilon^2) \;\leq\; \varepsilon^{-2}\mathbf{E}[Y] = \varepsilon^{-2}\mathbf{Var}[X] . \qquad \square$$

Beweis des Schwachen Gesetzes der Großen Zahlen. Gemäß Voraussetzung gilt

$$\mathbf{E}\Big[\frac{X_1 + \cdots + X_n}{n}\Big] = \frac{\mathbf{E}[X_1] + \cdots + \mathbf{E}[X_n]}{n} = \mu ,$$

$$\mathbf{Var}\Big[\frac{X_1 + \cdots + X_n}{n}\Big] = \frac{\mathbf{Var}[X_1] + \cdots + \mathbf{Var}[X_n]}{n^2} = \frac{\mathbf{Var}[X_1]}{n} .$$

Die Chebyshev-Ungleichung, angewandt auf $(X_1 + \cdots + X_n)/n$ ergibt

$$\mathbf{P}\Big(\Big|\frac{X_1 + \cdots + X_n}{n} - \mu\Big| \geq \varepsilon\Big) \leq \frac{\mathbf{Var}[X_1]}{\varepsilon^2 n} .$$

Die Behauptung folgt nun mit $n \to \infty$. $\square$

Beispiel

Runs beim Münzwurf. Die Annahmen im Schwachen Gesetz der Großen Zahlen lassen sich mannigfaltig abschwächen. Sei zum Beispiel Y_n die Anzahl der Runs in einem p-Münzwurf $(Z_1, \ldots, Z_n)$ zum Parameter p. Wir wollen zeigen, dass für $\varepsilon > 0$ und $n \to \infty$

$$\mathbf{P}\Big(\Big|\frac{Y_n}{n} - 2pq\Big| \geq \varepsilon\Big) \to 0$$

gilt. Da $2pq$ nicht genau der Erwartungswert von Y_n/n ist, bietet sich hier zum Beweis die Markov-Ungleichung an:

$$\mathbf{P}\Big(\Big|\frac{Y_n}{n} - 2pq\Big| \geq \varepsilon\Big) = \mathbf{P}\Big(\Big(\frac{Y_n}{n} - 2pq\Big)^2 \geq \varepsilon^2\Big) \leq \varepsilon^{-2}\mathbf{E}\Big[\Big(\frac{Y_n}{n} - 2pq\Big)^2\Big] .$$

Mit (9.1) folgt

$$\mathbf{P}\Big(\Big|\frac{Y_n}{n} - 2pq\Big| \geq \varepsilon\Big) \leq \varepsilon^{-2}\mathbf{Var}\Big[\frac{Y_n}{n}\Big] + \varepsilon^{-2}\Big(\mathbf{E}\Big[\frac{Y_n}{n}\Big] - 2pq\Big)^2 .$$

Zur Abschätzung von Erwartungswert und Varianz von Y_n benutzen wir die Darstellung $Y_n = 1 + \sum_{i=2}^n I_{\{Z_i \neq Z_{i-1}\}}$ und bemerken, dass die Summanden nicht unabhängig, nicht einmal unkorreliert sind. Aber nur benachbarte Summanden weisen eine von 0 verschiedene Kovarianz auf, weiter auseinanderstehende Summanden sind unabhängig. Deswegen kommen für die Varianz von Y_n zu den n Varianztermen der Summanden noch $2(n-2)$ Kovarianzterme. Weil alle dem Betrag nach kleiner als 1 sind, folgt $\mathbf{Var}[Y_n] \leq 3n$ bzw. $\mathbf{Var}[Y_n/n] \leq 3/n$. Außerdem gilt $\mathbf{E}[Y_n] = 1 + (n-1)\mathbf{P}(Z_2 \neq Z_1) = 1 + 2pq(n-1)$ bzw. $\mathbf{E}[Y_n/n] = 2pq + (1-2pq)/n$. Damit ergibt sich die Behauptung.

Aufgabe Sei X eine reellwertige Zufallsvariable mit endlicher Varianz. Begründen Sie für $\varepsilon, d > 0$ die Ungleichung

$$\mathbf{P}(X - \mathbf{E}[X] \geq \varepsilon) \leq \frac{\mathbf{E}\big[(X - \mathbf{E}[X] + d)^2\big]}{(\varepsilon + d)^2} .$$

Folgern Sie durch die Wahl $d = \mathbf{Var}[X]/\varepsilon$ die Chebyshev-Cantelli[4] Ungleichung

$$\mathbf{P}(X - \mathbf{E}[X] \geq \varepsilon) \leq \frac{\mathbf{Var}[X]}{\varepsilon^2 + \mathbf{Var}[X]} .$$

Neben dem *Schwachen Gesetz* gibt es auch ein *Starkes Gesetz der Großen Zahlen*, über das wir nun kurz berichten. Es baut darauf auf, dass man für reellwertige Zufallsvariable X und $X_1, X_2, \ldots$ das Ereignis

$$\{X_n \to X\}$$

bilden kann, das Ereignis „X_n konvergiert gegen X“.

Satz **Starkes Gesetz der Großen Zahlen (Kolmogorov).** Sei $X_1, X_2, \ldots$ eine Folge von unabhängigen, identisch verteilten reellwertigen Zufallsvariablen mit endlichem Erwartungswert μ. Dann gilt

$$\mathbf{P}\Big(\frac{X_1 + \cdots + X_n}{n} \to \mu\Big) = 1 . \qquad (11.3)$$

Man sagt, $(X_1 + \cdots + X_n)/n$ konvergiert *fast sicher* gegen μ. Auf die Beziehung zum Schwachen Gesetz und den Beweis kommen wir in Abschnitt 12 zurück. Ein erster Spezialfall stammt von Borel[5] aus 1909.

Bemerkung (Wahrscheinlichkeitsinterpretationen). Innerhalb der Stochastik war in der ersten Hälfte des 20. Jahrhunderts eine Schule bedeutsam, die der *Frequentisten*, die das Gesetz der Großen Zahlen an den Anfang stellten. Wahrscheinlichkeiten werden dann als Grenzwerte von relativen Häufigkeiten *definiert*, und Erwartungswerte als Grenzwerte von arithmetischen Mitteln. Akzeptiert man diese Sichtweise, so wird die Linearität des Erwartungswerts zu einer Selbstverständlichkeit, denn für arithmetische Mittel ist sie unmittelbar einsichtig. Man beachte aber die Unterschiede in der Begrifflichkeit: Eine Erfolgswahrscheinlichkeit ist eine Zahl, eine relative Anzahl von Erfolgen dagegen eine Zufallsvariable.

In der Statistik steht der frequentistischen Sichtweise diejenige der *Bayesianer* entgegen. Diese fassen Wahrscheinlichkeiten nicht als Grenzwert relativer Häufigkeiten auf, sondern als Grad persönlicher Überzeugung. Man redet hier auch von objektiven und von subjektiven Wahrscheinlichkeiten, die Diskussion über die Interpretationen hält an.

In der modernen Wahrscheinlichkeitstheorie folgt man demgegenüber Ideen von Kolmogorov, der Wahrscheinlichkeiten von einem axiomatischen Standpunkt aus betrachtete. Damit wurde der Weg frei für eine fruchtbare mathematische Entwicklung,

---

[4] Francesco P. Cantelli, 1875–1966, italienischer Mathematiker und Statistiker. Er bewies eine Version des Starken Gesetzes der Großen Zahlen.

[5] Émile Borel, 1871–1956, französischer Mathematiker. Er führte maßtheoretische Prinzipien und Methoden in die Wahrscheinlichkeitstheorie ein.

ohne dass man sich auf die eine oder andere Interpretation von Wahrscheinlichkeiten festlegen muss.

Wir beenden den Abschnitt mit dem Zentralen Grenzwertsatz, nach dem Summen von unabhängigen Zufallsvariablen unter geeigneten Voraussetzungen asymptotisch normalverteilt sind. Dadurch wird auch die zentrale Rolle der Normalverteilung deutlich. Der Satz ist eine Art von Universalitätsaussage, wie man sie in der Stochastik immer wieder antrifft. Wir beschränken uns auf den Fall identisch verteilter Summanden, der als Spezialfall den Satz von de Moivre-Laplace enthält, also die Normalapproximation der Binomialverteilung.

Satz

Zentraler Grenzwertsatz. Die Zufallsvariablen $X_1, X_2, \ldots$ seien reellwertig, unabhängig und identisch verteilt mit endlichem Erwartungswert μ und endlicher, positiver Varianz σ^2. Dann gilt für die standardisierten Summen

$$Y_n^* := \frac{X_1 + \cdots + X_n - n\mu}{\sigma\sqrt{n}}$$

und für alle $-\infty \leq c < d \leq \infty$

$$\lim_{n\to\infty} \mathbf{P}(c \leq Y_n^* \leq d) \to \mathbf{P}(c \leq Z \leq d)\,,$$

wobei Z eine standard-normalverteilte reellwertige Zufallsvariable bezeichnet.

Aufgabe

Ein Blick zurück auf de Moivre-Laplace. Ein in 0 startender Irrfahrer auf $\mathbb{Z}$ setzt seine Schritte der Größe ± 1 unabhängig und identisch verteilt, und zwar einen Schritt $+1$ mit Wahrscheinlichkeit 0.8. Es bezeichne X die Position des Irrfahrers nach 200 Schritten.

(i) Berechnen Sie den Erwartungswert und die Varianz von X.
(ii) Finden Sie Zahlen c und d so, dass gilt: $\mathbf{P}(c \leq X \leq d) \approx 0.95$. (Hinweis: Es gilt $\mathbf{P}(|Z| \leq 2) \approx 0.95$ für $N(0,1)$-verteiltes Z.)

Die Geschichte des Zentralen Grenzwertsatzes steht für die Entwicklung der Stochastik. Schon Laplace und Poisson gingen Ansätzen für allgemeinere Verteilungen der Summanden nach. Die Petersburger Schule der Wahrscheinlichkeitstheorie fand dann die Lösung: Chebyshev wies einen Weg und Lyapunov[6] publizierte, sich auf Methoden von Laplace besinnend, im Jahre 1901 den ersten vollständigen Beweis. Diese Beweise konzentrieren sich auf die Analyse von Verteilungen. Wir werden im folgenden Abschnitt (Breiman (1968) folgend) einen Beweis geben, der stärker mit Zufallsvariablen arbeitet.

[6] Alexander M. Lyapunov, 1857–1918, bedeutender russischer Mathematiker und Physiker.

12 Schritte in die Wahrscheinlichkeitstheorie*

Ein Beweis des Zentralen Grenzwertsatzes

In dem Beweis des Zentralen Grenzwertsatzes können wir $\mu = 0$ und $\sigma^2 = 1$ annehmen, sonst ersetze man einfach X_i durch $(X_i - \mu)/\sigma$.

Die Strategie unseres Beweises ist wie folgt:

Es gibt einen Fall, den wir sofort erledigen können, denjenigen von unabhängigen, standard-normalverteilten Zufallsvariablen Z_i. Nach (11.2) ist dann auch $n^{-1/2}Z_1 + \cdots + n^{-1/2}Z_n$ standard-normalverteilt. Die Aussage des Zentralen Grenzwertsatzes gilt hier nicht nur asymptotisch für $n \to \infty$, sondern exakt für alle n.

Wir werden nun den allgemeinen Fall auf diesen Spezialfall zurückführen, indem wir schrittweise die Z_i durch die vorgegebenen X_i ersetzen und zeigen, dass die dadurch entstehende Abweichung von der Normalverteilung für $n \to \infty$ verschwindet. Technisch setzen wir dies in einem Lemma um.

Lemma Sei $h : \mathbb{R} \to \mathbb{R}$ eine 3-mal stetig differenzierbare Funktion mit beschränkter erster, zweiter und dritter Ableitung und sei Z standard-normalverteilt. Dann gilt für $n \to \infty$

$$\mathbf{E}\Big[h\Big(\frac{X_1 + \cdots + X_n}{\sqrt{n}}\Big)\Big] \to \mathbf{E}[h(Z)] \,.$$

Beweis. Wir ergänzen die vorgegebenen Zufallsvariablen $X_1, \ldots, X_n$ durch weitere standard-normalverteilte Zufallsvariable $Z_1, \ldots, Z_n$, so dass alle $2n$ Zufallsvariablen unabhängig sind. Das schrittweise Ersetzen der Z_i durch X_i führt auf die Teleskopsumme

$$h\Big(\frac{X_1 + \cdots + X_n}{\sqrt{n}}\Big) - h\Big(\frac{Z_1 + \cdots + Z_n}{\sqrt{n}}\Big) = \sum_{i=1}^{n} \Big(h\Big(U_i + \frac{X_i}{\sqrt{n}}\Big) - h\Big(U_i + \frac{Z_i}{\sqrt{n}}\Big)\Big)$$

mit den Zufallsvariablen $U_i := (X_1 + \cdots + X_{i-1} + Z_{i+1} + \cdots + Z_n)/\sqrt{n}$. Zweimaliges Taylorentwickeln um U_i ergibt

$$h\Big(U_i + \frac{X_i}{\sqrt{n}}\Big) - h\Big(U_i + \frac{Z_i}{\sqrt{n}}\Big) = h'(U_i)\frac{X_i - Z_i}{\sqrt{n}} + h''(U_i)\frac{X_i^2 - Z_i^2}{2n} + R_{in}$$

mit einem Restterm, den wir nach der Taylor-Formel abschätzen durch

$$\begin{aligned} |R_{in}| &\le |h''(V_i) - h''(U_i)|\frac{X_i^2}{n} + |h''(W_i) - h''(U_i)|\frac{Z_i^2}{n} \\ &\le c'''\frac{k^3}{n^{3/2}} I_{\{|X_i| \le k\}} + 2c''\frac{X_i^2}{n} I_{\{|X_i| > k\}} + c'''\frac{|Z_i|^3}{n^{3/2}} \end{aligned}$$

mit $|V_i - U_i| \leq n^{-1/2}|X_i|$, $|W_i - U_i| \leq n^{-1/2}|Z_i|$, $c'' := \sup|h''|$, $c''' := \sup|h'''|$ und beliebigem $k > 0$.

Man beachte nun, dass U_i, X_i und Z_i unabhängige Zufallsvariable sind. Nach dem Satz über den Erwartungswert unabhängiger Produkte folgt

$$\mathbf{E}\big[h'(U_i)(X_i - Z_i)\big] = \mathbf{E}\big[h'(U_i)\big]\mathbf{E}[X_i - Z_i] = 0$$
$$\mathbf{E}\big[h''(U_i)(X_i^2 - Z_i^2)\big] = \mathbf{E}\big[h''(U_i)\big]\mathbf{E}[X_i^2 - Z_i^2] = 0\,.$$

Unter Beachtung von (8.1) ergibt sich

$$\begin{aligned}\Big|\mathbf{E}\Big[h\Big(U_i + \frac{X_i}{\sqrt{n}}\Big) - h\Big(U_i + \frac{Z_i}{\sqrt{n}}\Big)\Big]\Big| &= \big|\mathbf{E}[R_{in}]\big| \\ &\leq \mathbf{E}\big[|R_{in}|\big] \leq c'''\frac{k^3 + \mathbf{E}\big[|Z_1|^3\big]}{n^{3/2}} + \frac{2c''}{n}\mathbf{E}\big[X_1^2 I_{\{|X_1|>k\}}\big]\end{aligned}$$

und

$$\Big|\mathbf{E}\Big[h\Big(\frac{X_1 + \cdots + X_n}{\sqrt{n}}\Big)\Big] - \mathbf{E}\Big[h\Big(\frac{Z_1 + \cdots + Z_n}{\sqrt{n}}\Big)\Big]\Big| \leq \frac{l}{\sqrt{n}} + 2c''\mathbf{E}\big[X_1^2 I_{\{|X_1|>k\}}\big]\,,$$

wobei $l < \infty$ von k abhängt. Da $(Z_1 + \cdots + Z_n)/\sqrt{n}$ und Z in Verteilung übereinstimmen, folgt

$$\limsup_{n\to\infty}\Big|\mathbf{E}\Big[h\Big(\frac{X_1 + \cdots + X_n}{\sqrt{n}}\Big)\Big] - \mathbf{E}\big[h(Z)\big]\Big| \leq 2c''\mathbf{E}\big[X_1^2 I_{\{|X_1|>k\}}\big]\,.$$

Die Behauptung ergibt sich nun wegen $\mathbf{E}\big[X_1^2 I_{\{|X_1|>k\}}\big] \to 0$ für $k \to \infty$. Dies folgt aus der Annahme $\mathbf{E}[X_1^2] < \infty$, wie man z. B. im diskreten Fall aus $\mathbf{E}\big[X_1^2 I_{\{|X_1|>k\}}\big] = \sum_{a:|a|>k} a^2 \mathbf{P}(X_1 = a)$ erkennt. □

Beweis des Zentralen Grenzwertsatzes. Sei $0 < c < d < \infty$ und $\varepsilon > 0$. Wähle 3-mal stetig differenzierbare Abbildungen $0 \leq h_1(t) \leq h_2(t) \leq 1$ wie in der Abbildung

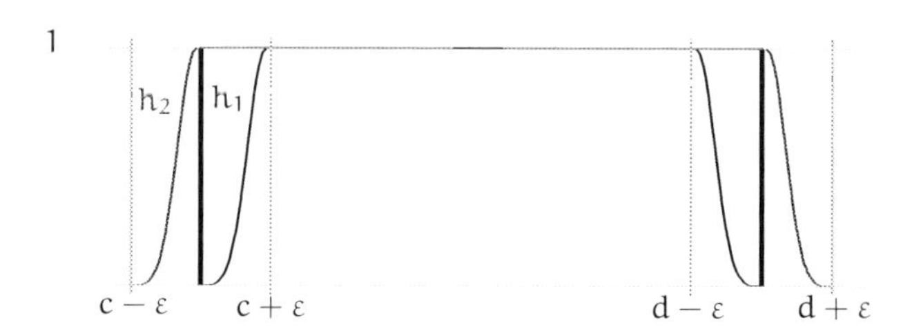

so dass also $h_1(t) = 1$ für $c + \varepsilon \leq t \leq d - \varepsilon$, $h_1(t) = 0$ für $t \leq c$ und $t \geq d$ und $h_2(t) = 1$ für $c \leq t \leq d$, $h_2(t) = 0$ für $t \leq c - \varepsilon$ und $t \geq d + \varepsilon$ (etwa $h_1(t) := 1 - (1 - (\frac{t-c}{\varepsilon})^4)^4$ für $c \leq t \leq c + \varepsilon$). Dann folgt aufgrund der Monotonie des Erwartungswertes

$$\mathbf{E}\Big[h_1\Big(\frac{X_1 + \cdots + X_n}{\sqrt{n}}\Big)\Big] \leq \mathbf{P}\Big(c \leq \frac{X_1 + \cdots + X_n}{\sqrt{n}} \leq d\Big) \leq \mathbf{E}\Big[h_2\Big(\frac{X_1 + \cdots + X_n}{\sqrt{n}}\Big)\Big]$$

sowie

$$\mathbf{P}(c+\varepsilon \le Z \le d-\varepsilon) \le \mathbf{E}\big[h_1(Z)\big]\,,\ \mathbf{E}\big[h_2(Z)\big] \le \mathbf{P}(c-\varepsilon \le Z \le d+\varepsilon)\,.$$

Der Grenzübergang $n \to \infty$ ergibt unter Beachtung unseres Lemmas

$$\begin{aligned}\mathbf{P}(c+\varepsilon \le Z \le d-\varepsilon) &\le \liminf_{n\to\infty} \mathbf{P}\Big(c \le \frac{X_1+\cdots+X_n}{\sqrt{n}} \le d\Big)\\ &\le \limsup_{n\to\infty} \mathbf{P}\Big(c \le \frac{X_1+\cdots+X_n}{\sqrt{n}} \le d\Big) \le \mathbf{P}(c-\varepsilon \le Z \le d+\varepsilon)\,.\end{aligned}$$

Da Z eine Dichte besitzt, gilt $\mathbf{P}(c\pm\varepsilon \le Z \le d\mp\varepsilon) \to \mathbf{P}(c \le Z \le d)$ für $\varepsilon \to 0$, und die Behauptung folgt. Die Fälle $c = -\infty$ bzw. $d = \infty$ werden analog behandelt. □

Ganz ähnlich lässt sich nach einer Bemerkung von Billingsley (1995) die Stirling-Approximation beweisen.

Satz Für $n \to \infty$ gilt $n! = \sqrt{2\pi n}\, n^n e^{-n}(1+o(1))$.

Beweis. Jetzt arbeiten wir mit der Funktion $t^+ := \max(t,0)$. Zu jedem $\varepsilon > 0$ gibt es eine 3-mal stetig differenzierbare Funktion $h(t)$ mit beschränkten Ableitungen, so dass $t^+ \le h(t) \le t^+ + \varepsilon$ (z. B. $h(t) := (\varepsilon^2 + t^2/4)^{1/2} + t/2$).

Durch ein ähnliches Approximationsargument wie im letzten Beweis erhalten wir aus dem Lemma also

$$\mathbf{E}\Big[\Big(\frac{X_1+\cdots+X_n-n}{\sqrt{n}}\Big)^+\Big] \to \mathbf{E}[Z^+]$$

für unabhängige, identisch verteilte $X_1, X_2, \ldots$ mit Erwartungswert und Varianz 1. Nun gilt

$$\mathbf{E}[Z^+] = \frac{1}{\sqrt{2\pi}}\int_0^\infty z e^{-z^2/2}\,dz = \frac{1}{\sqrt{2\pi}}\big[e^{-z^2/2}\big]_0^\infty = \frac{1}{\sqrt{2\pi}}\,.$$

Wählen wir $X_1, X_2, \ldots$ als Poissonverteilt zum Parameter 1, so ist $X_1+\cdots+X_n$ Poissonverteilt zum Parameter n, und folglich

$$\begin{aligned}\mathbf{E}\Big[\Big(\frac{X_1+\cdots+X_n-n}{\sqrt{n}}\Big)^+\Big] &= \frac{1}{\sqrt{n}}\sum_{k=n+1}^\infty (k-n)e^{-n}\frac{n^k}{k!}\\ &= \frac{e^{-n}}{\sqrt{n}}\sum_{k=n+1}^\infty \Big(\frac{n^k}{(k-1)!} - \frac{n^{k+1}}{k!}\Big) = \frac{e^{-n}}{\sqrt{n}}\frac{n^{n+1}}{n!}\,.\end{aligned}$$

Insgesamt folgt die Behauptung. □

Ein Beweis des Starken Gesetzes der Großen Zahlen

Zunächst behandeln wir eine Version des Starken Gesetzes der Großen Zahlen, bei der die Verschärfung der Aussage im Vergleich zum Schwachen Gesetz besonders augenfällig ist. Wir benutzen die Notation

$$\bar{X}_n := \frac{X_1 + \cdots + X_n}{n} .$$

Lemma

Sei $\varepsilon > 0$ und bezeichne E_m^∞ das Ereignis

$$\{|\bar{X}_n - \mu| \geq \varepsilon \text{ für ein } n \geq m\} = \bigcup_{n=m}^{\infty} \{|\bar{X}_n - \mu| \geq \varepsilon\} .$$

Dann gilt unter den Bedingungen des Starken Gesetzes der Großen Zahlen

$$\mathbf{P}(E_m^\infty) \to 0$$

für $m \to \infty$.

Wählt man zu vorgegebenem $\varepsilon > 0$ also m ausreichend groß, so liegt nach dem Schwachen Gesetz die Wahrscheinlichkeit des Ereignisses $\{|\bar{X}_m - \mu| \leq \varepsilon\}$ nahe bei 1. Nunmehr gilt dies sogar für die Wahrscheinlichkeit des Ereignisses, dass $|\bar{X}_n - \mu| \leq \varepsilon$ für alle $n \geq m$ eintritt.

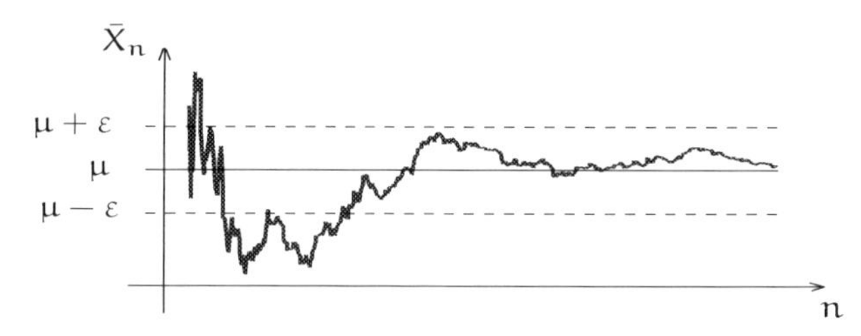

Diese Aussage über den Verlauf der gesamten Folge $(\bar{X}_n)$ ist es wohl eher, die man beim Gesetz der Großen Zahlen intuitiv vor Augen hat.

Im folgenden Beweis setzten wir zusätzlich $\mathbf{E}[X_1^4] < \infty$ voraus, dann ist er mit unseren Hilfsmitteln einfach zu führen.

Beweis des Lemmas. O.E.d.A. sei $\mu = 0$, sonst ersetzen wir X_n durch $X_n - \mu$. Aufgrund von Unabhängigkeit gilt dann $\mathbf{E}[X_i X_j X_k X_l] = 0$, es sei denn, die i, j, k, l sind paarweise gleich. Man kann solche Paare auf 3 Weisen bilden, daher folgt unter Berücksichtigung der Cauchy-Schwarz Ungleichung

$$\begin{aligned}\mathbf{E}\big[(X_1 + \cdots + X_n)^4\big] &= \sum_i \sum_j \sum_k \sum_l \mathbf{E}[X_i X_j X_k X_l] \\ &\leq 3 \sum_{i,j} \mathbf{E}[X_i^2 X_j^2] \leq 3 \sum_{i,j} \mathbf{E}[X_i^4]^{1/2} \mathbf{E}[X_j^4]^{1/2} = 3n^2\, \mathbf{E}[X_1^4] .\end{aligned}$$

Mit der Markov-Ungleichung folgt

$$\mathbf{P}\big(|\bar{X}_n| \geq \varepsilon\big) = \mathbf{P}\big(\bar{X}_n^4 \geq \varepsilon^4\big) \leq \varepsilon^{-4}\,\mathbf{E}\big[\bar{X}_n^4\big] \leq \frac{3\mathbf{E}\big[X_1^4\big]}{\varepsilon^4 n^2}\,,$$

und damit

$$\mathbf{P}\Big(\bigcup_{n=m}^{\infty}\{|\bar{X}_n-\mu| \geq \varepsilon\}\Big) \leq \sum_{n=m}^{\infty}\mathbf{P}\big(|\bar{X}_n-\mu| \geq \varepsilon\big) \leq \frac{3\mathbf{E}\big[X_1^4\big]}{\varepsilon^4}\sum_{n=m}^{\infty}\frac{1}{n^2}\,.$$

Da die Reihe rechts konvergiert, erhalten wir die Behauptung. □

Um den Bezug zum Gesetz der Großen Zahlen herzustellen, betrachten wir für $\varepsilon > 0$ außerdem das Ereignis

$$\{|\bar{X}_n - \mu| \geq \varepsilon \text{ unendlich oft}\}\,,$$

dass also $\bar{X}_n$ von μ für unendlich viele n um mindestens ε abweicht. Offenbar gibt $\{|\bar{X}_n - \mu| \geq \varepsilon \text{ unendlich oft}\} \subset E_m^\infty$ für alle m, deswegen folgt aus dem Lemma

$$\mathbf{P}\big(|\bar{X}_n - \mu| \geq \varepsilon \text{ unendlich oft}\big) = 0$$

für alle $\varepsilon > 0$.

Wir folgern nun, dass das zu $\{\bar{X}_n \to \mu\}$ komplementäre Ereignis $\{\bar{X}_n \not\to \mu\}$ Wahrscheinlichkeit 0 hat: Eine Zahlenfolge (a_n) ist genau dann nicht gegen μ konvergent, wenn es ein $\varepsilon > 0$ gibt, so dass $|a_n - \mu| \geq \varepsilon$ für unendlich viele n gilt. Das Ereignis $\{\bar{X}_n \not\to \mu\}$, dass die zufällige Folge $(\bar{X}_1, \bar{X}_2, \ldots)$ nicht gegen μ konvergiert, lässt sich damit mit Hilfe einer beliebigen Nullfolge $\varepsilon_1 \geq \varepsilon_2 \geq \cdots > 0$ von reellen Zahlen schreiben als

$$\{\bar{X}_n \not\to \mu\} = \bigcup_{k=1}^{\infty}\big\{|\bar{X}_n - \mu| \geq \varepsilon_k \text{ unendlich oft}\big\}\,.$$

Es folgt

$$\mathbf{P}\big(\bar{X}_n \not\to \mu\big) \leq \sum_{k=1}^{\infty}\mathbf{P}\big(|\bar{X}_n - \mu| \geq \varepsilon_k \text{ unendlich oft}\big)\,.$$

Da die Wahrscheinlichkeiten rechts alle gleich 0 sind, folgt die Behauptung. Damit ist der Beweis des Starken Gesetzes der Großen Zahlen geführt.

Auf eine Besonderheiten dieses Beweises sei ausdrücklich hingewiesen: Es wird nicht nur, anders als sonst in diesem Buch, eine unendliche Vereinigung von Ereignissen gebildet, sondern auch die zugehörige Subadditivitätseigenschaft für Wahrscheinlichkeiten benutzt, man spricht von σ-Subadditivität. Ohne diese Eigenschaft, die aus den Axiomen von Kolmogorov folgt, lässt sich – anders als das Schwache Gesetz – das Starke Gesetz der Großen Zahlen nicht beweisen.

Das Borel-Cantelli Lemma

Die Überlegungen im obigen Beweis des Starken Gesetzes enthalten ein Argument, das man auch für andere Zwecke einsetzt. Wir wollen es extrahieren und gehen damit auf das Lemma von Borel-Cantelli ein. Zu einer unendlichen Folge $E_1, E_2, \ldots$ von Ereignissen betrachten wir das Ereignis

$$\{E_n \text{ tritt unendlich oft ein}\}\,.$$

Man kann es wie folgt aufbauen: Wie oben ist

$$E_m^\infty := \bigcup_{n=m}^{\infty} E_n$$

das Ereignis, dass mindestens eines der Ereignisse E_n mit $n \geq m$ eintritt. Weiter treten genau dann unendlich viele E_n ein, wenn alle Ereignisse E_m^∞, $m \geq 1$, eintreten. Zusammengefasst gilt

$$\{E_n \text{ tritt unendlich oft ein}\} = \bigcap_{m=1}^{\infty} \bigcup_{n=m}^{\infty} E_n\,.$$

Das folgende einfache Resultat spielt in vielen Überlegungen der Wahrscheinlichkeitstheorie eine Rolle.

Satz

Lemma von Borel-Cantelli. Sei $E_1, E_2, \ldots$ eine Folge von Ereignissen mit $\sum_{n=1}^{\infty} \mathbf{P}(E_n) < \infty$. Dann gilt

$$\mathbf{P}(E_n \text{ tritt unendlich oft ein}) = 0\,.$$

Genaugenommen handelt es sich um das *erste* Borel-Cantelli Lemma, das *zweite* behandeln wir in den Aufgaben.

Beweis. Aus $\{E_n \text{ tritt unendlich oft ein}\} \subset E_m^\infty$ und der σ-Subadditivität folgt (wie am Ende des Beweises des Lemmas)

$$\mathbf{P}(E_n \text{ tritt unendlich oft ein}) \leq \mathbf{P}(E_m^\infty) \leq \sum_{n=m}^{\infty} \mathbf{P}(E_n)$$

für alle m. Da die linke Seite nicht von m abhängt und die rechte nach Voraussetzung mit $m \to \infty$ gegen 0 konvergiert, folgt die Behauptung. □

Beispiel

Sei $(Z_1, Z_2, \ldots)$ ein fortgesetzter p-Münzwurf und zu vorgegebenem $c > 0$

$$E_n := \{Z_m = 1 \text{ für alle } n \leq m \leq n + c \ln n\}$$

das Ereignis, dass im n-ten Wurf ein Run von Erfolgen beginnt, der mindestens die Länge $1 + \lfloor c \ln n \rfloor$ hat. Es gilt

$$\mathbf{P}(E_n) = p^{1+\lfloor c \ln n \rfloor} \le p^{c \ln n} = n^{c \ln p} .$$

Für $c \ln p < -1$ bzw. $c > (\ln 1/p)^{-1}$ folgt also $\sum_{n=1}^{\infty} \mathbf{P}(E_n) < \infty$, und nach dem Borel-Cantelli Lemma treten mit Wahrscheinlichkeit 1 nur endlich viele E_n ein. Mit wachsendem n wächst die Länge von Erfolgsruns also in n höchstens logarithmisch. – Für $c < (\ln 1/p)^{-1}$ treten übrigens mit Wahrscheinlichkeit 1 unendliche viele E_n ein. Dies folgt mit etwas größerem Aufwand aus dem zweiten Borel-Cantelli Lemma. (vgl. W. Feller, *Probability Theory and its Applications*, Bd. 1).

Aufgabe Sei U in $[0, 1]$ uniform verteilt. Zeigen Sie: Mit Wahrscheinlichkeit 1 gibt es höchstens endlich viele natürliche Zahlen n, so dass die Ungleichung $|U - m/n| \le 1/n^3$ erfüllt ist für eine natürliche Zahl m.

Aufgabe Sei $X_1, X_2, \ldots$ eine Folge von Zufallsvariablen mit Werten in den reellen Zahlen. Zeigen Sie, dass es eine Folge $c_1, c_2, \ldots$ von positiven reellen Zahlen gilt, so dass das Ereignis $\{X_n/c_n \to 0\}$ Wahrscheinlichkeit 1 hat.

Aufgabe **Zweites Borel-Cantelli Lemma.** Sei $E_1, E_2, \ldots$ eine Folge von Ereignissen mit $\sum_{n=1}^{\infty} \mathbf{P}(E_n) = \infty$, die nun auch als unabhängig vorausgesetzt sind. Dann gilt

$$\mathbf{P}\big(E_n \text{ tritt unendlich oft ein}\big) = 1 .$$

Den Beweis gliedern wir in folgende Teilaufgaben:

(i) Begründen Sie mithilfe der Ungleichung $1 - x \le e^{-x}$

$$\mathbf{P}\Big(\bigcap_{n=m}^{\infty} E_n^c\Big) \le \mathbf{P}\Big(\bigcap_{n=m}^{m'} E_n^c\Big) \le \exp\Big(-\sum_{n=m}^{m'} \mathbf{P}(E_n)\Big)$$

für alle natürlichen Zahlen $m < m'$.

(ii) Folgern Sie $\mathbf{P}\big(\bigcap_{n=m}^{\infty} E_n^c\big) = 0$ für alle m.

(iii) Begründen Sie

$$\big\{E_n \text{ tritt endlich oft ein}\big\} = \bigcup_{m=1}^{\infty} \bigcap_{n=m}^{\infty} E_n^c$$

und folgern Sie, dass dieses Ereignis Wahrscheinlichkeit 0 hat.

IV Abhängige Zufallsvariable und bedingte Verteilungen

Um Abhängigkeiten zwischen Zufallsvariablen zu erfassen, betrachten wir nun Situationen, in denen anschaulich gesprochen zwei oder mehrere Zufallsvariable ihre Werte nacheinander annehmen und die Verteilungen der nachfolgenden Zufallsvariablen von den Werten der vorherigen abhängen. Im wichtigen Fall der Markovketten sind die Abhängigkeiten „ohne Gedächtnis".

In dieser Weise lassen sich komplexe Modelle stufenweise aus einfachen Bausteinen aufbauen. Umgekehrt kann man aber auch, wie wir sehen werden, komplexe Modelle ganz nach Belieben in Stufen zerlegen und so einer Analyse zugänglich machen. Dies geschieht mittels bedingter Verteilungen und bedingter Wahrscheinlichkeiten, auf deren Interpretation wir am Ende des Kapitels zu sprechen kommen.

13
Ein Beispiel: Suchen in Listen

Es werden n verschiedene Namen (oder im Kontext der Informatik: n Schlüssel) in r Listen einsortiert, jeder Name habe dabei ein Kennzeichen aus $\{1, \dots, r\}$ (verschiedene Namen haben möglicherweise dasselbe Kennzeichen). Unser Modell ist nun allgemeiner als in Abschnitt 1: Die Kennzeichen der Namen betrachten wir als unabhängige, identisch verteilte Zufallsvariable, wobei $1, \dots, r$ als Kennzeichen mit den Wahrscheinlichkeiten $p_1, \dots, p_r$ auftreten. Die Namen mit dem Kennzeichen j kommen in die Liste mit der Nummer j. Das zufällige r-tupel $Z = (Z_1, \dots, Z_r)$ der Listenlängen ist also multinomialverteilt zu den Parametern $n, p_1, \dots, p_r$, und Z_j ist binomialverteilt zu den Parametern n, p_j.

Die Fragestellungen dieses Abschnitts werden in dem Lehrbuch *Concrete Mathematics* von R.L. Graham, D.E. Knuth, O. Patashnik (1994) mit mehr analytisch ausgerichteten Methoden behandelt.

Suchen nach einem nicht vorhandenen Namen

Wie lange muss man im Mittel nach einem neuen Namen suchen, bis man bemerkt, dass er noch nicht in den Listen vorhanden ist? Dabei muss man nur die Liste durchsuchen, deren Nummer das Kennzeichen J des neuen Namens ist.

Der Zufall kommt hier zweimal ins Spiel: erstens mit den zufälligen Kennzeichen der n Namen, und zweitens mit dem zufälligen Kennzeichen des neuen Namens. Von beidem hängt die Suchlänge L ab. Gegeben, dass die Ereignisse $\{Z = (k_1, \dots, k_r)\}$ und $\{J = j\}$ eintreten, ist der Wert von L gleich k_j, die Länge der zu durchsuchenden Liste. Gefragt ist nach dem Erwartungswert von L.

Wir skizzieren einen einsichtigen Weg, den wir im folgenden Abschnitt begründen und vertiefen werden. Er folgt dem zweistufigen Aufbau von (Z, J) und führt über die Zerlegung des Erwartungswertes $\mathbf{E}[L]$ nach den Ausgängen von Z.

Ist der Ausgang $k = (k_1, \dots, k_r)$ von Z bekannt, dann hat L den Erwartungswert $\sum_{j=1}^{r} k_j p_j$. Man schreibt

$$\mathbf{E}_k[L] = \sum_{j=1}^{r} k_j p_j \,.$$

Ersetzt man k durch die Zufallsvariable Z, dann bekommt man die Zufallsvariable

$$\mathbf{E}_Z[L] = \sum_{j=1}^{r} Z_j p_j \,.$$

Man nennt sie die *bedingte Erwartung von* L, *gegeben* Z. Der Erwartungswert dieser Zufallsvariablen ist dann gleich dem Erwartungswert von L,

$$\mathbf{E}[L] = \mathbf{E}\big[\mathbf{E}_Z[L]\big] = \mathbf{E}\Big[\sum_{j=1}^{r} Z_j p_j\Big] = \sum_{j=1}^{r} p_j \, \mathbf{E}[Z_j] \,. \tag{13.1}$$

Wir werden dies später noch genauer begründen.

Suchen nach einem bereits vorhandenen Namen

Den eben beschrittenen Weg verfolgen wir zum Berechnen des Erwartungswertes einer weiteren Zufallsvariablen. *Wie lange muss man im Mittel nach einem bereits vorhandenen Namen suchen?* Wieder muss man nur in der Liste suchen, deren Nummer das Kennzeichen des Namens ist. Diesmal steht eine Anzahl M anderer Namen vor dem gesuchten, gefragt ist nach dem Erwartungswert von M.

Die Verteilung der Nummer J der zu durchsuchenden Liste hängt jetzt von der Besetzung Z ab. Dabei nehmen wir an, dass der Name uniform aus den n vorhandenen gewählt ist. Gegeben das Ereignis $\{Z = (k_1, \dots, k_j)\}$ ist dann die Verteilung des Paares (J, M) uniform auf $\{(j, i) \, : \, 1 \le j \le r, 0 \le i \le k_j - 1\}$, somit ist

$$\mathbf{E}_k[M] = \frac{1}{n} \sum_{j=1}^{r} \sum_{i=0}^{k_j - 1} i = \frac{1}{n} \sum_{j=1}^{r} \frac{k_j(k_j - 1)}{2} \,.$$

Für die Zufallsvariable $\mathbf{E}_Z[M]$ ergibt sich

$$\mathbf{E}_Z[M] = \frac{1}{n} \sum_{j=1}^{r} \frac{Z_j(Z_j - 1)}{2} \,.$$

Daraus erhält man den gesuchten Erwartungswert als

$$\mathbf{E}[M] = \mathbf{E}\big[\mathbf{E}_Z[M]\big] = \mathbf{E}\Big[\frac{1}{n}\sum_{j=1}^{r}\frac{Z_j(Z_j-1)}{2}\Big] = \frac{1}{n}\sum_{j=1}^{r}\mathbf{E}\Big[\frac{Z_j(Z_j-1)}{2}\Big] . \qquad (13.2)$$

Für die folgenden Aufgaben vergleichen Sie die Berechnung der Varianz der Binomialverteilung in Abschnitt 5 auf Seite 26.

Die erwartete Suchlänge. Folgern Sie aus (13.1) und (13.2) **Aufgabe**

(i) $\mathbf{E}[L] = n(p_1^2 + \cdots + p_r^2)$,

(ii) $\mathbf{E}[M] = \frac{n-1}{2}(p_1^2 + \cdots + p_r^2)$.

Im uniformen Fall $p_1 = \cdots = p_r = 1/r$ ergibt sich

$$\mathbf{E}[L] = \frac{n}{r}, \qquad \mathbf{E}[M] = \frac{n-1}{2r} .$$

Zeigen Sie **Aufgabe**

$$\mathbf{E}\big[L(L-1)\big] = n(n-1)(p_1^3 + \cdots + p_r^3)$$

und berechnen Sie damit die Varianz von L.

Zeigen Sie mittels $\sum_{i=0}^{k-1} i(i-1) = k(k-1)(k-2)/3$ **Aufgabe**

$$\mathbf{E}\big[M(M-1)\big] = \frac{1}{3n}\sum_{j=1}^{r}\mathbf{E}\big[Z_j(Z_j-1)(Z_j-2)\big] ,$$

folgern Sie

$$\mathbf{E}\big[M(M-1)\big] = \frac{(n-1)(n-2)}{3}(p_1^3 + \cdots + p_r^3)$$

und gewinnen Sie daraus eine Formel für die Varianz von M.

14 Zufällige Übergänge

Zweistufige Experimente im Diskreten

Wir betrachten eine diskrete Zufallsvariable $X = (X_1, X_2)$ (ein „zufälliges Paar") mit Zielbereich $S = S_1 \times S_2$. Stellen wir uns vor, dass X auf zweistufige Weise zustande kommt: Es gibt eine Regel, die besagt, wie X_2 verteilt ist, gegeben, dass X_1 den Ausgang a_1 hat.

Diese Situation haben wir im vorigen Abschnitt angetroffen: Gegeben, dass Z den Wert $(k_1, \dots, k_r)$ annimmt, hat die Verteilung der Nummer J der zu durchsuchenden Liste einmal die Gewichte p_j und im anderen Fall die Gewichte k_j/n.

Denken wir uns also für jedes $a_1 \in S_1$ eine Verteilung auf S_2 vorgegeben, deren Gewichte wir mit $P(a_1, a_2)$, $a_2 \in S_2$, notieren. Die $P(a_1, \cdot)$, $a_1 \in S_1$, werden als *Übergangsverteilungen* bezeichnet: Gegeben $\{X_1 = a_1\}$ hat die Zufallsvariable X_2 die Verteilung $P(a_1, \cdot)$. Wir schreiben dafür

$$P(a_1, a_2) = \mathbf{P}_{a_1}(X_2 = a_2) \tag{14.1}$$

und sprechen von den $P(a_1, a_2)$ als den *Übergangswahrscheinlichkeiten.*

Aus der Verteilung ρ von X_1 und den Übergangsverteilungen $P(a_1, \cdot)$ gewinnt man die gemeinsame Verteilung von X_1 und X_2 gemäß

$$\mathbf{P}(X_1 = a_1, X_2 = a_2) = \rho(a_1)\, P(a_1, a_2)\,. \tag{14.2}$$

Summiert man über $a_2 \in A_2$, mit $A_2 \subset S_2$, so erhält man daraus mit (14.1)

$$\mathbf{P}(X_1 = a_1, X_2 \in A_2) = \mathbf{P}(X_1 = a_1)\, \mathbf{P}_{a_1}(X_2 \in A_2)\,. \tag{14.3}$$

Summieren wir auch über $a_1 \in A_1$, mit $A_1 \subset S_1$, dann bekommen wir die folgende Zerlegung der gemeinsamen Verteilung von X_1 und X_2

$$\mathbf{P}(X_1 \in A_1, X_2 \in A_2) = \sum_{a_1 \in A_1} \mathbf{P}(X_1 = a_1)\, \mathbf{P}_{a_1}(X_2 \in A_2)\,. \tag{14.4}$$

Speziell mit $A_1 = S_1$ ergibt sich unter Beachtung von (5.6) die *Formel von der totalen Wahrscheinlichkeit*

$$\mathbf{P}(X_2 \in A_2) = \sum_{a_1 \in S_1} \mathbf{P}(X_1 = a_1)\, \mathbf{P}_{a_1}(X_2 \in A_2) = \mathbf{E}\big[\mathbf{P}_{X_1}(X_2 \in A_2)\big]\,. \tag{14.5}$$

Sie zerlegt die Wahrscheinlichkeit des Ereignisses $\{X_2 \in A_2\}$ nach den Ausgängen von X_1; man spricht auch von einer *Zerlegung nach der ersten Stufe.*

Beispiel

Unabhängigkeit. Der Spezialfall, dass die Verteilungen $\mathbf{P}_{a_1}(X_2 \in \cdot\,)$ nicht von a_1 abhängen, ist gleichbedeutend mit der Unabhängigkeit von X_1 und X_2. In diesem Fall entspricht (14.3) der Formel (9.3).

Bäume der Tiefe 2. Ein zweistufiges Zufallsexperiment kann in seiner Abfolge durch einen *Baum der Tiefe* 2 veranschaulicht werden. In einem solchen Baum bilden die Nachfolger der *Wurzel* $*$ die *Knoten* der *Tiefe* 1, und deren Nachfolger sind die Knoten der Tiefe 2. Wir identifizieren die Knoten der Tiefe 1 mit der Menge S_1, also den möglichen Ausgängen von X_1, und die der Tiefe 2 mit der Menge $S_1 \times S_2$, also den möglichen Ausgängen von (X_1, X_2).

Die Nachfolger des Knotens $k_1 = a_1$ schreiben wir in der Form $k_2 = a_1 a_2$, mit $a_2 \in S_2$. Die Kante (k, l) zwischen zwei Knoten k, l erhält ein Gewicht $g(k, l)$, das angibt, mit welcher Wahrscheinlichkeit ein Übergang von k nach l stattfindet, also

$$g(*, a_1) := \rho(a_1)\,, \quad g(a_1, a_1 a_2) := P(a_1, a_2)\,.$$

Die Wahrscheinlichkeit, dass das Gesamtexperiment den Ausgang $a_1 a_2$ hat, ist das Produkt (14.2) der beiden Kantengewichte entlang des Pfades von der Wurzel zum Knoten $a_1 a_2$.

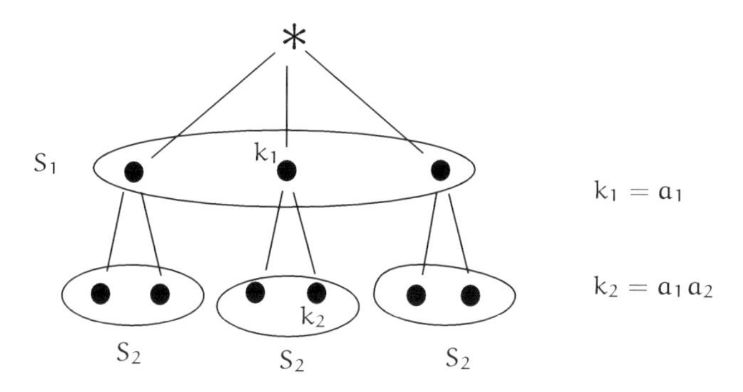

Erwartungswert und Varianz

Wir setzen nun für jedes $a_1 \in S_1$

$$\mathbf{E}_{a_1}\left[h(X_1, X_2)\right] := \sum_{a_2 \in S_2} h(a_1, a_2)\, \mathbf{P}_{a_1}(X_2 = a_2)\,, \tag{14.6}$$

vorausgesetzt, die rechte Seite ist wohldefiniert, und sprechen vom *bedingten Erwartungswert von* $h(X_1, X_2)$*, gegeben* $\{X_1 = a_1\}$. Offenbar gilt

$$\mathbf{E}_{a_1}\left[h(X_1, X_2)\right] = \mathbf{E}_{a_1}\left[h(a_1, X_2)\right]. \tag{14.7}$$

Ersetzen wir a_1 durch die Zufallsvariable X_1, so erhalten wir die Zufallsvariable

$$\mathbf{E}_{X_1}\left[h(X_1, X_2)\right],$$

die *bedingte Erwartung von* $h(X_1, X_2)$*, gegeben* X_1. Multipliziert man (14.6) mit $\mathbf{P}(X_1 - a_1)$ und summiert über $a_1 \in S_1$, dann bekommt man angesichts von (14.3) die Beziehung

$$\mathbf{E}\left[\mathbf{E}_{X_1}[h(X_1, X_2)]\right] = \mathbf{E}\left[h(X_1, X_2)\right]. \tag{14.8}$$

Für reellwertiges X_2 mit endlichem Erwartungswert folgt

$$\mathbf{E}\left[\mathbf{E}_{X_1}[X_2]\right] = \mathbf{E}[X_2]. \tag{14.9}$$

Die Nützlichkeit dieser Zerlegung des Erwartungswertes von X_2 nach (den Ausgängen von) X_1 haben wir bereits im vorigen Abschnitt in (13.1) gesehen.

Es ist natürlich, $\mathbf{E}_{a_1}[X_2]$ als Prognosewert von X_2, gegeben $\{X_1 = a_1\}$, aufzufassen, bzw. $\mathbf{E}_{X_1}[X_2]$ als Prognose von X_2 auf der Basis von X_1. Der folgende Satz zeigt, dass diese Prognose günstige Eigenschaften hat.

Satz

Beste Prognose im quadratischen Mittel. Sei X_2 eine reellwertige Zufallsvariable mit $\mathbf{E}[X_2^2] < \infty$. Dann minimiert die bedingte Erwartung $\mathbf{E}_{X_1}[X_2]$ unter allen reellwertigen Zufallsvariablen der Form $h(X_1)$ den erwarteten quadratischen Abstand $\mathbf{E}\big[(X_2 - h(X_1))^2\big]$.

Zum Beweis betrachten wir

$$\mathbf{Var}_{a_1}[X_2] := \mathbf{E}_{a_1}\big[(X_2 - \mathbf{E}_{a_1}[X_2])^2\big] ,$$

die *bedingte Varianz von* X_2, *gegeben* $\{X_1 = a_1\}$.

Beweis. Nach (9.1) gilt

$$\mathbf{E}_{a_1}\big[(X_2 - h(a_1))^2\big] = \mathbf{Var}_{a_1}[X_2 - h(a_1)] + \big(\mathbf{E}_{a_1}[X_2 - h(a_1)]\big)^2 .$$

Nach den Rechenregeln für Erwartungswert und Varianz ist die rechte Seite gleich

$$\mathbf{Var}_{a_1}[X_2] + \big(\mathbf{E}_{a_1}[X_2] - h(a_1)\big)^2 .$$

Ersetzen wir den Wert a_1 durch die Zufallsvariable X_1 und bilden wir den Erwartungswert, dann folgt mit (14.7) und (14.8)

$$\mathbf{E}\big[(X_2 - h(X_1))^2\big] = \mathbf{E}\big[\mathbf{Var}_{X_1}[X_2]\big] + \mathbf{E}\big[(\mathbf{E}_{X_1}[X_2] - h(X_1))^2\big] \tag{14.10}$$

und daraus die Behauptung. □

Bemerkung. Wählen wir speziell $h(X_1) := \mathbf{E}[X_2]$, dann ergibt sich aus (14.10) und (14.9) für die nach der ersten Stufe zerlegte Varianz die eindrückliche Formel

$$\mathbf{Var}[X_2] = \mathbf{E}\big[\mathbf{Var}_{X_1}[X_2]\big] + \mathbf{Var}\big[\mathbf{E}_{X_1}[X_2]\big] . \tag{14.11}$$

Beispiel

Zufällige Anzahl unabhängiger Summanden. Sei N eine zufällige natürliche Zahl, und seien $Z_1, Z_2, \dots$ unabhängige, identisch verteilte reellwertige Zufallsvariable, die unabhängig von N sind. Wir setzen $Y := \sum_{i=1}^{N} Z_i$ und fragen nach $\mathbf{E}[Y]$ und $\mathbf{Var}[Y]$. Dazu stellen wir uns vor, dass erst die Anzahl N der Summanden ausgewürfelt werden, und dann die Summe. Mit $\mu := \mathbf{E}[Z_1]$, $\sigma^2 := \mathbf{Var}[Z_1]$ ist

$$\mathbf{E}_n[Y] = n\mu , \quad \mathbf{Var}_n[Y] = n\sigma^2 .$$

Damit folgt aus (14.8) und (14.11)

$$\mathbf{E}\Big[\sum_{i=1}^{N} Z_i\Big] = \mathbf{E}[N] \cdot \mu , \quad \mathbf{Var}\Big[\sum_{i=1}^{N} Z_i\Big] = \mathbf{E}[N] \cdot \sigma^2 + \mathbf{Var}[N] \cdot \mu^2 .$$

In die Varianz der Summe gehen also zwei Anteile ein, die von der Varianz der Summanden und von der Varianz in der Länge der Summe herrühren.

Aufgabe

Geometrische Verteilung. Seien $Z_1, Z_2, \ldots, N, Y$ wie im vorigen Beispiel. Folgendes ist wahr: Sind die Z_i geometrisch verteilt zum Parameter p und ist N geometrisch verteilt zum Parameter u, dann ist Y geometrisch verteilt zum Parameter pu. Geben Sie eine Begründung ganz ohne Rechnung, indem Sie das folgende Zufallsexperiment mit zwei (nicht notwendigerweise fairen) Münzen betrachten:

(i) Wirf die eine Münze mehrfach. Immer wenn Kopf fällt, wirf auch die andere Münze.
(ii) Brich das Experiment ab, sobald die zweite Münze Kopf zeigt.

Betrachten Sie die Gesamtanzahl Y der Würfe mit der ersten Münze.

Aufgabe

Zweistufigkeit gesucht. (X_1, X_2) sei ein zufälliges Paar mit Werten in $\{a, b\} \times \{1, 2, 3\}$ mit Verteilungsgewichten wie in der Tabelle angegeben.

	1	2	3
a	0.1	0.3	0.2
b	0.1	0.2	0.1

(i) Finden Sie Übergangsverteilungen $P(c, .)$, $c \in \{a, b\}$, so, dass (X_1, X_2) als zweistufiges Zufallsexperiment entsteht.
(ii) Berechnen Sie den bedingten Erwartungswert und die bedingte Varianz von X_2, gegeben $\{X_1 = a\}$.
(iii) Für welches h wird $\mathbf{E}[(X_2 - h(X_1))^2]$ minimal?

Zweistufige Experimente im Allgemeinen

Bisher haben wir uns auf den Fall von abzählbaren S_1 und S_2 konzentriert. Die Verallgemeinerung auf kontinuierliche Räume bietet konzeptionell keine Schwierigkeiten. Die technischen Details (die in der Maß- und Integrationstheorie behandelt werden) lassen wir hier beiseite. Im allgemeinen Fall schreibt man anstelle von (14.4)

$$\mathbf{P}(X_1 \in A_1, X_2 \in A_2) = \int_{A_1} \mathbf{P}(X_1 \in da_1)\, P(a_1, A_2)\,,$$

oder in differenzieller Notation

$$\mathbf{P}(X_1 \in da_1,\, X_2 \in da_2) = \mathbf{P}(X_1 \in da_1)\, P(a_1, da_2)\,. \tag{14.12}$$

Dabei sind die Übergangsverteilungen $P(a_1, \cdot)$ eine mit $a_1 \in S_1$ indizierte Familie von Wahrscheinlichkeitsverteilungen auf S_2. Die Formel von der totalen Wahrscheinlichkeit lautet nun

$$\mathbf{P}(X_2 \in A_2) = \int_{S_1} \mathbf{P}(X_1 \in da_1)\, P(a_1, A_2)$$

und in differenzieller Notation

$$\mathbf{P}(X_2 \in da_2) = \int_{S_1} \mathbf{P}(X_1 \in da_1)\, P(a_1, da_2)\,.$$

Betrachten wir z. B. den Fall, dass X_1 die Dichte $f(a_1)\,da_1$ auf dem Intervall $S_1 \subset \mathbb{R}$ hat und zudem die Übergangsverteilungen durch *Übergangsdichten* gegeben sind, durch mit $a_1 \in S_1$ indizierte Dichten $P(a_1, da_2) = g_{a_1}(a_2)\, da_2$ auf dem

Intervall $S_2 \subset \mathbb{R}$. Dann wird die Formel (14.12) zu

$$\mathbf{P}(X_1 \in da_1, X_2 \in da_2) = f(a_1)\, g_{a_1}(a_2)\, da_1 da_2 \,,$$

und die Formel von der totalen Wahrscheinlichkeit zu

$$\mathbf{P}(X_2 \in da_2) = \Big(\int_{S_1} f(a_1)\, g_{a_1}(a_2)\, da_1\Big)\, da_2 \,,$$

d.h. $f(a_1)\, g_{a_1}(a_2)\, da_1\, da_2$ stellt sich als gemeinsame Dichte von X_1 und X_2 heraus, und $\big(\int_{S_1} f(a_1)\, g_{a_1}(a_2)\, da_1\big)\, da_2$ als die Dichte von X_2.

Beispiel

Unabhängige Summanden. Wir fassen jetzt das Addieren von zwei unabhängigen reellwertigen Zufallsvariablen Y und Z stufenweise auf. Dazu setzen wir $X_1 := Y$ und $X_2 := Y + Z$.

Im diskreten Fall gilt $\mathbf{P}(X_1 = a_1, X_2 = a_2) = \mathbf{P}(Y = a_1, a_1 + Z = a_2) = \mathbf{P}(X_1 = a_1)\mathbf{P}(a_1 + Z = a_2)$. Dies führt zu den Übergangswahrscheinlichkeiten $P(a_1, a_2) := \mathbf{P}(Z = a_2 - a_1)$.

Haben Y und Z die Dichten $f(y)\, dy$ und $g(z)\, dz$, so ergibt sich analog

$$\begin{aligned}\mathbf{P}(X_1 \in da_1, X_2 \in da_2) &= \mathbf{P}(Y \in da_1, a_1 + Z \in da_2)\\ &= \mathbf{P}(Y \in da_1)\mathbf{P}(a_1 + Z \in da_2) = f(a_1)\, g(a_2 - a_1)\, da_1 da_2 \,.\end{aligned}$$

Die Formel von der totalen Wahrscheinlichkeit lautet hier

$$\mathbf{P}(Y + Z \in db) = \Big(\int f(y) g(b - y)\, dy\Big)\, db \,.$$

Man spricht von der *Faltungsformel.* Für den Fall unabhängiger Exp(1)-verteilter Y, Z ergibt sich

$$\mathbf{P}(Y + Z \in db) = \Big(\int_0^b e^{-y} e^{-(b-y)}\, dy\Big)\, db = b e^{-b}\, db, \quad b \geq 0 \,. \tag{14.13}$$

Aufgabe

Gamma(k)-verteilte Zufallsvariable. Eine Zufallsvariable mit Werten in $\mathbb{R}_+$ heißt *Gamma*(k)-*verteilt*, $k \in \mathbb{N}$, falls sie die Dichte

$$\frac{1}{\Gamma(k)} b^{k-1} e^{-b}\, db \,, \quad b \geq 0 \,,$$

besitzt. Zeigen Sie: Die Summe von k unabhängigen, Exp(1)-verteilten Zufallsvariablen ist Gamma(k)-verteilt.

Hinweis: $\Gamma(k) = (k-1)!$ für $k \in \mathbb{N}$.

Beispiel

Münzwurf mit zufälliger Erfolgswahrscheinlichkeit. Ein einprägsames Beispiel mit kontinuierlichem S_1 (das uns auch im Zusammenhang mit der Pólya-Urne in Abschnitt 16 begegnen wird) ist der Münzwurf mit zufälliger Erfolgswahrscheinlichkeit: Man wählt in erster Stufe eine Münze mit Erfolgswahrscheinlichkeit u und führt damit in zweiter Stufe den Münzwurf durch. Die so entstehende zufällige 01-Folge bezeichnen wir mit $(Z_1, \ldots, Z_n)$, sie erfüllt

$$\mathbf{P}_u(Z_1 = a_1, \ldots, Z_n = a_n) = u^k(1-u)^{n-k}, \quad u \in [0,1],\ a_i = 0,1,$$

mit $k := a_1 + \cdots + a_n$.

Ist die zufällige Erfolgswahrscheinlichkeit, nennen wir sie U, uniform verteilt auf dem Intervall $[0,1]$, dann ergibt sich gemäß (14.12) für $X_n := Z_1 + \cdots + Z_n$

$$\mathbf{P}(U \in du, X_n = k) = du \binom{n}{k} u^k(1-u)^{n-k}, \tag{14.14}$$

und nach der Formel für die totale Wahrscheinlichkeit

$$\mathbf{P}(X_n = k) = \binom{n}{k} \int_0^1 u^k(1-u)^{n-k}\, du, \quad k = 0, 1, \ldots, n.$$

Es ist eine Fingerübung in partieller Integration , das Integral schrittweise zu berechnen (vgl. den Beweis von (6.1)). Man findet, dass X_n uniform verteilt ist:

$$\mathbf{P}(X_n = k) = \frac{1}{n+1}. \tag{14.15}$$

Hier ist ein stochastisches Argument, um dieses Ergebnis ohne Rechnung einzusehen. Wir arbeiten in einem Modell, das Symmetrieeigenschaften des betrachteten Münzwurf deutlich macht. Seien dazu $U, U_1, U_2, \ldots$ unabhängige, auf $[0,1]$ uniform verteilte Zufallsvariable. U gibt die zufällige Erfolgswahrscheinlichkeit, und das Ereignis $\{U_i < U\}$ steht für Erfolg im i-ten Wurf. Anders ausgedrückt:

$$Z_1 := I_{\{U_1 < U\}}, \quad Z_2 := I_{\{U_2 < U\}}, \quad \ldots \tag{14.16}$$

stellt einen Münzwurf mit zufälligem Parameter U dar. Das Ereignis $\{X_n = k\}$ stimmt nun überein mit dem Ereignis

$$\{\text{von den } U_1, \ldots, U_n \text{ sind genau } k \text{ Stück kleiner als } U\}.$$

Aus Austauschbarkeitsgründen haben für $k = 0, 1, \ldots, n$ diese Ereignisse alle dieselbe Wahrscheinlichkeit. Sie ist $\frac{1}{n+1}$, denn die Ereignisse schließen sich gegenseitig aus, und mit Wahrscheinlichkeit 1 tritt irgendeines von ihnen ein. Das Ereignis, dass zwei der $U, U_1, \ldots, U_n$ gleich ausfallen, hat nämlich Wahrscheinlichkeit 0. Insgesamt erhalten wir (14.15).

Mehrstufige Zufallsexperimente

Unsere Überlegungen übertragen sich in einfacher Weise auf mehrstufige Experimente. In einem n-stufigen Zufallsexperiment zur Erzeugung von $X_1, \ldots, X_n$ mit Zielbereichen $S_1, \ldots, S_n$ hat man für jedes $i = 1, \ldots, n-1$ Übergangswahrscheinlichkeiten

$$P(a_1 \ldots a_i, a_{i+1}) = \mathbf{P}_{a_1 \ldots a_i}(X_{i+1} = a_{i+1}),$$

die angeben, mit welcher Wahrscheinlichkeit in der $(i+1)$-ten Stufe das Ereignis $\{X_{i+1} = a_{i+1}\}$ eintritt, gegeben das Eintreten von $\{X_1 = a_1, \ldots, X_i = a_i\}$. Nun ist die gemeinsame Verteilung gegeben durch die *Multiplikationsregel*

$$\mathbf{P}(X_1 = a_1, \ldots, X_n = a_n) = \rho(a_1)P(a_1, a_2) \cdots P(a_1 \ldots a_{n-1}, a_n). \quad (14.17)$$

Beispiel

Die Pólya-Urne. In einer Urne befindet sich anfangs eine weiße und eine blaue Kugel. In jedem Schritt wird eine Kugel rein zufällig gezogen und, dies ist die Besonderheit bei dem Urnenmodell von Pólya[1], gemeinsam mit einer zusätzlichen Kugel derselben Farbe zurückgelegt. Die Zufallsvariable Z_i mit Werten in $\{0, 1\}$ bezeichne die im i-ten Zug vorgefundene Farbe (0 für blau, 1 für weiß). Die Übergangswahrscheinlichkeiten sind

$$\mathbf{P}_{a_1 \ldots a_i}(Z_{i+1} = a_{i+1}) = \frac{1+k}{2+i} \quad (14.18)$$

mit $a_1, \ldots, a_i = 0, 1$ und

$$k = k(a_1, \ldots, a_{i+1}) := \#\{j : 1 \leq j \leq i, a_j = a_{i+1}\},$$

der Zahl der Kugeln in der Urne, die nach i Zügen die Farbe a_{i+1} haben. Die nach (14.17) berechneten Wahrscheinlichkeiten nehmen eine übersichtliche Gestalt an, z. B. ist für $(a_1, \ldots, a_8) = (1, 1, 0, 1, 0, 0, 1, 1)$

$$\mathbf{P}\big((Z_1, \ldots, Z_8) = (a_1, \ldots, a_8)\big) = \frac{1}{2}\frac{2}{3}\frac{1}{4}\frac{3}{5}\frac{2}{6}\frac{3}{7}\frac{4}{8}\frac{5}{9} = \frac{5!\,3!}{9!}.$$

Man erkennt das Schema: Für $0 \leq k \leq n$ hat jede 01-Zugfolge $(a_1, \ldots, a_n)$ mit $a_1 + \cdots + a_n = k$ dieselbe Wahrscheinlichkeit, nämlich

$$\mathbf{P}\big((Z_1, \ldots, Z_n) = (a_1, \ldots, a_n)\big) = \frac{k!(n-k)!}{(n+1)!} = \frac{1}{n+1}\binom{n}{k}^{-1}.$$

Es gibt $\binom{n}{k}$ derartige Zugfolgen. Also ist

$$\mathbf{P}(Z_1 + \cdots + Z_n = k) = \frac{1}{n+1}, \quad k = 0, \ldots, n.$$

Anders ausgedrückt: Die Anzahl der weißen Kugeln nach n Zügen ist uniform verteilt in $\{0, 1, \ldots, n\}$.

[1] George Pólya, 1887–1985, ungarisch-amerikanischer Mathematiker mit Beiträgen zu Kombinatorik, Zahlentheorie und Wahrscheinlichkeitstheorie.

Wir verallgemeinern auf die Situation einer *Pólya-Urne mit* r *Farben*: Wieder wird in jedem Zug die gezogene Kugel zusammen mit einer gleichfarbigen Kugel zurückgelegt; die Anfangsbesetzung sei $(1, \ldots, 1)$, also je eine Kugel von jeder Farbe. Die Zufallsvariable X_{jn} bezeichne die Anzahl der Neuzugänge der Farbe j in n Schritten. Sei $(k_1, \ldots, k_r) \in S_{n,r}$, d.h. $k_j \in \mathbb{N}_0$ mit $k_1 + \cdots + k_r = n$.

Man sieht wie im Fall $r = 2$: Alle möglichen Zugfolgen, die von $(1, \ldots, 1)$ zu $(1 + k_1, \ldots, 1 + k_r)$ führen, haben dieselbe Wahrscheinlichkeit, nämlich

$$\frac{k_1! \cdots k_r!}{r \cdot (r+1) \cdots (n+r-1)} = \frac{k_1! \cdots k_r!}{(n+r-1)!}(r-1)!\,.$$

Es gibt $\binom{n}{k_1,\ldots,k_r}$ solche Zugfolgen. Also ist

$$P(X_{1n} = k_1, \ldots, X_{rn} = k_r) = \frac{n!(r-1)!}{(n+r-1)!} = \frac{1}{\binom{n+r-1}{n}}\,,$$

d.h. $(X_{1n}, \ldots, X_{rn})$ ist uniform verteilt auf $S_{n,r}$. Die Pólya-Urne mit Anfangsbesetzung $(1, \ldots, 1)$ liefert also uniform verteilte Besetzungen!

n-stufige Experimente lassen sich in ihrem Ablauf mit *Bäumen* veranschaulichen, ganz genauso, wie wir das für 2-stufige Experimente gemacht haben. Solche Bäume haben eine Wurzel $*$ und Knoten k_i der Tiefe $i \geq 1$, die wir als $k_i = a_1 \ldots a_i$ schreiben, mit $a_1 \in S_1, \ldots, a_i \in S_i$. Alle Knoten k_1 der Tiefe 1 sind Nachfolger der Wurzel, und ein Knoten k_i der Tiefe $i \geq 1$ hat k_{i+1} als Nachfolger, falls $k_{i+1} = k_i a_{i+1}$ für ein geeignetes $a_{i+1} \in S_{i+1}$. Zwischen Knoten und ihren Nachfolgern befinden sich die *Kanten* des Baums. Sie erhalten wieder die Gewichte

$$g(*, k_1) := \rho(a_1)\,, \quad g(k_i, k_{i+1}) := P(a_1 \ldots a_i, a_{i+1})$$

mit $k_1 = a_1, k_i = a_1 \ldots a_i, k_{i+1} = a_1 \ldots a_{i+1}$. Die Knoten der Tiefe n haben keine Nachfolger. Solche Knoten heißen *Blätter*. Blätter stehen also für den Abbruch des Experiments. Die Wahrscheinlichkeit, in einem bestimmten Blatt zu enden, ergibt sich als Produkt der Kantengewichte entlang des Weges von der Wurzel zum Blatt.

Bäume eignen sich besonders zur Darstellung von mehrstufigen Experimenten, bei denen auch die Stufenzahl vom Zufall abhängt. Dann haben die Bäume Blätter unterschiedlicher Tiefen, und die Stufenzahl T ist gleich der zufälligen Tiefe des Blattes, in dem es schließlich zum Abbruch des Experiments kommt. Wir geben ein Beispiel mit $S_i = \{0, 1\}$ für $i = 1, 2, \ldots$ Dann spricht man von *vollen binären Bäumen*, d.h. jeder Knoten hat zwei Nachfolger oder (im Fall eines Blattes) keinen.

Beispiel

Simulation diskreter Verteilungen per Münzwurf. Wir betrachten volle Binärbäume mit Kantengewichten $1/2$. Ein solcher Baum beschreibt einen fairen Münzwurf, der zufällig abbricht. Für jedes Blatt b der Tiefe t endet das Experiment mit Wahrscheinlichkeit 2^{-t} in b. Wir nehmen an, dass die Blätter mit Elementen einer abzählbaren Menge S beschriftet sind. Hier ist eine Illustration mit $S = \{c, d, e\}$:

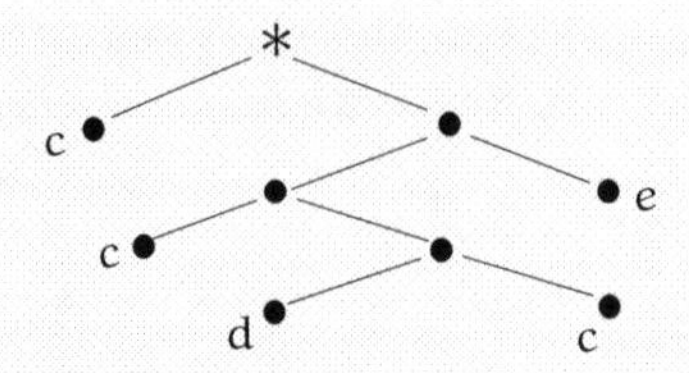

Es sei X das zufällige Blatt, in dem das Experiment endet, und $h(X)$ seine Beschriftung. Dann hat die Verteilung der S-wertigen Zufallsvariablen $Y = h(X)$ die Gewichte

$$\pi(c) = \frac{1}{2} + \frac{1}{8} + \frac{1}{16}, \ \pi(d) = \frac{1}{16}, \ \pi(e) = \frac{1}{4}.$$

Das Experiment erzeugt per Münzwurf eine Zufallsvariable Y mit Verteilung π.

Es zeigt sich: Jede Verteilung π auf einer abzählbaren Menge S lässt sich auf diese Weise simulieren. Die Illustration legt nahe, wie man vorzugehen hat: Man schreibe die Gewichte von π als Dualbruch,

$$\pi(b) = \sum_j 2^{-\ell(b,j)},$$

mit natürlichen Zahlen $1 \le \ell(b,1) < \ell(b,2) < \cdots$. Dann gilt

$$\sum_{b,j} 2^{-\ell(b,j)} = \sum_b \pi(b) = 1.$$

Nach der Ungleichung von Fano-Kraft, die wir in Abschnitt 23 beweisen werden, gibt es also einen vollen binären Baum, der für jedes Paar (b,j) ein Blatt der Tiefe $\ell(b,j)$ frei hält. Versieht man alle diese Blätter mit der Beschriftung b, dann endet der Münzwurf in einem mit b beschrifteten Blatt mit der Wahrscheinlichkeit

$$\sum_j 2^{-\ell(b,j)} = \pi(b).$$

In Abschnitt 24 werden wir die erwartete Anzahl von Würfen, die auf diese Weise zur Simulation der Verteilung π benötigt wird, abschätzen und in Beziehung setzen zur sogenannten Entropie einer Zufallsvariablen mit Verteilung π.

Aufgabe Das amerikanische Glücksspiel ‚Crabs' geht so: Es werden zwei Würfel geworfen, die Augensumme sei X. Tritt $\{X = 7 \text{ oder } 11\}$ ein, so gewinnt der Spieler, tritt $\{X = 2, 3 \text{ oder } 12\}$ ein, so verliert er. Andernfalls werden die beiden Würfel erneut geworfen, und zwar so oft, bis die erzielte Augensumme wieder gleich X, oder aber 7 ist. Im ersten Fall gewinnt der Spieler, im zweiten Fall verliert er. Wie groß ist seine Gewinnwahrscheinlichkeit?

15 Markovketten

Wir betrachten nun mehrstufige Zufallsexperimente, beschrieben durch eine Folge $X_0, X_1, \ldots$ von Zufallsvariablen mit ein und demselben abzählbaren Zielbereich S. (Anders als vorher beginnt jetzt die Zählung der Stufen mit Null.) S nennt man hier *Zustandsraum*, seine Elemente *Zustände*. Man spricht auch gern von einem *zufälligen Pfad* $X = (X_0, X_1, \ldots)$ durch S und fasst den Index von X_n als Zeitparameter auf.

Wir wollen Situationen betrachten, in denen bei jedem Schritt der zufällige Übergang nur vom aktuellen Zustand abhängt. Für den nächsten zufälligen Übergang soll es keine Rolle spielen, wie man den aktuellen Zustand erreicht hat und wieviel Schritte man bisher gemacht hat – man spricht von der *Markoveigenschaft* und der *zeitlichen Homogenität* der Dynamik. Anstelle der Größen $P(a_0 \ldots a_i, a_{i+1})$ wie im vorigen Abschnitt kommen wir also mit Übergangswahrscheinlichkeiten $P(a, b)$, $a, b \in S$, aus. Man fasst sie zu einer Matrix

$$P = \big(P(a, b)\big)_{a,b\in S}$$

zusammen, der *Übergangsmatrix*. Die Verteilung ρ von X_0 heißt *Startverteilung*. In Anbetracht der Multiplikationsregel (14.17) gelangen wir zu folgender Definition.

Definition

Markovkette. Eine (endliche oder unendliche) Folge $X_0, X_1, \ldots$ von Zufallsvariablen mit abzählbarem Zielbereich S heißt *Markovkette* mit *Zustandsraum* S, *Startverteilung* ρ und *Übergangsmatrix* P, falls

$$\mathbf{P}(X_0 = a_0, \ldots, X_n = a_n) = \rho(a_0)P(a_0, a_1) \cdots P(a_{n-1}, a_n)$$

mit $n = 0, 1, \ldots$ und $a_0, \ldots, a_n \in S$.

Wie sich zeigt, ist es die Übergangsmatrix, die in erster Linie die Eigenschaften einer Markovkette bestimmt, weniger dagegen die Startverteilung. Man betrachtet deswegen die Übergangsmatrix als fest und notiert die Startverteilung, falls nötig, als Subskript der Wahrscheinlichkeiten:

$$\mathbf{P}_\rho(X_0 = a_0, \ldots, X_n = a_n) = \rho(a_0)P(a_0, a_1) \cdots P(a_{n-1}, a_n)\,. \tag{15.1}$$

Wenn die Markovkette in einem festen $a \in S$ startet, d.h. $X_0 = a$ gilt, schreibt man statt $\mathbf{P}_\rho$ auch $\mathbf{P}_a$ und erhält

$$\mathbf{P}_a(X_1 = a_1, \ldots, X_n = a_n) = P(a, a_1) \cdots P(a_{n-1}, a_n)\,. \tag{15.2}$$

Beispiele

Der einfachste Fall einer Markovkette ist eine Folge von unabhängigen, identisch verteilten Zufallsvariablen. An diesen Fall denkt man aber weniger.

1. Muster beim Münzwurf. In einem fairen Münzwurf $(Z_0, Z_1, \ldots)$ mit den Ausgängen K und W gibt es 4 verschiedene Muster der Länge 2. Die Folge $X_n := Z_n Z_{n+1}$, $n = 0, 1, \ldots$, bildet dann eine Markovkette. Die möglichen Übergänge samt ihrer Wahrscheinlichkeiten sind im Graphen veranschaulicht. Seine Struktur spiegelt wieder, dass benachbarte Muster nicht unabhängig sind. Die Startverteilung ist die uniforme Verteilung.

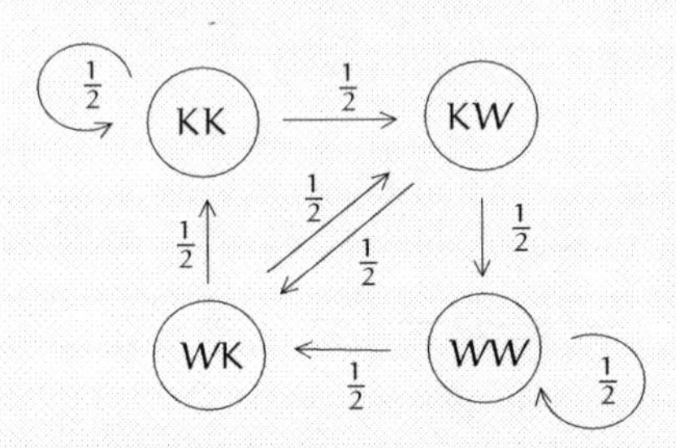

2. Zufällige Wanderung durch einen Baum. Die im vorigen Abschnitt beschriebene Darstellung eines mehrstufigen Experiments mittels eines Baumes kann man auch als Markovkette, als zufällige Wanderung von der Wurzel zur Krone betrachten. Die Zustände sind die Knoten und die Übergangswahrscheinlichkeiten die Kantengewichte,

$$P(k,l) := \begin{cases} g(k,l), & \text{falls } l \text{ Nachfolger von } k, \\ 0 & \text{sonst.} \end{cases}$$

Die Blätter werden zu *absorbierenden Zuständen*, sie werden nicht mehr verlassen.

3. Irrfahrt auf $\mathbb{Z}^d$. Sind $Z_1, Z_2, \ldots$ unabhängige Kopien einer $\mathbb{Z}^d$-wertigen Zufallsvariablen Z und ist $a \in \mathbb{Z}^d$, dann ist

$$X_0 = a\,, \quad X_n := a + Z_1 + \cdots + Z_n\,, \quad n = 1, 2, \ldots\,,$$

eine Markovkette mit Start in a und Übergangsmatrix

$$P(b,c) := \mathbf{P}(b + Z = c)\,, \quad b, c \in \mathbb{Z}^d\,.$$

Ist Z uniform verteilt auf den $2d$ Nachbarn des Ursprungs, dann sprechen wir von der *einfachen Irrfahrt* auf $\mathbb{Z}^d$.

4. Pólya-Urne. Wir schließen an das in Abschnitt 14 beschriebene Beispiel an und setzen

$$W_n := 1 + Z_1 + \cdots + Z_n\,, \quad B_n := n + 2 - W_n\,.$$

Damit bezeichnen W_n und B_n die Anzahl der nach n Schritten in der Urne befindlichen weißen bzw. blauen Kugeln. Es ist dann

$$X_n := (W_n, B_n)$$

eine Markovkette mit Zustandsraum $S = \mathbb{N}^2$, Startzustand $(1, 1)$ und Übergangswahrscheinlichkeiten

$$P((w, b), (w+1, b)) = \frac{w}{w+b}, \quad P((w, b), (w, b+1)) = \frac{b}{w+b}.$$

Nordostwanderung à la Pólya. Wir betrachten eine Markovkette auf $\mathbb{N}^2$ mit Übergangswahrscheinlichkeiten $P((k, \ell), (k+1, \ell)) = \frac{k}{k+\ell}$ (für einen Schritt nach Osten) und $P((k, \ell), (k, \ell+1)) = \frac{\ell}{k+\ell}$ (für einen Schritt nach Norden). Wie wahrscheinlich ist es, bei Start in $(1, 4)$ **Aufgabe**

(i) erst 3 Schritte nach Norden und dann 5 Schritte nach Osten zu machen,
(ii) erst 5 Schritte nach Osten und dann 3 Schritte nach Norden zu machen,
(iii) durch den Punkt $(6, 7)$ zu kommen ?

Komposition unabhängiger Abbildungen. Es seien $F_1, F_2, \ldots$ unabhängige Kopien einer zufälligen Abbildung F von S auf sich, und X_0 eine davon unabhängige S-wertige Zufallsvariable. Vergewissern Sie sich, dass **Aufgabe**

$$X_0, \quad X_1 := F_1(X_0), \ldots, \quad X_n := (F_n \circ F_{n-1} \circ \cdots \circ F_1)(X_0), \ldots$$

eine Markovkette mit Übergangswahrscheinlichkeiten $P(b, c) := \mathbf{P}(F(b) = c)$ ist.

Zufällige Ahnenlinien. Es sei m eine natürliche Zahl, und A sei eine rein zufällige Abbildung von $\{1, \ldots, m\}$ nach $\{1, \ldots, m\}$. Damit gleichbedeutend: $A(i), i = 1, \ldots, m$, sind unabhängig und uniform auf $\{1, \ldots, m\}$. Es seien $A_0, A_1, \ldots$ unabhängige Kopien von A. Dabei liegt die Intuition „rein zufälliger Ahnenlinien" zugrunde: Für $g = 0, 1, \ldots$ und das Individuum i aus der Generation $g + 1$ ist $A_g(i)$ dessen Mutter in Generation g. Für eine Teilmenge t von $\{1, \ldots, m\}$ und $n = 1, 2, \ldots$ setzen wir **Aufgabe**

$$\mathcal{X}_0 = t, \quad \mathcal{X}_n := A_{n-1}^{-1}(\mathcal{X}_{n-1}).$$

Stellen wir uns also $\mathcal{X}_0$ als Menge von Individuen aus der Generation 0 vor, dann ist $\mathcal{X}_n$ deren Nachkommenschaft in Generation n. Prüfen Sie nach, dass $\mathcal{X}_0, \mathcal{X}_1, \ldots$ eine Markovkette auf den Teilmengen von $\{1, \ldots, m\}$ ist mit Übergangsmatrix

$$P(t, u) := \left(\frac{\#t}{m}\right)^{\#u} \left(\frac{m - \#t}{m}\right)^{m-\#u}, \quad t, u \subset \{1, \ldots, m\}.$$

Prüfen Sie weiter nach, dass

$$X_n := \#\mathcal{X}_n$$

eine Markovkette auf $S := \{0, 1, \ldots, m\}$ ist mit Übergangsmatrix

$$P(a, b) := \binom{m}{b} \left(\frac{a}{m}\right)^b \left(1 - \frac{a}{m}\right)^{m-b}, \quad a, b \in S.$$

Diese sogenannte *Wright-Fisher-Dynamik* gibt eine idealisierte Beschreibung des Transports von Allel-Frequenzen über die Generationen.

Transport von Erwartungswerten

Zerlegung nach dem ersten Schritt. Aus (15.2) ergibt sich unmittelbar

$$\mathbf{P}_a(X_1 = a_1, \ldots, X_n = a_n) = P(a, a_1)\mathbf{P}_{a_1}(X_0 = a_1, \ldots, X_{n-1} = a_n) . \quad (15.3)$$

Summieren wir über $a_1, \ldots, a_{n-1}$ und schreiben b für a_1 und c für a_n, dann folgt

$$\mathbf{P}_a(X_n = c) = \sum_{b \in S} P(a, b)\, \mathbf{P}_b(X_{n-1} = c) . \quad (15.4)$$

Die Wahrscheinlichkeit, bei Start in a in n Schritten nach c zu kommen, wird hier nach dem ersten Schritt zerlegt: Erst macht man einen Schritt nach b gemäß der Einschritt-Verteilung $P(a, \cdot)$, dann geht man, neu startend von b, in $n-1$ Schritten nach c.

Sei nun h eine auf S definierte nichtnegative Funktion. Wir betrachten

$$u_n(a) := \mathbf{E}_a\big[h(X_n)\big] = \sum_{c \in S} h(c)\mathbf{P}_a(X_n = c) . \quad (15.5)$$

Man stelle sich etwa vor, dass wir nach n Schritten die zufällige Auszahlung $h(X_n)$ bekommen. Dann ist $u_n(a)$ die erwartete Auszahlung zur Zeit n bei Start in a. Durch Einsetzen von (15.4) bekommt man

$$\mathbf{E}_a\big[h(X_n)\big] = \sum_{b \in S} P(a, b)\, \mathbf{E}_b\big[h(X_{n-1})\big], \quad a \in S , \quad \text{bzw.}$$

$$u_n(a) = \sum_{b \in S} P(a, b)\, u_{n-1}(b), \quad a \in S . \quad (15.6)$$

Dies besagt, wie u_{n-1} in u_n transportiert wird: Die erwartete Auszahlung nach n Schritten ist das gewichtete Mittel der erwarteten Auszahlungen über den nach einem Schritt verbleibenden Zeithorizont von $n-1$ Schritten.

Denkt man an die Matrizenrechnung, so ist es natürlich, u_n als Spaltenvektor aufzufassen und (15.6) zusammen mit der *Anfangsbedingung* $\mathbf{E}_a[h(X_0)] = h(a)$ kompakt zu schreiben als

$$\begin{cases} u_n = P u_{n-1} , & n \geq 1 \\ u_0 = h . \end{cases} \quad (15.7)$$

Treffwahrscheinlichkeiten. Eine Zerlegung nach dem ersten Schritt wie in (15.4) ist hilfreich bei der Berechnung von Treffwahrscheinlichkeiten. Für $c \in C \subset S$ und $n \in \mathbb{N}_0$ betrachten wir die Ereignisse

$$E_n := \{\text{der zufällige Pfad } X \text{ trifft die Menge } C \text{ erstmals in } n \text{ Schritten, und zwar im Punkt } c\} ,$$

$$E_\infty := \{\text{der zufällige Pfad } X \text{ trifft die Menge } C \text{ niemals}\} .$$

Diese Ereignisse notiert man auch kompakt als

$$E_n = \{T_C = n,\, X_{T_C} = c\}\,, \quad E_\infty = \{T_C = \infty\}\,; \tag{15.8}$$

dabei bezeichnet $T_C = \min\{n : X_n \in C\}$ die *erste Treffzeit* der Menge C.

Ist $a \notin C$ und $n \geq 1$, so erhalten wir aus (15.3) durch Summation über $a_1 \in S$, $a_2, \ldots, a_{n-1} \notin C$ und mit $b := a_1, c := a_n$

$$\mathbf{P}_a(E_n) = \sum_{b \in S} P(a,b)\, \mathbf{P}_b(E_{n-1})\,. \tag{15.9}$$

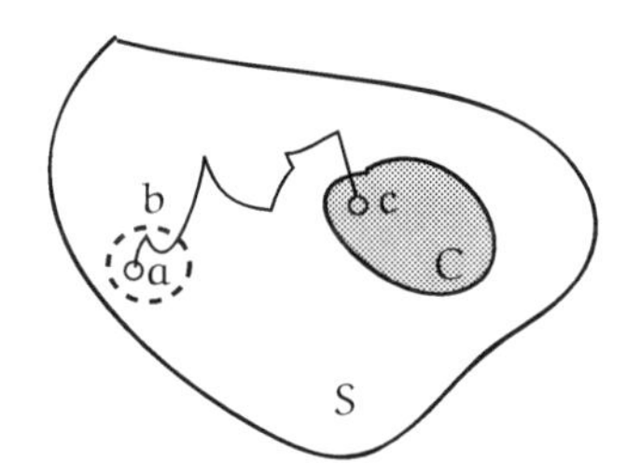

Analog erhält man

$$\mathbf{P}_a(E_\infty) = \sum_{b \in S} P(a,b)\, \mathbf{P}_b(E_\infty)\,. \tag{15.10}$$

Summiert man (15.9) über $n = 1, 2, \ldots$, dann ergibt sich mit

$$\begin{aligned} E :&= \{\,X \text{ trifft } C \text{ in endlicher Zeit, und zwar erstmals im Punkt } c\,\} \\ &= \{T_C < \infty,\, X_{T_C} = c\} \end{aligned}$$

für die Treffwahrscheinlichkeiten das Gleichungssystem

$$\mathbf{P}_a(E) = \sum_{b \in S} P(a,b)\, \mathbf{P}_b(E), \quad a \notin C\,. \tag{15.11}$$

Gilt hingegen $a \in C$, dann ist $T_C = 0, X_{T_C} = a$, und somit

$$\mathbf{P}_a(E) = \delta_{ac} := \begin{cases} 1 \text{ für } a = c\,, \\ 0 \text{ sonst}\,. \end{cases} \tag{15.12}$$

In der Sprache der Analysis bedeutet (15.11), dass die Abbildung $w : a \mapsto \mathbf{P}_a(E)$ auf der Menge $S \setminus C$ die *Mittelwerteigenschaft* mit den Gewichten $P(a,\cdot)$ erfüllt (man sagt dafür auch: w ist P-*harmonisch* auf dem Komplement der Menge C). Die Beziehung (15.12) stellt sich als *Randbedingung* für die Abbildung w dar.

Das Gleichungssystem

$$\sum_{b \in S} P(a,b) w(b) = w(a) \text{ für } a \in S \setminus C\,, \quad w(a) = \delta_{ac} \text{ für } a \in C$$

für w ist übrigens nicht immer eindeutig lösbar; man kann zeigen, dass die Wahrscheinlichkeiten $\mathbf{P}_a(T_C < \infty, X_{T_C} = c)$ seine kleinste nichtnegative Lösung ergeben.

Beispiel

Pascal contra Fermat. Wir betrachten eine einfache „Nordost-Irrfahrt" auf $\mathbb{N}_0 \times \mathbb{N}_0$: Vom Zustand (x, y) geht man in einem Schritt nach $(x+1, y)$ oder nach $(x, y+1)$, jeweils mit Wahrscheinlichkeit $1/2$. Man startet im Zustand $(2, 1)$ und wandert so lange, bis entweder die erste oder die zweite Komponente den Wert 4 erreicht. Dies ist der Fall, sobald man entweder die „Ostseite" $\{(4, 1), (4, 2), (4, 3)\}$ oder die „Nordseite" $\{(2, 4), (3, 4)\}$ des Rechtecks $\{2, 3, 4\} \times \{1, 2, 3, 4\}$ erreicht. Mit welcher Wahrscheinlichkeit erreicht man die Ostseite?

Dies ist eine moderne Fassung des folgenden historischen „Problems der Punkte":

„Zwei Spieler A und B vereinbaren ein Münzwurfspiel. Kommt Kopf, gewinnt A die Runde. Kommt Wappen, gewinnt B die Runde. Vor Beginn des Spieles setzen A und B gleich viel. Derjenige Spieler soll den gesamten Einsatz bekommen, der als erster insgesamt 4 Runden gewonnen hat. Nach drei Runden müssen sie ihr Spiel abbrechen. Zu diesem Zeitpunkt hat A zweimal gewonnen und B einmal. Wie ist der Einsatz gerecht aufzuteilen?"

Seit dem 15. Jahrhundert hatte es für dieses Problem immer wieder Lösungsversuche gegeben, ohne dass man dabei Wahrscheinlichkeiten in den Blick nahm. Angespornt durch die Fragen des Chevalier de Méré fanden Fermat und Pascal die Lösung. Sie deuteten das Problem als Frage nach einer Wahrscheinlichkeit und gaben 1654 für deren Berechnung gleich zwei Lösungswege. Dieses Jahr gilt heutzutage vielen als Geburtsjahr der Stochastik.

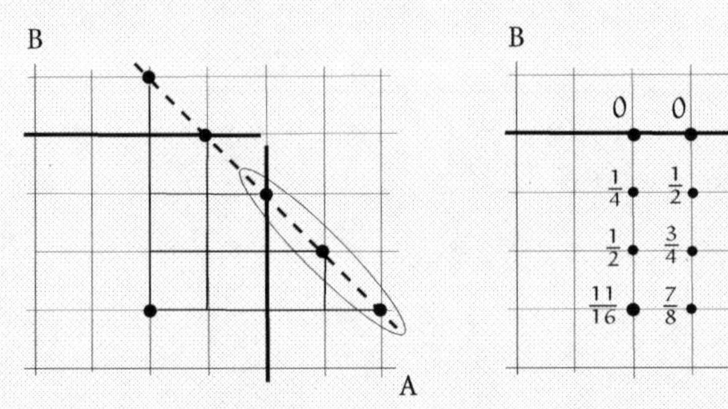

Fermat entwickelt eine „Vorwärtsstrategie": Er lässt die beiden Spieler in Gedanken 4 Runden weiterspielen. Dies hat den Vorteil, dass jeder der 16 Spielverläufe gleich wahrscheinlich ist. Spieler A gewinnt genau dann, wenn von diesen 4 Runden mindestens 2 an ihn gehen. (Im Bild der Nordost-Irrfahrt entspricht das denjenigen Pfaden der Länge 4, die in $(2, 1)$ starten und in $(6, 1)$, $(5, 2)$ oder $(4, 3)$ enden.) Aus der lexikografischen Auflistung der 16 Spielverläufe

AAAA	**ABAA**	**BAAA**	**BBAA**
AAAB	**ABAB**	**BAAB**	BBAB
AABA	**ABBA**	**BABA**	BBBA
AABB	ABBB	BABB	BBBB

sieht man durch Abzählen, dass 11 Verläufe für Spieler A günstig sind. Die gesuchte Wahrscheinlichkeit ist also $11/16$.

Pascal hatte die Idee, das Problem schrittweise vom Rand her gleich auch noch für andere potenzielle Startzustände zu lösen. Angenommen, der aktuelle Spielstand wäre $(3, 3)$. Dann wäre die Gewinnwahrscheinlichkeit für Spieler A offenbar $1/2$. Dann ist es aber auch ganz leicht, die Gewinnwahrscheinlichkeit für A aus dem Startzustand $(3, 2)$ zu berechnen. Sie ist $(1/2) \cdot 1 + (1/2) \cdot (1/2) = 3/4$. Durch Bilden des Mittels kann man das Rechteck schnell in Richtung Südwesten auffüllen und gelangt zu den in der Abbildung angegebenen Werten, mit der Lösung $11/16$ im Punkt $(2, 1)$.

Die von Pascal entdeckte Methode der „Rückwärtsinduktion" ist nichts anderes als eine rechnerische Umsetzung der Zerlegung nach dem ersten Schritt. Pascal war von seiner Entdeckung so begeistert, dass er an Fermat schrieb:

> *„Werter Herr,*
> *wie Sie bin ich gleichermaßen ungeduldig, und obwohl ich wieder krank im Bett liege, muß ich Ihnen einfach mitteilen, dass ich gestern abend Ihren Brief [...] mit der Lösung des ‚Problems der Punkte' bekommen habe, die ich mehr bewundere als ich sagen kann. Ihre Methode ist sehr sicher und ist die erste, die mir in dieser Forschung in den Sinn kam; aber weil die Mühe der Berechnung exzessiv ist, habe ich eine Abkürzung gefunden und in der Tat eine Methode, die viel schneller und klarer ist, als ich Ihnen hier in ein paar Worten sagen will, denn fürderhin will ich Ihnen mein Herz öffnen, wenn ich darf, weil ich so über die Maßen froh bin über unsere Übereinstimmung. Ich sehe, dass die Wahrheit dieselbe ist in Toulouse wie in Paris ..."*

Beispiel

Welches Muster kommt eher? Abel sagt zu Kain: Wir werfen eine Münze, so lange bis entweder das Muster KKK oder das Muster WKW erscheint. Im ersten Fall gewinnst du, im zweiten ich. Mit welcher Wahrscheinlichkeit gewinnt Kain?

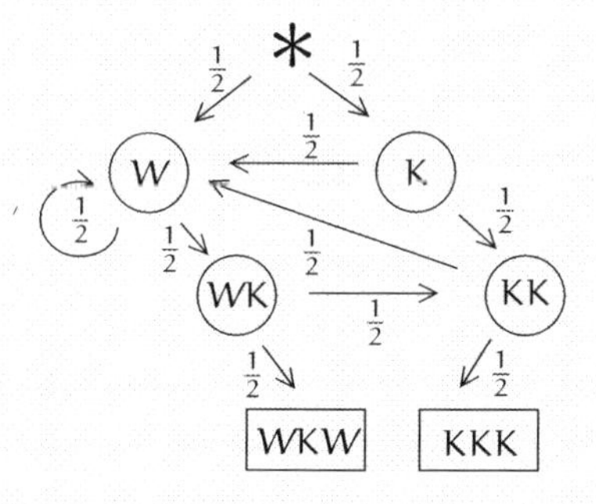

Sicher reicht es aus, sich die zwei letzten Würfe zu merken, aber das ist gar nicht nötig. Von den Zuständen KW und WW etwa sind die Zukunftschancen genauso wie vom Zustand W. Wir kommen, zusätzlich zum Startzustand $*$ und den beiden terminalen Zuständen KKK und WKW, mit vier Zuständen aus: K, W, KK, WK.

Beispiel Sei $w(a) := \mathbf{P}_a(\text{Kain gewinnt})$. Die Zerlegung nach dem ersten Schritt ergibt das Gleichungssystem

$$w(KK) = \frac{1}{2} + \frac{1}{2}w(W), \quad w(WK) = \frac{1}{2}w(KK)$$

$$w(K) = \frac{1}{2}w(KK) + \frac{1}{2}w(W), \quad w(W) = \frac{1}{2}w(WK) + \frac{1}{2}w(W),$$

mit der Lösung $w(W) = w(WK) = 1/3, w(KK) = 2/3, w(K) = 1/2$. Also ist die gefragte Gewinnwahrscheinlichkeit

$$w(*) = \frac{1}{2}w(W) + \frac{1}{2}w(K) = \frac{5}{12}.$$

Aufgabe Wir würfeln solange, bis entweder nacheinander 3 gleiche oder nacheinander 3 verschiedene Würfe gelingen. Dann ist die Wahrscheinlichkeit, dass der Fall gleicher Würfe zuerst eintritt, gleich $1/15$. Zeigen Sie dies (es reicht aus, 5 verschiedene Zustände zu betrachten).

Aufgabe **Runs.** In einem p-Münzwurf sei E das Ereignis, dass der erste Run der Länge k aus lauter Köpfen vor dem ersten Run der Länge l aus lauter Wappen eintritt. Dann gilt

$$\mathbf{P}(E) = \frac{qp^k/(1-p^k)}{qp^k/(1-p^k) + pq^l/(1-q^l)}.$$

Zum Beweis betrachten Sie fünf Zuständen $*, K, W, Ks, Ws$ (Start, Kopf, Wappen, Kopfserie, Wappenserie). Begründen Sie die Gleichungen

$$w(*) = pw(K) + qw(W), \quad w(K) = p^{k-1} + (1-p^{k-1})w(W), \quad w(W) = (1-q^{l-1})w(K).$$

Folgern Sie $w(*) = p^k + (1-p^k)w(W) = (1-q^l)w(K)$ und berechnen Sie $w(*)$.

Beispiel **Gewinn oder Ruin?** Eine einfache Irrfahrt auf $\mathbb{Z}$ starte im Punkt 3. Mit welcher Wahrscheinlichkeit erreicht sie den Punkt $c = 10$, bevor sie zum Nullpunkt kommt? Anders ausgedrückt: Mit welcher Wahrscheinlichkeit kann ein Glücksspieler vor seinem Bankrott ein Spielkapital von 10 Euro bei einem Startkapital von 3 Euro erzielen, wenn er an einem fairen Glücksspiel teilnimmt, in dem er pro Runde 1 Euro gewinnt oder verliert?

Mit $C := \{0, c\}$ lautet das System (15.11) samt Randbedingung

$$w(a) = \frac{1}{2}w(a-1) + \frac{1}{2}w(a+1), \quad a = 1, \ldots, c-1, \tag{15.13}$$

$$w(0) = 0, \quad w(c) = 1. \tag{15.14}$$

Die Bedingung (15.13) bedeutet, dass die $w(a)$ auf einer Geraden liegen, d.h. von der Form $w(a) = \beta a + \gamma$ sind. Die Randbedingungen (15.14) erzwingen $w(a) = a/c$. Die gesuchte Wahrscheinlichkeit ist also $3/10$.

Gewinn oder Ruin? In einer Irrfahrt auf $\mathbb{Z}$ mit Schrittweite 1 habe ein „Schritt nach oben" die Wahrscheinlichkeit 2/3. Wie wahrscheinlich ist es, bei Start in 1 den Zustand 0 vor dem Zustand 3 zu treffen? **Aufgabe**

Irrfahrt auf einem Baum. Wir betrachten eine gewöhnliche Irrfahrt X auf dem skizzierten Graphen. Bei dieser erfolgt der nächste Schritt jeweils zu einem rein zufällig ausgewählten Nachbarknoten. **Aufgabe**

(i) Es bezeichne $h(k)$ die Tiefe des Knotens k; z.B. ist $h(*) = 0$, $h(a) = 1$, $h(b_1) = 3$. Ist $h(X)$ eine Markovkette, und wenn ja, mit welcher Übergangsmatrix?

(ii) Wie wahrscheinlich ist es, bei Start im Knoten a, die Menge $\{b_1, \ldots, b_4\}$ der Blätter eher zu treffen als die Wurzel $*$?

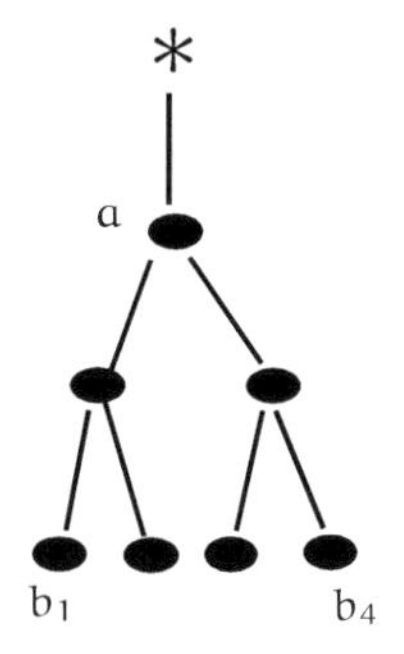

Kommt man je zurück? Mit welcher Wahrscheinlichkeit kehrt eine im Ursprung startende einfache Irrfahrt auf $\mathbb{Z}$ jemals zum Ursprung zurück? **Beispiel**

Sei $C := \{0\}$, wir schreiben T_0 anstelle von T_C. Es hat $a \mapsto \mathbf{P}_a(T_0 < \infty)$ die Mittelwerteigenschaft (15.13) für alle $a \neq 0$. Die einzigen beschränkten Funktionen, die das erfüllen, sind die konstanten. Wegen $\mathbf{P}_0(T_0 < \infty) = 1$ gilt somit auch $\mathbf{P}_{-1}(T_0 < \infty) = \mathbf{P}_1(T_0 < \infty) = 1$. Mit einer Zerlegung nach dem ersten Schritt folgt

$$\mathbf{P}_0(\text{Rückkehr in endlicher Zeit}) = \frac{1}{2}\mathbf{P}_{-1}(T_0 < \infty) + \frac{1}{2}\mathbf{P}_1(T_0 < \infty) = 1 .$$

Drei Spieler A,B,C spielen ein Turnier. Alle Spieler sind gleich stark. An jeder Partie nehmen 2 Spieler teil. A und B beginnen. Der Aussetzende spielt gegen den Gewinner der vorigen Partie. Das Turnier endet, wenn ein Spieler zwei Partien hintereinander gewinnt. Wie groß sind die Gewinnwahrscheinlichkeiten für A,B,C? **Aufgabe**
Hinweis: Betrachten Sie Zustände nC (C spielt nicht), C (C spielt) und CC (C spielt in diesem und dem vorigen Spiel) sowie G, V (C gewinnt, verliert).

Erwartete Treffzeiten. Sei C wieder eine Teilmenge des Zustandsraums S. Wir betrachten nun den Erwartungswert von $T_C = \min\{n : X_n \in C\}$. Dabei ist zu berücksichtigen, dass T_C den Wert ∞ annehmen kann und $\mathbf{P}_a(T_C = \infty) > 0$ nicht ausgeschlossen ist. Also:

$$\mathbf{E}_a[T_C] = \sum_{n=0}^{\infty} n\mathbf{P}_a(T_C = n) + \infty \cdot \mathbf{P}_a(T_C = \infty) .$$

Die Konvention ist $\infty \cdot 0 = 0, \infty \cdot x = \infty$ für $x > 0$. Wir leiten jetzt ein Gleichungssystem für die Zahlen $\mathbf{E}_a[T_C]$, $a \in S$, her.

Sei $a \notin C$. Die Gleichung (15.9) gilt jeweils für ein festes $c \in S$, vgl. (15.8). Summiert man (15.9) über $c \in C$, dann ergibt sich

$$\mathbf{P}_a(T_C = n) = \sum_{b \in S} P(a,b)\mathbf{P}_b(T_C = n-1), \quad n \geq 1 .$$

Nach (15.10) gilt die Gleichung auch für $n = \infty$. Daraus erhält man

$$\sum_{n \geq 0} (n+1)\mathbf{P}_a(T_C = n+1) = \sum_{b \in S} P(a,b) \sum_{n \geq 0} (n+1)\mathbf{P}_b(T_C = n)$$
$$= 1 + \sum_{b \in S} P(a,b) \sum_{n \geq 0} n\mathbf{P}_b(T_C = n) ,$$

dabei sei $n = \infty$ in die Summation eingeschlossen. Wir erhalten das Gleichungssystem

$$\mathbf{E}_a[T_C] = 1 + \sum_{b \in S} P(a,b)\mathbf{E}_b[T_C] \text{ für } a \notin C , \quad \mathbf{E}_a[T_C] = 0 \text{ für } a \in C . \qquad (15.15)$$

Beispiel

Erwartete Zeit bis zum ersten Erfolg. Hier ist noch eine Herleitung des Erwartungswertes der geometrischen Verteilung: Sei $S = \{n, e\}$, mit n für „noch keinen Erfolg“, und e für „endlich Erfolg“.

q n p e

Für die erwartete Treffzeit von e bei Start in n ergibt sich die Gleichung

$$\mathbf{E}_n[T_e] = 1 + q\mathbf{E}_n[T_e] + p\mathbf{E}_e[T_e] .$$

Wegen $\mathbf{E}_e[T_e] = 0$ hat sie die beiden Lösungen $1/p$ und ∞. Wie bei den Treffwahrscheinlichkeiten gibt auch hier die kleinste Lösung die Antwort.

Beispiel

Einfache Irrfahrt auf den ganzen Zahlen. Wie lange dauert es im Mittel, bis eine in 0 startende einfache Irrfahrt X auf $\mathbb{Z}$ den Punkt 1 erreicht? Es sei T_a die erste Treffzeit des Punktes a. Aus (15.15) folgt

$$\mathbf{E}_0[T_1] = 1 + \frac{1}{2}0 + \frac{1}{2}\mathbf{E}_{-1}[T_1] .$$

Man macht sich klar, dass für die einfache Irrfahrt auf $\mathbb{Z}$ gilt:

$$\mathbf{E}_{-1}[T_1] = \mathbf{E}_{-1}[T_0] + \mathbf{E}_0[T_1] = 2\mathbf{E}_0[T_1] .$$

Die erste Gleichheit folgt mit der Additivität des Erwartungswertes, die zweite aus der räumlichen Homogenität der Irrfahrt. Also ergibt sich die Gleichheit $\mathbf{E}_0[T_1] = 1 + \mathbf{E}_0[T_1]$, mit der Lösung $\mathbf{E}_0[T_1] = \infty$.

Runs. In einem p-Münzwurf gilt für die Anzahl der Würfe T_k, bis eine Serie der Länge k aus lauter Köpfen gelingt, **Aufgabe**

$$\mathbf{E}[T_k] = \frac{1}{qp^k} - \frac{1}{q}\,.$$

Zeigen Sie dies, indem Sie eine Markovkette mit Zuständen $0, 1, \ldots, k$ betrachten, zusammen mit den Gleichungen $e(i) = 1 + pe(i+1) + qe(0), i = 0, \ldots, k-1$. Multiplizieren Sie die Gleichungen mit p^i und summieren Sie über i. Was ergibt sich für $e(0)$?

Bei einem Würfel seien drei Seiten rot, zwei Seiten grün und eine Seite schwarz eingefärbt. Wie groß ist die erwartete Anzahl von Würfen, bis (i) die Farbe schwarz und (ii) alle drei Farben mindestens einmal gefallen sind? **Aufgabe**

Sei $X_0, X_1, \ldots$ eine einfache Irrfahrt auf $\mathbb{Z}$ mit Startpunkt 0. **Aufgabe**

(i) Zeigen Sie: Der Erwartungswert von $T := \min\{n : X_n = a \text{ oder } X_n = -b\}$, dem ersten Zeitpunkt, a oder $-b$ zu treffen, ist ab $(a, b \in \mathbb{N})$.

(ii) Berechnen Sie den Erwartungswert des Zeitpunkts N_k, zu dem die zufällige Menge $\{X_0, \ldots, X_N\}$ erstmalig k Elemente enthält.
Hinweis: Zeigen Sie mit (i), dass $\mathbf{E}[N_{k+1} - N_k] = k - 1$.

Transport von Verteilungen

Zerlegung nach dem letzten Schritt. Jetzt betrachten wir die Verteilungen

$$\pi_n(\cdot) := \mathbf{P}_\rho(X_n \in \cdot)\,, \qquad n = 0, 1, \ldots \tag{15.16}$$

Aus (15.1) ergibt sich

$$\mathbf{P}_\rho(X_0 = a_0, \ldots, X_n = a_n) = \mathbf{P}_\rho(X_0 = a_0, \ldots, X_{n-1} = a_{n-1})\, P(a_{n-1}, a_n)\,.$$

Summieren wir über $a_0, \ldots, a_{n-1}$ und schreiben b für a_{n-1} und c für a_n, dann erhalten wir als Gegenstück zu (15.4)

$$\mathbf{P}_\rho(X_n = c) = \sum_{b \in S} \mathbf{P}_\rho(X_{n-1} = b)\, P(b, c) \tag{15.17}$$

bzw.

$$\pi_n(c) = \sum_{b \in S} \pi_{n-1}(b)\, P(b, c)\,, \qquad c \in S\,. \tag{15.18}$$

Der Transport von π_{n-1} nach π_n erfolgt gemäß der Formel von der totalen Wahrscheinlichkeit (14.5). Wieder mit Blick auf die Matrizenrechnung fassen wir die Verteilungsgewichte $\pi_n(c)$ und $\rho(c)$ zu *Zeilenvektoren* zusammen, die wir wieder mit π_n und ρ bezeichnen. Dann lässt sich (15.18) zusammen mit der Startbedingung schreiben als

$$\begin{cases} \pi_n = \pi_{n-1} P\,, & n \geq 1\,, \\ \pi_0 = \rho\,. \end{cases} \tag{15.19}$$

Mehrschritt-Übergangswahrscheinlichkeiten. Setzen wir

$$P^n(a,c) := \mathbf{P}_a(X_n = c)\,, \quad n \geq 0\,,\ a,c \in S\,.$$

Die Zerlegungen nach dem ersten und dem letzten Schritt, (15.4) und (15.17), ergeben

$$P^n(a,c) = \sum_{b\in S} P(a,b)\,P^{n-1}(b,c) = \sum_{b\in S} P^{n-1}(a,b)\,P(b,c)\,.$$

P^n stellt sich damit als n*-te Matrixpotenz* der Übergangsmatrix P heraus, und es folgt allgemeiner

$$P^{m+n}(a,c) = \sum_{b\in S} P^m(a,b)\,P^n(b,c)\,.$$

Die Gleichungen (15.5) und (15.16) nehmen, in Vektor-Matrix-Form geschrieben, die Gestalt

$$u_n = P^n h\,, \quad \pi_n = \rho P^n$$

an, in Übereinstimmung mit (15.7) und (15.19).

Gleichgewichtsverteilungen

Eine Verteilung π auf S heißt *Gleichgewichtsverteilung* (oder *stationäre Verteilung*) zur Übergangsmatrix P, wenn eine der folgenden äquivalenten Bedingungen erfüllt ist:

$$\begin{aligned} \mathbf{P}_\pi(X_1 = b) &= \mathbf{P}_\pi(X_0 = b)\,, \quad b \in S\,, \\ \sum_{a\in S} \pi(a)P(a,b) &= \pi(b)\,, \quad b \in S\,. \end{aligned} \tag{15.20}$$

Die zweite Bedingung schreibt sich in Matrixnotation als

$$\pi P = \pi\,.$$

Es haben dann auch $X_2, X_3, \ldots$ die Verteilung π, in diesem Sinne befindet sich die Markovkette im Gleichgewicht.

Hinreichend dafür, dass π Gleichgewichtsverteilung zu P ist, ist die Bedingung

$$\mathbf{P}_\pi(X_0 = a, X_1 = b) = \mathbf{P}_\pi(X_0 = b, X_1 = a)\,, \quad a,b \in S\,. \tag{15.21}$$

Denn unter $\mathbf{P}_\pi$ sind dann die Paare (X_0, X_1) und (X_1, X_0) identisch verteilt, insbesondere ist X_0 so verteilt wie X_1. Gleichbedeutend mit (15.21) ist

$$\pi(a)P(a,b) = \pi(b)P(b,a)\,, \quad a,b \in S\,.$$

Dann heißt π *reversible Gleichgewichtsverteilung* zu P. Mit ihr ist die Markovkette sogar „lokal im Gleichgewicht", unter (15.20) nur „global".

Beispiel

Zyklische Irrfahrt. Sei $S = \{a, b, c\}$, $P(a, b) = P(b, c) = P(c, a) := p$, $P(b, a) = P(c, b) = P(a, c) := q = 1 - p$.

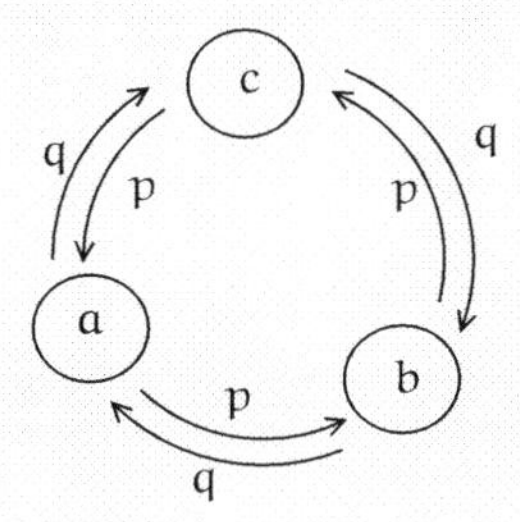

Dann ist $\pi(a) = \pi(b) = \pi(c) = 1/3$ Gleichgewichtsverteilung, denn $\frac{1}{3} = p\,\frac{1}{3} + q\,\frac{1}{3}$. Nur für $p = q = 1/2$ ist π reversibel, nur dann gilt $\frac{1}{3}p = \frac{1}{3}q$.

Aufgabe

Einfache Irrfahrt auf einem endlichen Graphen. Auf der endlichen Menge S sei eine Nachbarschaftsrelation gegeben. Zwei benachbarte $a, b \in S$ sind voneinander verschieden, und ist a Nachbar von b, so auch umgekehrt. Die Anzahl der Nachbarn von a sei $g(a) \geq 1$ für alle a. Die Markovkette mit Übergangsmatrix

$$P(a, b) = \begin{cases} 1/g(a) & \text{falls } b \text{ Nachbar von } a\,, \\ 0 & \text{sonst}\,, \end{cases}$$

ist eine zufällige Wanderung durch S, deren nächster Schritt stets zu einem rein zufällig ausgewählten Nachbarn des aktuellen Zustands führt. Prüfen Sie nach, dass

$$\pi(a) := \frac{1}{2k} g(a)\,, \quad a \in S$$

eine reversible Gleichgewichtsverteilung zu P ist, wobei k die Anzahl der Paare von Nachbarn ist.

Aufgabe

Zeitumkehr. Sei $X_0, \ldots, X_n$ Markovkette mit Übergangswahrscheinlichkeiten $P(a, b)$, startend in einer Gleichgewichtsverteilung π. Wir setzen $Y_0 := X_n, \ldots, Y_n := X_0$. Zeigen Sie: $Y_0, \ldots, Y_n$ ist Markovkette mit Übergangswahrscheinlichkeiten $Q(b, a) := \pi(a)P(a, b)/\pi(b)$ und $\pi Q = \pi$. Wann gilt $Q = P$?

Beispiel

Das Ehrenfest-Modell. Dieses Spielzeugmodell für die Fluktuationen in einem Gas stammt von Paul und Tatjana Ehrenfest (1905): d Teilchen sind verteilt auf einen linken und einen rechten Behälter. In jedem Schritt wechselt ein rein zufällig ausgewähltes Teilchen vom einen in den anderen Behälter. Dann ist die Anzahl X_n der Teilchen, die nach n Schritten im linken Behälter sind, eine Markovkette mit Zustandsraum $\{0, 1, \ldots, d\}$ und Übergangswahrscheinlichkeiten

$$P(l, l+1) = \frac{d-l}{d}\,, \quad P(l, l-1) = \frac{l}{d}\,.$$

Eine Gleichgewichtsverteilung π dieser Dynamik lässt sich leicht erraten: Es liegt nahe, dass sich im Gleichgewicht alle Teilchen unabhängig voneinander jeweils mit Wahrscheinlichkeit $1/2$ links oder rechts befinden. In der Tat bilden die Binomialgewichte

$$\pi(l) = \binom{d}{l} 2^{-d}$$

eine reversible Verteilung:

$$2^{-d}\binom{d}{l}\frac{d-l}{d} = 2^{-d}\binom{d}{l+1}\frac{l+1}{d}\,.$$

Beispiel

Irrfahrt auf einem d-dimensionalen Würfel. Weitere Einsicht in das Ehrenfest-Modell bietet ein *Feinmodell*: Wir stellen uns vor, dass die d Teilchen mit $1, \ldots, d$ durchnummeriert sind. Nun beschreibt die Zufallsvariable $Z_n = (Z_{1n}, \ldots, Z_{dn})$ mit Werten in $S = \{0,1\}^d$ den Zustand des Gases nach n Schritten. Dabei bezeichnen $\{Z_{in} = 1\}$ und $\{Z_{in} = 0\}$ die Ereignisse, dass sich das i-te Teilchen nach n Schritten im linken bzw. im rechten Behälter befindet. Der Zustandswechsel findet nach dem Ansatz der Ehrenfests statt, indem Z_{ni} für ein rein zufällig gewähltes i geändert wird (von 0 nach 1 oder von 1 nach 0) und die anderen Z_{jn} unverändert bleiben. Wir haben es also zu tun mit einer Markovkette auf S mit Übergangswahrscheinlichkeiten

$$P(a,b) = \begin{cases} 1/d\,, & \text{falls } |a-b| = 1\,, \\ 0 & \text{sonst}\,. \end{cases}$$

Die Elemente von $S = \{0,1\}^d$ lassen sich bekanntlich als Ecken eines d-dimensionalen Würfels auffassen, Kanten hat man zwischen zwei Ecken a, b, die sich in nur einer Komponente unterscheiden, für die also $|a-b| = 1$ ist. Bei unserem Feinmodell handelt es sich somit um eine Irrfahrt auf den Ecken eines Würfels entlang den Kanten.

Offenbar ist die uniforme Verteilung auf $S = \{0,1\}^d$ reversible Gleichgewichtsverteilung für die Irrfahrt. Mit dieser Startverteilung gilt

$$\mathbf{P}(Z_{1n} = a_1, \ldots, Z_{dn} = a_d) = 2^{-d}$$

für alle $a_i = 0, 1$ und $i = 1, \ldots, d$. Dann sind nach dem Satz über Produktgewichte $Z_{1n}, \ldots, Z_{dn}$ unabhängige Zufallsvariable, die 0 und 1 jeweils mit Wahrscheinlichkeit $1/2$ annehmen, und $Z_{1n} + \cdots + Z_{dn}$ ist binomialverteilt. Dies stellt den Zusammenhang zum vorigen Beispiel her.

16 Bedingte Verteilungen

In den vorigen Abschnitten haben wir die gemeinsame Verteilung von Zufallsvariablen aus einer Marginalverteilung und aus Übergangswahrscheinlichkeiten aufgebaut. Eine zentrale Feststellung ist: Man kann diese Vorgehensweise immer auch umkehren und von der gemeinsamen Verteilung ausgehen. Dazu benötigen wir folgende Definition, die zunächst den diskreten Fall behandelt.

Definition

Bedingte Verteilung. Sei X_1 eine diskrete Zufallsvariable mit Zielbereich S_1 und X_2 eine Zufallsvariable mit Zielbereich S_2. Dann ist die *bedingte Wahrscheinlichkeit von* $\{X_2 \in A_2\}$, *gegeben* $\{X_1 = a_1\}$ definiert als

$$\mathbf{P}(X_2 \in A_2 \mid X_1 = a_1) := \frac{\mathbf{P}(X_1 = a_1, X_2 \in A_2)}{\mathbf{P}(X_1 = a_1)} . \qquad (16.1)$$

Verschwindet $\mathbf{P}(X_1 = a_1)$, so setzen wir die rechte Seite gleich 0. Die Verteilung $\mathbf{P}(X_2 \in \cdot \mid X_1 = a_1)$ heißt die *bedingte Verteilung von* X_2, *gegeben* $\{X_1 = a_1\}$.

Bedingte Verteilungen haben alle Eigenschaften von gewöhnlichen Verteilungen, insbesondere gilt $\mathbf{P}(X_2 \in S_2 \mid X_1 = a_1) = 1$. Wir können deswegen bedingte Verteilungen benutzen, um mittels

$$\mathbf{P}_{a_1}(X_2 \in A_2) := \mathbf{P}(X_2 \in A_2 \mid X_1 = a_1)$$

Übergangswahrscheinlichkeiten einzuführen. Dann folgt aus (16.1)

$$\mathbf{P}(X_1 = a_1, X_2 \in A_2) = \mathbf{P}(X_1 = a_1)\, \mathbf{P}_{a_1}(X_2 \in A_2) ,$$

und dies ist gerade die Ausgangsgleichung (14.3) dieses Kapitels! Anders ausgedrückt: Bei der Untersuchung von zwei Zufallsvariablen X_1, X_2 kann man immer zu einer 2-stufigen Betrachtungsweise übergehen. Man kann dabei wählen, ob man X_1 in die erste Stufe aufnimmt oder in die zweite.

Aufgabe

Der Spieß umgedreht. Wir betrachten ein zweistufiges Experiment: erst eine zufällige Besetzung Z von 3 Plätzen (nennen wir sie a, b und c) mit 4 Individuen, dann die Beobachtung des Platzes Y eines rein zufällig gewählten Individuums. Dabei nehmen wir an, dass es nur zwei mögliche Besetzungen gibt, nämlich $z_1 := (1, 2, 1)$ und $z_2 := (3, 1, 0)$. Es gelte $\mathbf{P}(Z = z_1) = 1/3$ und $\mathbf{P}(Z = z_2) = 2/3$.

(i) Berechnen Sie erst die Gewichte der gemeinsamen Verteilung von Z und Y und dann die Gewichte der Verteilung von Y.

(ii) Jetzt drehen wir den Spieß um und wollen ein zweistufiges Experiment definieren, bei dem erst ein zufälliger Platz Y und dann eine zufällige Besetzung Z gewählt wird, mit derselben gemeinsamen Verteilung wie in (i). Finden Sie die passenden Übergangsverteilungen $Q(y, .), y \in \{a, b, c\}$.

Beispiel

Wie war der erste Schritt? Es seien Y und Z unabhängige $\mathbb{Z}$-wertige Zufallsvariable und $X_1 := Y$, $X_2 := Y + Z$. Wir haben gesehen: Die bedingte Verteilung von X_2, gegeben $\{X_1 = a\}$, ist die Verteilung von $a + Z$. Jetzt erkennen wir: Die bedingte Verteilung von X_1, gegeben $\{X_2 = b\}$, ist

$$\mathbf{P}(X_1 = a \,|\, X_2 = b) = \frac{\mathbf{P}(Y = a)\,\mathbf{P}(Z = b - a)}{\mathbf{P}(Y + Z = b)} \,. \tag{16.2}$$

Betrachten wir einen instruktiven Spezialfall: Y und Z seien unabhängig und Geom(p)-verteilt. Dann ergibt sich für den Zähler

$$\mathbf{P}(Y = a)\,\mathbf{P}(Z = b - a) = q^{a-1} p\, q^{(b-a)-1} p = p^2 q^{b-2} \,.$$

Hier hängt (16.2) nicht von a ab, und für die bedingte Verteilung kommt nur die uniforme auf $\{1, \dots, b-1\}$ in Frage. Das ist auch ohne Rechnung plausibel: Gegeben, dass in einem p-Münzwurf der zweite Erfolg beim b-ten Versuch kommt, ist der Zeitpunkt des ersten Erfolges uniform verteilt auf $\{1, \dots, b-1\}$.

Aufgabe

Poissonverteilung. Berechnen Sie den Ausdruck (16.2) im Fall, dass Y und Z Poissonverteilt sind.

Bedingte Dichten

Der Fall von Dichten ist analog. Ist $f(a_1, a_2)\, da_1\, da_2$ gemeinsame Dichte von X_1 und X_2 und $f_1(a_1)\, da_1$ Dichte von X_1, dann setzen wir

$$\mathbf{P}(X_2 \in da_2 \,|\, X_1 = a_1) := \frac{f(a_1, a_2)}{f_1(a_1)}\, da_2 \tag{16.3}$$

und sprechen von der *bedingten Dichte von* X_2*, gegeben* $\{X_1 = a_1\}$.

Beispiel

Exponentialverteilte Summanden. Die Zufallsvariablen Y und Z seien unabhängig und Exp(1)-verteilt. Was ist die bedingte Dichte von Y, gegeben das Ereignis $\{Y + Z = b\}$?

Die gemeinsame Dichte von Y und Y+Z ist $e^{-y} e^{-(b-y)}\, dy\, db = e^{-b}\, dy\, db$. Sie ist konstant in y, also wird die bedingte Verteilung von Y, gegeben $\{Z+Y = b\}$, uniform auf $[0, b]$ sein. In der Tat ergeben die Formeln (16.3), (14.13)

$$\mathbf{P}(Y \in dy \,|\, Y + Z = b) = \frac{1}{b}\, dy \,, \quad y \in [0, b] \,.$$

Mit Blick auf das vorige Beispiel erinnern wir an die Tatsache, dass die Exponentialverteilung der Skalierungslimes der geometrischen Verteilung ist (und zwar im Grenzwert kleiner Erfolgswahrscheinlichkeiten und hoch frequenter Versuche).

Münzwurf mit zufälliger Erfolgswahrscheinlichkeit. Wie im Beispiel auf Seite 92/93 sei $(Z_1, \ldots, Z_n)$ ein Münzwurf mit uniform verteiltem Parameter U, und $X_n := Z_1 + \cdots + Z_n$ die Anzahl der Erfolge. Wir fragen nach der bedingten Verteilung von U, gegeben $\{X_n = k\}$. Aus (14.14), (14.15) erhalten wir

Beispiel

$$\frac{\mathbf{P}(U \in du, X_n = k)}{\mathbf{P}(X_n = k)} = du \binom{n}{k} u^k (1-u)^{n-k} \Big/ \frac{1}{n+1} ,$$

also

$$\mathbf{P}(U \in du \mid X_n = k) = \frac{(n+1)!}{k!(n-k)!} u^k (1-u)^{n-k} \, du . \qquad (16.4)$$

Dies ist die Beta$(1+k,\ 1+n-k)$-Verteilung.

Wir decken nun mittels bedingter Verteilungen einen Zusammenhang auf zwischen zwei Modellen, die wir bisher getrennt behandelt haben.

Münzwurf mit zufälliger Erfolgswahrscheinlichkeit und Pólya-Urne. Wir betrachten einen Münzwurf $(Z_1, Z_2, \ldots)$ mit zufälliger, uniform verteilter Erfolgswahrscheinlichkeit. Was ist die bedingte Wahrscheinlichkeit von $\{Z_{i+1} = a_{i+1}\}$, gegeben $\{Z_1 = a_1, \ldots, Z_i = a_i\}$? Wir betrachten den Fall $a_{i+1} = 1$, der andere ist analog.

Beispiel

In diesem Modell sind $Z_1, \ldots, Z_i, Z_{i+1}$ offenbar austauschbar verteilt, daher hängt die bedingte Verteilung nur von der Anzahl k aller $1 \le j \le i$ mit $a_j = 1$ ab, nicht von ihrer Reihenfolge. Es langt daher, den Fall $(a_1, \ldots, a_i) = (1, \ldots, 1, 0, \ldots, 0)$ mit k Einsen und danach $i - k$ Nullen zu betrachten. Damit ergibt sich

$$\begin{aligned} &\mathbf{P}\big(Z_{i+1} = 1 \mid (Z_1, \ldots, Z_i) = (a_1, \ldots, a_i)\big) \\ &= \frac{\mathbf{P}((Z_1, \ldots, Z_i) = (1, \ldots, 1, 0, \ldots, 0), Z_{i+1} = 1)}{\mathbf{P}((Z_1, \ldots, Z_i) = (1, \ldots, 1, 0, \ldots, 0))} . \end{aligned} \qquad (16.5)$$

Zur Berechnung ist die Darstellung (14.16) des Münzwurfs durch unabhängige, uniform verteilte Zufallsvariable $U, U_1, U_2, \ldots$ nützlich. Damit gilt $\{Z_j = 1\} = \{U < U_j\}$, und der Nenner in (16.5) wird zu

$$\mathbf{P}(U_1 < U, \ldots, U_k < U, U_{k+1} \ge U, \ldots, U_i \ge U) = \frac{k!(i-k)!}{(i+1)!} ,$$

Um die letzte Gleichung einzusehen, mache man sich klar: Von den $(i+1)!$ möglichen Rangfolgen von $U, U_1, \ldots, U_i$ gibt es $k!(i-k)!$, bei denen $U_1, \ldots, U_k$ vor U und $U_{k+1}, \ldots, U_i$ nach U kommen, alle sind von gleicher Wahrscheinlichkeit.

Ganz genauso sieht man ein, dass der Zähler von (16.5) gleich $\frac{(k+1)!(i-k)!}{(i+2)!}$ ist. Insgesamt ergibt sich also

$$\mathbf{P}\big(Z_{i+1} = 1 \,|\, (Z_1, \ldots, Z_i) = (a_1, \ldots, a_i)\big) = \frac{k+1}{i+2} \,.$$

Dies ist ein bemerkenswerter Sachverhalt: Ein Vergleich mit (14.18) zeigt, dass $Z_1, Z_2, \ldots$ dieselben Übergangswahrscheinlichkeiten hat wie eine Pólya-Folge mit anfänglich einer weißen und einer blauen Kugel in der Urne. Auch gilt wie bei der Pólya-Folge $\mathbf{P}(Z_1 = 0) = \mathbf{P}(Z_1 = 1) = 1/2$. Also ist der Münzwurf $(Z_1, Z_2, \ldots)$ mit uniform verteiltem Erfolgsparameter genau so verteilt wie eine Pólya-Folge! Beide Modelle, so verschieden sie angelegt sind, unterscheiden sich nicht in ihren stochastischen Eigenschaften. Man kann sie vom einen Modell auf das andere übertragen.

Aus dieser Erkenntnis ziehen wir eine interessante Folgerung für das Grenzverhalten des relativen Anteils der weißen Kugeln, W_n/n, in einer Pólya-Urne. W_n/n ist so verteilt wie $(1 + Z_1 + \cdots + Z_n)/n$ für einen Münzwurf $(Z_1, Z_2, \ldots)$ mit uniform verteiltem Erfolgsparameter. Nach dem Starken Gesetz der Großen Zahlen (11.3) gilt $\mathbf{P}_u\big((Z_1 + \cdots + Z_n)/n \to u\big) = 1$ für $u \in [0, 1]$ und somit nach der Formel von der totalen Wahrscheinlichkeit $\mathbf{P}\big((Z_1 + \cdots + Z_n)/n \to U\big) = 1$. Damit gilt auch für die Pólya-Folge

$$\mathbf{P}\Big(\frac{W_n}{n} \to U\Big) = 1$$

für eine uniform auf $[0, 1]$ verteilte Zufallsvariable U: Die relative Häufigkeit der weißen Kugeln stabilisiert sich mit wachsendem n, wobei ihr asymptotischer Wert U zufällig bleibt. In U spiegelt sich das anfängliche zufällige Geschehen beim Ziehen der Kugeln wieder; man könnte sagen, die Pólya-Urne hat unendliches Gedächtnis.

Man kann nun alle Regeln, die wir für zweistufige Experimente kennengelernt haben, auf das Rechnen mit bedingten Verteilungen übertragen. Für die *Formel für die totale Wahrscheinlichkeit* erhalten wir im diskreten Fall

$$\mathbf{P}(X_2 \in A_2) = \sum_{a_1 \in S_1} \mathbf{P}\big(X_2 \in A_2 \,|\, X_1 = a_1\big)\mathbf{P}(X_1 = a_1) \,.$$

Der *bedingte Erwartungswert von* $h(X_1, X_2)$, *gegeben* $\{X_1 = a_1\}$ ist

$$\mathbf{E}\big[h(X_1, X_2) \,|\, X_1 = a_1\big] := \sum_{a_2 \in S_2} h(a_1, a_2)\mathbf{P}\big(X_2 = a_2 \,|\, X_1 = a_1\big)$$

und die *bedingte Erwartung von* $h(X_1, X_2)$, *gegeben* X_1 ist

$$\mathbf{E}\big[h(X_1, X_2) \,|\, X_1\big] := e(X_1) \,, \quad \text{mit } e(a_1) := \mathbf{E}\big[h(X_1, X_2) \,|\, X_1 = a_1\big] \,. \tag{16.6}$$

Zufällige Permutationen. Sei Y die Anzahl der Zyklen in einer rein zufälligen Permutation der Zahlen $1, 2, \dots, n$. Um ihren Erwartungswert e_n zu berechnen, betrachten wir auch die Länge X des Zyklus, der die 1 enthält. Gewinnen Sie aus

Aufgabe

$$\mathbf{E}[Y] = \sum_{a=1}^{n} \mathbf{E}[Y \mid X = a] \cdot \mathbf{P}(X = a)$$

und (2.3) eine Rekursionsformel für e_n. Werten Sie sie aus (z.B. indem Sie den Ausdruck $ne_n - (n-1)e_{n-1}$ betrachten). Das Resultat ist $e_n = 1 + 1/2 + \cdots + 1/n$.

17 Bedingte Wahrscheinlichkeiten und ihre Deutung

Der Begriff der bedingten Wahrscheinlichkeit ist fundamental, seine Deutung bereitet manchmal Schwierigkeiten. Jetzt sind wir dafür gerüstet.

Bedingte Wahrscheinlichkeit. Seien E_1, E_2 Ereignisse. Dann ist die *bedingte Wahrscheinlichkeit von E_2, gegeben E_1*, definiert als

Definition

$$\mathbf{P}(E_2 \mid E_1) := \frac{\mathbf{P}(E_2 \cap E_1)}{\mathbf{P}(E_1)} .$$

Im Fall, dass der Nenner verschwindet, setzen wir den Ausdruck gleich 0.

Der Zusammenhang mit dem bisher Gesagten ergibt sich, indem wir Ereignisse mit ihren Indikatorvariablen ausdrücken: $E = \{I_E = 1\}$ und

$$\mathbf{P}(E_2 \mid E_1) = \mathbf{P}(I_{E_2} = 1 \mid I_{E_1} = 1) .$$

Weiter haben wir gesehen, dass man die zwei Zufallsvariablen I_{E_1}, I_{E_2} nacheinander (in zwei Stufen) generiert denken darf. Die bedingte Verteilung von I_{E_2}, gegeben I_{E_1}, ist also anzusehen als die Verteilung von I_{E_2}, wenn man schon weiß, welchen Wert I_{E_1} angenommen hat.

Dementsprechend ist also $\mathbf{P}(E_2 \mid E_1)$ zu interpretieren als *die Wahrscheinlichkeit von E_2, wenn man schon weiß, dass E_1 eingetreten ist.* So klar diese Interpretation ist, so unklar ist manchmal das Verständnis für bedingte Wahrscheinlichkeiten, wie die folgende Begebenheit zeigt.

Eine schwerwiegende Fehleinschätzung. Indizienbeweise vor Gericht argumentieren mit Plausibilitäten, und das kann dann auch bedeuten, mit (bedingten) Wahrscheinlichkeiten. So machte die Verteidigung in einem aufsehenerregenden Mordprozess in den USA geltend: Wohl wurde die Ehefrau ermordet. Aber die Wahrscheinlichkeit, dass eine Frau ermordet wird, gegeben sie wurde misshandelt, ist verschwindend gering. Deswegen sei der Sachverhalt, dass der Tatverdächtige seine Frau misshandelt hat, kein Indiz dafür, dass er sie ermordet hat. – Überzeugt Sie das Argument? Bzgl. welchen Ereignisses müsste man hier bedingen? (Damals wurden von 100.000 Frauen, die von ihrem Partner misshandelt wurden, 45 ermordet. In 40 Fällen war der Partner der Täter.)

Aufgabe

Beispiel

Gedächtnislosigkeit der geometrischen Verteilung. Für zufällige Wartezeiten, Lebensdauern u.ä. benutzt man gern die geometrische Verteilung. Um dies zu verstehen, berechnen wir für eine geometrisch verteilte Zufallsvariable T zum Parameter p die bedingte Wahrscheinlichkeit von $\{T = k + l\}$, gegeben $\{T > k\}$, mit ganzzahligen $k \geq 0$ und $l \geq 1$. Es gilt $\mathbf{P}(T = k+l, T > k) = \mathbf{P}(T = k+l) = pq^{k+l-1}$ und $\mathbf{P}(T > k) = q^k$, und folglich

$$\mathbf{P}(T = k + l \mid T > k) = pq^{l-1} \,.$$

Diese bedingte Verteilung ist wieder geometrisch, insbesondere ist sie von k unabhängig. Die Kenntnis, dass T einen Wert größer als k annimmt, ändert also die Verteilung für die Restlebensdauer nicht: Es findet keine Alterung statt. Es ist nicht verwunderlich, dass eine solche Annahme für mathematische Untersuchungen besonders handlich ist, doch wird sie im Anwendungsfall manchmal fragwürdig sein.

Aufgabe

Gedächtnislosigkeit der Exponentialverteilung. Zeigen Sie: Für exponentialverteiltes T zum Parameter λ gilt für $r, s > 0$

$$\mathbf{P}(T > r + s \mid T > r) = e^{-\lambda s} \,.$$

Wir wissen: Die gemeinsame Verteilung von zwei Zufallsvariablen X_1, X_2 ist bestimmt durch die Verteilung von X_1 zusammen mit der bedingten Verteilung von X_2, gegeben X_1. Man kann dabei die Rollen von X_1 und X_2 vertauschen, folglich ist auch die bedingte Verteilung von X_1, gegeben X_2, bestimmt durch die Verteilung von X_1 zusammen mit der bedingten Verteilung von X_2, gegeben X_1. Die Formel, die die Umrechnung leistet, ist

$$\mathbf{P}(X_1 = a_1 \mid X_2 = a_2) = \frac{\mathbf{P}(X_2 = a_2 \mid X_1 = a_1)\mathbf{P}(X_1 = a_1)}{\mathbf{P}(X_2 = a_2)} \,.$$

Wendet man auf den Nenner die Formel von der totalen Wahrscheinlichkeit an, so erhalten wir die *Formel von Bayes*[1]:

$$\mathbf{P}(X_1 = a_1 \mid X_2 = a_2) = \frac{\mathbf{P}(X_2 = a_2 \mid X_1 = a_1)\mathbf{P}(X_1 = a_1)}{\sum_{b \in S_1} \mathbf{P}(X_2 = a_2 \mid X_1 = b)\mathbf{P}(X_1 = b)} \,.$$

Eine analoge Formel für Ereignisse E, E' lautet

$$\mathbf{P}(E \mid E') = \frac{\mathbf{P}(E' \mid E)\mathbf{P}(E)}{\mathbf{P}(E' \mid E)\mathbf{P}(E) + \mathbf{P}(E' \mid E^c)\mathbf{P}(E^c)} \,.$$

Die Formel hat wichtige Anwendungen.

[1] Thomas Bayes, 1702–1761, englischer Mathematiker. Dass die Formel nach Bayes benannt ist, hat folgenden Grund: Bayes fand die Formel (16.4), als Lösung eines von de Moivre gestellten Problems über „inverse Wahrscheinlichkeiten", und zwar – in heutiger Gestalt – als $\mathbf{P}(c \leq U \leq d \mid X_n = k) = \int_c^d u^k(1-u)^{n-k}\,du / \int_0^1 u^k(1-u)^{n-k}\,du$. Diese Gleichung ist von derselben Struktur wie die zur Diskussion stehende Formel.

Beispiel

Reihenuntersuchungen. Bei Reihenuntersuchungen (Screenings) werden nicht nur kranke Personen entdeckt, sondern manchmal auch gesunde Personen positiv getestet und damit als krank eingestuft. Betroffenen mit positivem Testbefund kann man nur raten, die Ruhe zu bewahren und sich erst einmal gründlich untersuchen zu lassen.

Betrachten wir einen typischen Fall und nehmen wir an: Eine kranke Person wird in 90% der Fälle positiv getestet, eine gesunde Person in 7%. Wie groß ist die Wahrscheinlichkeit, dass eine positiv getestete Person wirklich krank ist? Bezeichne E das Ereignis, dass die Person krank ist, und E' dasjenige, dass der Test positiv ausfällt. Gegeben sind also die bedingten Wahrscheinlichkeiten $\mathbf{P}(E' \mid E) = 0.9$, $\mathbf{P}(E' \mid E^c) = 0.07$, gefragt ist nach der bedingten Wahrscheinlichkeit $\mathbf{P}(E \mid E')$.

Um die Formel von Bayes anwenden zu können, benötigt man noch die (unbedingte) Wahrscheinlichkeit von E. Da es sich um eine Reihenuntersuchung handelt, betrachten wir die Testperson als rein zufälliges Element der Population. In unserem Beispiel sei der Prozentsatz der kranken Personen 0.8%, wir setzen also $\mathbf{P}(E) = 0.008$.

Eingesetzt in die Formel von Bayes erhalten wir $\mathbf{P}(E \mid E') = 0.091$. Die Wahrscheinlichkeit, bei positivem Testbefund wirklich krank zu sein, liegt also bei 9%! Wir sehen: Bei einem positiven Testresultat kann die Chance viel größer sein, einer von den vielen Gesunden zu sein, bei dem der Test einmal nicht richtig funktioniert, als einer der wenigen Kranken.

Aufgabe

Ein Lügendetektor überführe Lügner in 90% aller Fälle, denunziere aber in 10% auch Nichtlügner. Aus Erfahrung weiß man, dass 10% aller Testpersonen lügen. Wie groß ist dann die Wahrscheinlichkeit, (i) dass eine Person wirklich lügt und (ii) dass eine Person die Wahrheit sagt, falls dies vom Detektor angezeigt wird?

Aufgabe

Liierte Ereignisse. E_1 und E_2 seien zwei Ereignisse mit $\mathbf{P}(E_1 \cap E_2) > 0$. Zeigen Sie die Äquivalenz der folgenden Aussagen:

(i) Die Indikatorvariablen I_{E_1} und I_{E_2} sind positiv korreliert.
(ii) $\mathbf{P}(E_2|E_1) > \mathbf{P}(E_2)$
(iii) $\mathbf{P}(E_1|E_2) > \mathbf{P}(E_1)$

Aufgabe

Kaum zu glauben ... In zwei verschlossenen Schachteln liegen jeweils m bzw. n Euro, wobei man von m und n erst einmal nur weiß, dass es zwei verschiedene natürliche Zahlen sind. Lea behauptet: „Ich kenne eine Methode, mit der ich nach Öffnen einer rein zufällig ausgewählten Schachtel, ohne Öffnen der anderen Schachtel, mit Wahrscheinlichkeit $> 1/2$ richtig entscheide, ob das die Schachtel mit dem kleineren Betrag ist." Lea wird konkreter. „Sagen wir, in der geöffneten Schachtel sind X Euro. Ich werfe eine faire Münze so oft, bis zum ersten Mal Kopf kommt und wähle V als die Anzahl meiner Würfe. Ist $V > X$, dann sage ich, dass in der gewählten Schachtel der kleinere Betrag ist." Hat Lea recht?
Ein Tipp: Sei $k := \min(m, n)$. Zeigen Sie, dass die beiden Ereignisse $E_1 := \{X = k\}$ und $E_2 := \{V > X\}$ die Bedingung (ii) aus der vorigen Aufgabe erfüllen.

Das folgende Beispiel hat zu hitzigen Diskussionen und mannigfaltigen Missverständnissen geführt.

Beispiel

Das Ziegenproblem (Monty Halls Dilemma). I (Ingrid) nimmt an einer Spielshow teil, bei der sie die Wahl zwischen drei Türen mit den Nummern $1, 2, 3$ hat. Hinter einer steht ein Auto, der Gewinn, hinter den anderen Ziegen, die Nieten. I wählt eine Tür aus, etwa Tür 2. Der Quizmaster, nennen wir ihn J, weiß, was sich dahinter verbirgt. Er öffnet eine weitere Tür, etwa Tür 3, hinter der eine Ziege zum Vorschein kommt, und fragt I: „Möchten Sie sich nicht doch lieber für Tür 1 entscheiden?" Wäre es für I von Vorteil, die Wahl der Tür zu ändern?

An zwei Antworten hat sich die Diskussion entfacht. Die erste lautet: „Wenn I an ihrer Entscheidung festhält, dann bleibt ihre Gewinnwahrscheinlichkeit gleich $1/3$, sie soll also besser wechseln." Die zweite sagt: „Diese Wahrscheinlichkeit vergrößert sich auf $1/2$, nachdem nun nur noch zwei Türen in Frage kommen. I kann wechseln, braucht das aber nicht."

Zur Klärung ist zunächst einmal zu beachten, dass es sich hier um eine bedingte Wahrscheinlichkeit handelt: die Wahrscheinlichkeit w, dass I richtig getippt hat, *gegeben* die Beobachtungen, die sie anschließend machen konnte. Die Frage ist, ob diese Beobachtungen für I informativ sind in dem Sinne, dass dadurch w einen anderen Wert bekommt als $1/3$, I's ursprüngliche Gewinnwahrscheinlichkeit. Die eine Antwort behauptet also, dass J durch sein Türöffnen keine Information preisgibt, die andere, dass dies sehr wohl der Fall ist.

Beide Antworten sind nicht von vornherein von der Hand zu weisen. Die Verwirrung, die die Aufgabe gestiftet hat, erklärt sich daraus, dass unklar bleibt, nach welcher Strategie der Quizmaster eigentlich vorgeht. Verschiedene Szenarien sind denkbar: J könnte sich erlauben, auch einmal die von I gewählte Tür zu öffnen, oder auch die Tür, hinter der das Auto steht. Im letzteren Fall ist das Spiel sofort zu Ende, andernfalls darf sich I noch einmal umentscheiden, muss es aber nicht. Die Angelegenheit erscheint unübersichtlich: Kann I aus ihren Beobachtungen relevante Information schöpfen?

Es gilt also zu klären, wie w von J's Strategie abhängt. Dazu gibt es eine übersichtliche, unter minimalen Annahmen gültige Antwort. Wir betrachten drei Zufallsvariable X, Y, Z mit Werten in $\{1, 2, 3\}$. X gibt an, hinter welcher Tür das Auto steht, Y, welche Tür I ausgewählt hat, und Z, welche Tür dann von J geöffnet wird. Um verschiedene Szenarien im Blick zu behalten, legen wir ihre gemeinsame Verteilung erst einmal nicht im einzelnen fest. Wir machen nur zwei unstrittige, das Vorgehen des Quizmasters gar nicht betreffende Annahmen: X ist uniform auf $\{1, 2, 3\}$ verteilt und X, Y sind unabhängige Zufallsvariable.

Es kommt hier darauf an genau festzustellen, wie am Ende der Informationsstand von I und von J ist. I kennt die Werte von Y und Z und sie sieht, nachdem J seine Tür geöffnet hat, ob X und Z übereinstimmen. Falls $\{Z = X\}$ eintritt, erblickt sie das Auto, und sie kann ihre Entscheidung nicht mehr verändern. Unsere Aufgabe betrifft also nur den Fall, dass eines der Ereignisse $\{X \neq c, Y = b, Z = c\}$ eintritt, mit $b, c \in \{1, 2, 3\}$. Als geschulte Stochastikerin macht dann I ihre Entscheidung von der bedingten Wahrscheinlichkeit

$$w_{bc} := \mathbf{P}(X = b \mid X \neq c, Y = b, Z = c)$$

abhängig. Auf der Grundlage der Information, die sie bekommen hat, ist dies die Wahrscheinlichkeit, dass sie mit ihrem ersten Tipp richtig liegt. Ist w_{bc} größer als $1/2$, so wird I ihre Tür nicht wechseln.

J hat einen anderen Informationsstand, er kennt den Wert von Y und, im Gegensatz zu I, auch den Wert von X. Die von ihm verfolgte Strategie ist durch die bedingten Wahrscheinlichkeiten

$$P(ab, c) := \mathbf{P}(Z = c \mid Y = b, X = a)$$

gegeben, er kann sie nach Belieben festlegen.

Diese verschiedenen bedingten Wahrscheinlichkeiten lassen sich ineinander umrechnen. Entsprechend der Formel von Bayes gilt

$$\begin{aligned} &\mathbf{P}(X = b \mid X \neq c, Y = b, Z = c) \\ &\quad = \frac{\mathbf{P}(X \neq c, Z = c \mid Y = b, X = b)\mathbf{P}(Y = b, X = b)}{\sum_{a=1}^{3} \mathbf{P}(X \neq c, Z = c \mid Y = b, X = a)\mathbf{P}(Y = b, X = a)} \, . \end{aligned}$$

Nach Annahme gilt $\mathbf{P}(Y = b, X = a) = \mathbf{P}(Y = b)/3$, $a = 1, 2, 3$, so dass sich die unbedingten Wahrscheinlichkeiten wegkürzen. Weiter ist die bedingte Wahrscheinlichkeit $\mathbf{P}(X \neq c, Z = c \mid Y = b, X = a)$ gleich $P(ab, c)$ oder gleich 0, je nachdem ob $a \neq c$ oder $a = c$. Damit gelangen wir zu den übersichtlichen Formeln

$$w_{bc} = \frac{P(bb, c)}{P(db, c) + P(bb, c)} \, , \text{ falls } b \neq c \, ,$$

wobei d die dritte verbleibende Tür, verschieden von b und c, bezeichnet, sowie

$$w_{bc} = 0 \, , \text{ falls } b = c \, .$$

Im Fall $b = c$ wechselt I also ihre Wahl (klarerweise, denn J hat ihre Tür geöffnet, und dort steht eine Ziege). Für den Fall $b \neq c$ ist ihre Devise: Wechsle die Tür, falls J's Strategie die Bedingung

$$P(bb, c) \leq P(db, c)$$

erfüllt. Anders ausgedrückt: I entscheidet sich für die Tür $a \neq c$, für die der Wert von $P(ab, c)$ am größten ist.

Wir können nun leicht verschiedene Szenarien behandeln. Sei wie eingangs $b = 2$ und $c = 3$, also $w_{23} = P(22, 3)/(P(12, 3) + P(22, 3))$.

Der korrekte Quizmaster. Der Spielerin I ist bekannt, dass der Quizmaster J weder die Tür mit dem Auto öffnet, noch die von ihr ausgewählte Tür. Dann gilt $P(12, 3) = 1$, und I wird die Tür wechseln. – Man bemerke: w_{23} ist hier nur dann gleich $1/3$, wenn $P(22, 3)$ gleich $1/2$ ist, wenn J also seine Entscheidung rein zufällig trifft. Andernfalls gewinnt I aus der von J getroffenen Wahl Information, die aber ihre Entscheidung zum Wechsel nicht aufhebt.

Der zerstreute Quizmaster. I weiß, dass J rein zufällig eine der beiden Ziegentüren öffnet (möglicherweise die von ihr ausgewählte). In diesem Fall gilt $P(12, 3) = P(22, 3) = 1/2$ und $w_{23} = 1/2$. Hier kann I wechseln, sie braucht das aber nicht.

Der hinterhältige Quizmaster. I ist sich sicher: Wenn sie eine Ziegentür wählt, dann öffnet J die Autotür, wählt sie aber die Autotür, so öffnet er eine Ziegentür. Offenbar sollte sie keinesfalls wechseln. In der Tat gilt $P(12, 3) = 0$.

Wie steht es aber, wenn I keine Ahnung hat, was J im Schilde führt? Sie kann dann ein faires Spiel erzwingen, indem sie ihre Entscheidung randomisiert: Sie wirft eine Münze, bei Kopf wechselt sie die Tür, bei Wappen nicht. Ihre Gewinnchance ist dann $1/2$, gleichgültig was J anstellt!

Aufgabe **Der faule Quizmaster.** Die Spielerin I weiß, dass der Quizmaster J immer eine der beiden Ziegentüren öffnet, und zwar mit Wahrscheinlichkeit $p > 1/2$ diejenige mit der kleineren Nummer (weil dann sein Weg zur Tür kürzer ist). Nun öffnet J die Tür c. Für welche Tür sollte sich I entscheiden?

V Ideen aus der Statistik

In der Statistik untersucht man Daten, in denen Variabilität steckt. Der Blick ist dabei auf systematische Komponenten gerichtet, die manchmal erst aufgedeckt werden müssen.

Der Ansatz der Statistik, ihre wegweisende Idee, ist es, die Variabilität durch Zufall zu modellieren. Dazu werden die Daten als Realisierungen von Zufallsvariablen aufgefasst, die in einem stochastischen Modell festgelegt werden. Man versucht, an Hand der Daten Rückschlüsse auf gewisse Merkmale oder Parameter des Modells zu ziehen und so das Zufällige vom Systematischen zu trennen.

Die Macht der Statistik erkennt man am besten im Umgang mit konkreten Daten. Im Anwendungsfall ist man häufig gezwungen, mit grob vereinfachenden Modellen zu arbeiten. So gewagt dieses Vorgehen manchmal erscheint, der Erfolg gibt ihm recht. Die Problematik hat der Statistiker George Box[1] einmal sehr pointiert ausgedrückt: „Essentially, all models are wrong, but some are useful."

18 Ein Beispiel: Statistik von Anteilen

Bei einer biologischen Expedition in der Helgoländer Tiefen Rinne wurden 53 Krebse der Art Pisidia longicornis gefangen, davon 30 Männchen und 23 Weibchen. Nehmen wir an, die $n = 53$ Individuen wurden rein zufällig aus einer großen Population gezogen. Gibt der Weibchenanteil $23/53$ Anlass, an einem ausgeglichenen Geschlechterverhältnis zu zweifeln? Wieviel Variabilität ist hier im Spiel?

Für die Modellierung können wir bei einer großen Population ohne weiteres auch ein Ziehen *mit* Zurücklegen heranziehen. Dann haben wir es mit einer besonders übersichtlichen Situation zu tun: Das Modell entspricht einem p-Münzwurf $X = (X_1, \dots, X_n)$ mit unbekanntem p. Es geht darum, aus der Anzahl $k = 23$ der „Erfolge" den Parameter p, den relativen Anteil der Weibchen in der Population, zu schätzen und die Hypothese zu testen, dass $p = 1/2$ ist.

Man deutet also den Anteil $k/n = 23/53$ als Ausgang der Zufallsvariablen

$$\hat{p} := \frac{1}{n}(X_1 + \cdots + X_n)\,.$$

[1] George E. P. Box, *1919, bedeutender englischer Statistiker

Wie groß p auch immer ist, der *Schätzer* $\hat{p}$ hat Erwartungswert p und Standardabweichung $\sigma/\sqrt{n}$. Dabei ist

$$\sigma = \sigma(p) := \sqrt{p(1-p)}\,,$$

die Standardabweichung der X_i. Zu einer Schätzung für σ kommen wir, indem wir p durch $\hat{p}$ ersetzen:

$$\hat{\sigma} := \sqrt{\hat{p}(1-\hat{p})}\,. \tag{18.1}$$

Bei $\hat{p}$ und $\hat{\sigma}$ weichen wir, gängigen Konventionen zuliebe, von unserer üblichen Manier ab, Zufallsvariable mit Großbuchstaben zu bezeichnen.

In unserem Beispiel ergeben sich für $\hat{p} \pm \hat{\sigma}/\sqrt{n}$ die Werte 0.43 ± 0.068. Das Mitteilen beider Werte ist schon deutlich brauchbarer als die bloße Angabe des Wertes von $\hat{p}$: Man macht damit auch eine Aussage darüber, mit welchen typischen Schwankungen man in der Schätzung von p zu rechnen hat. Wir wissen ja aus dem Satz von de Moivre-Laplace, dass für nicht allzu kleines $np(1-p)$ der Schätzer $\hat{p}$ annähernd normalverteilt ist mit Erwartungswert p und Standardabweichung $\sigma/\sqrt{n}$.

Oft geht man einen Schritt weiter und präzisiert die Aussage durch Angabe eines Konfidenzintervalls mit vorgegebenem Niveau. Man kann es folgendermaßen gewinnen: Nach dem Satz von de Moivre-Laplace ist für große n der standardisierte Schätzfehler $\frac{\hat{p}-p}{\sigma/\sqrt{n}}$ annähernd so verteilt wie eine standard-normalverteilte Zufallsvariable Z. Dasselbe gilt für seine Approximation $\frac{\hat{p}-p}{\hat{\sigma}/\sqrt{n}}$, also gilt

$$\mathbf{P}_p\Big(-2 \le \frac{\hat{p}-p}{\hat{\sigma}/\sqrt{n}} \le 2\Big) \approx \mathbf{P}(-1.96 \le Z \le 1.96) = 0.95\,.$$

Der Index von $\mathbf{P}_p$ drückt die Abhängigkeit der Wahrscheinlichkeit von p aus. Nun ist $\big\{-2 \le \frac{\hat{p}-p}{\hat{\sigma}/\sqrt{n}} \le 2\big\} = \big\{\hat{p} - 2\frac{\hat{\sigma}}{\sqrt{n}} \le p \le \hat{p} + 2\frac{\hat{\sigma}}{\sqrt{n}}\big\}$. Deshalb ergibt sich für die Wahrscheinlichkeit, dass das zufällige Intervall

$$I := \Big[\hat{p} - 2\frac{\hat{\sigma}}{\sqrt{n}}, \hat{p} + 2\frac{\hat{\sigma}}{\sqrt{n}}\Big] \tag{18.2}$$

den Parameter p überdeckt,

$$\mathbf{P}_p(p \in I) \approx 0.95\,.$$

Man nennt I ein *Konfidenzintervall* für p, approximativ zum *Niveau* 0.95 . In unserem Beispiel ergibt sich das Intervall $[0.29, 0.57]$.

Wie steht es schließlich mit der Hypothese, dass p gleich $1/2$ ist? Verträgt sie sich mit den Daten? Eine solche Fragestellung ist typisch für einen *statistischen Test*. Dazu bestimmen wir, nun für $p = 1/2$, die Wahrscheinlichkeit, dass $\hat{p}$ mindestens so weit von $1/2$ abweicht wie im beobachteten Fall, nämlich um den Wert $|23/53 - 1/2| \approx 0.07$.

Wieder hilft die approximative Normalität von $\hat{p}$. Für $p = 1/2$ ist die Standardabweichung von $\hat{p}$ gleich $1/\sqrt{4n}$, das ist in unserem Beispiel 0.069. Der beobachtete Mittelwert ist also etwa eine Standardabweichung von 1/2 entfernt. Man weiß: Die Wahrscheinlichkeit, dass eine normalverteilte Zufallsvariable weiter als eine Standardabweichung von ihrem Erwartungswert ausfällt, ist $\mathbf{P}(|Z| > 1) = 0.32$. So etwas wird jedes dritte Mal vorkommen, die Daten geben also keinen Anlass, die Hypothese $p = 1/2$ in Frage zu stellen.

19 Prinzipien des Schätzens

In der Statistik fasst man Daten oft als Werte von Zufallsvariablen auf. Man nimmt dazu ein *Modell* mit einer Zufallsvariablen X, bei deren Verteilung noch ein Parameter ϑ frei bleibt:

$$\mathbf{P}_\vartheta(X \in da) = \rho_\vartheta(da), \quad \vartheta \in \Theta. \tag{19.1}$$

Θ heißt *Parameterraum*. Man denke an Normalverteilungen mit $\vartheta = (\mu, \sigma^2)$ und $\Theta = \mathbb{R} \times \mathbb{R}_+$. Der Zielbereich S von X ist der *Beobachtungsraum*. Der Parameter ϑ soll aus den Daten geschätzt werden.

Dazu verarbeitet man die zufälligen Daten X zu einem *Schätzer* $\hat{\vartheta}$ für den Parameter ϑ,

$$\hat{\vartheta} := t(X), \tag{19.2}$$

mit einer Abbildung t von S nach Θ.

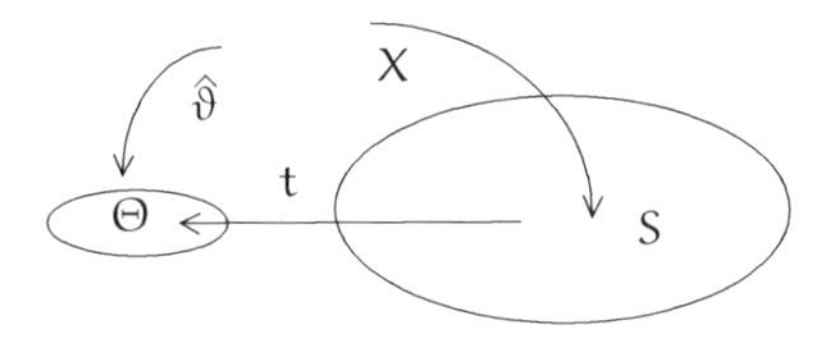

Maximum-Likelihood-Schätzung

Wie könnte man in (19.2) die Abbildung t wählen? Ein tragfähiger Vorschlag ist der folgende: Für jedes $a \in S$ sei $t(a)$ dasjenige (oder eines von den) ϑ, für das die Wahrscheinlichkeit, den Ausgang a zu erhalten, maximal wird. Für diskretes X heißt dies:

$$\mathbf{P}_{t(a)}(X = a) = \max_{\vartheta \in \Theta} \mathbf{P}_\vartheta(X = a).$$

Die Zufallsvariable $\hat{\vartheta} := t(X)$ nennt man dann *Maximum-Likelihood-Schätzer* (kurz *ML-Schätzer*) für den Parameter ϑ *auf der Basis von* X.

Beispiel

Münzwurf. Im Beispiel aus dem vorigen Abschnitt hatten wir für die Modellierung einen p-Münzwurf $X = (X_1, \dots, X_n)$ herangezogen; der Parameter, den es zu schätzen galt, war die Erfolgswahrscheinlichkeit p. Unter allen p ist k/n

derjenige Parameter, mit dem die Wahrscheinlichkeit der beobachteten Daten,

$$\mathbf{P}_p(X_1 = a_1, \dots, X_n = a_n) = p^k(1-p)^{n-k}\,, \quad k = a_1 + \dots + a_n\,,$$

maximal ist. Denn für $k = 0$ bzw. $k = n$ wird das Maximum am Randpunkt $p = 0$ bzw. $p = 1$ angenommen, für $0 < k < n$ hat

$$p \mapsto \ln \mathbf{P}_p(X_1 = a_1, \dots, X_n = a_n) = k \ln p + (n-k)\ln(1-p)$$

sein Maximum in $p = k/n$, wie man durch Differenzieren feststellt. Also ist das Stichprobenmittel $\frac{1}{n}(X_1 + \dots + X_n)$ der Maximum-Likelihood-Schätzer für p.

Im Fall einer Familie von Dichten,

$$\rho_\vartheta(da) = f_\vartheta(a)\,da\,, \quad \vartheta \in \Theta\,,$$

geht man analog vor. Wieder ist der ML-Schätzer für ϑ von der Form $\hat{\vartheta} = t(X)$, wobei $t(a)$ jetzt Maximalstelle der Abbildung $\vartheta \mapsto f_\vartheta(a)$ ist.

Beispiel **Normalverteilung.** $X_1, \dots, X_n$ seien unabhängig und $N(\mu, \sigma^2)$-verteilt. Wir nehmen an, dass die Varianz σ^2 gegeben ist, und fragen nach dem ML-Schätzer für μ auf der Basis von $X = (X_1, \dots, X_n)$. Die Dichte von X ist

$$\varphi_{\mu,\sigma^2}(a_1) \cdots \varphi_{\mu,\sigma^2}(a_n)\,da_1 \dots da_n\,,$$

mit $\varphi_{\mu,\sigma^2}(x) = (2\pi\sigma^2)^{-1/2} e^{-(x-\mu)^2/(2\sigma^2)}$, $x \in \mathbb{R}$. Es geht somit um die Minimalstelle der Abbildung $\mu \mapsto (a_1 - \mu)^2 + \dots + (a_n - \mu)^2$. Diese ist das arithmetische Mittel der a_i, und der gesuchte Maximum-Likelihood-Schätzer ist $\hat{\mu} := \frac{1}{n}(X_1 + \dots + X_n)$.

Aufgabe **1. Normalverteilung.** $X_1, \dots, X_n$ seien unabhängig und $N(\mu, \sigma^2)$-verteilt, $\mu \in \mathbb{R}$, $\sigma^2 \in \mathbb{R}_+$. Zeigen Sie: Der ML-Schätzer für $\vartheta = (\mu, \sigma)$ ist $(\hat{\mu}, \hat{\sigma})$ mit

$$\hat{\mu} := \frac{1}{n}(X_1 + \dots + X_n), \quad \hat{\sigma}^2 := \frac{1}{n}\big((X_1 - \hat{\mu})^2 + \dots + (X_n - \hat{\mu})^2\big)\,. \tag{19.3}$$

Hinweis: Betrachten Sie erst die Abbildung $\mu \mapsto \ln \varphi_{\mu,\sigma^2}(a_1) + \dots + \ln \varphi_{\mu,\sigma^2}(a_n)$ für festes σ^2, und maximieren Sie dann über σ. Das vorige Beispiel ist hilfreich.

2. Zweiseitige Exponentialverteilung. Für $\nu \in \mathbb{R}$ seien $X_1, \dots, X_n$ unabhängig und identisch verteilt mit Dichte $g_\nu(x) := \frac{1}{2}e^{-|x-\nu|}\,dx$, $x \in \mathbb{R}$. Zeigen Sie: Ein ML-Schätzer für ν ist von der Form $t(X)$, wobei für $a = (a_1, \dots, a_n)$ die Zahl $t(a)$ so ist, dass im Intervall $(-\infty, t(a)]$ ebenso viele der a_i liegen wie im Intervall $[t(a), \infty)$. (Eine Zahl $t(a)$ mit dieser Eigenschaft heißt *Stichprobenmedian von* $a_1, \dots, a_n$).
Hinweis: Bis zu welchem Argument fällt die Funktion $\nu \mapsto |a_1 - \nu| + \dots + |a_n - \nu|$, wenn sich ν den a_i von $-\infty$ her nähert?

3. Uniforme Verteilung. $X_1, \dots, X_n$ seien unabhängig und uniform verteilt auf $[0, \vartheta], \vartheta \in \mathbb{R}_+$. Zeigen Sie: Der ML-Schätzer für ϑ ist $\hat{\vartheta} := \max\{X_i : i = 1, \dots, n\}$, und sein Erwartungswert ist $\mathbf{E}[\hat{\vartheta}] = \frac{n}{n+1}\vartheta$.
Hinweis: Vergleichen Sie mit (6.1).

Maximum-Likelihood-Schätzer haben in der Asymptotik $n \to \infty$ gute Eigenschaften. Man kann unter milden Voraussetzungen zeigen, dass sie optimal hinsichtlich des asymptotischen mittleren quadratischen Schätzfehlers sind.

Suffizienz

Hat man sich auf ein Modell der Gestalt (19.1) festgelegt, dann lassen sich nicht selten die Daten komprimieren, ohne dass Aussagekraft hinsichtlich des Parameters verloren geht. Als Beispiel betrachten wir wieder einen p-Münzwurf $X = (X_1, \dots, X_n)$. Dass hier jeder vernünftige Schätzer für p nur von der Gesamtanzahl $X_1 + \dots + X_n$ der Erfolge und nicht etwa von deren zeitlicher Anordnung abhängen sollte, liegt auf der Hand. Denn man kann ja in einem zweistufigen Experiment eine zufällige p-Münzwurffolge so generieren, dass man erst eine $\mathrm{Bin}(n, p)$-verteilte Zufallsvariable Y erzeugt und dann, gegeben $\{Y = k\}$, die k Einsen auf k aus n rein zufällig gewählte Plätze setzt. Für die zweite Stufe ist die Kenntnis von p nicht mehr nötig, die bedingte Verteilung von X gegeben $\{Y = k\}$ hängt nicht von p ab. Wie sollte also aus der Anordnung der Einsen Information über p zu schöpfen sein?

Wir stellen jetzt diese Begriffsbildung in einen allgemeinen Rahmen.

Suffizienz. Seien X und ρ_ϑ, $\vartheta \in \Theta$ wie in (19.1). Eine Zufallsvariable der Form $\nu(X)$ mit $\nu : S \to \tilde{S}$ heißt *suffiziente Statistik* für ρ_ϑ, $\vartheta \in \Theta$ (oder kurz: *suffizient* für ϑ), wenn die bedingten Verteilungen $\mathbf{P}_\vartheta(X \in \cdot \mid \nu(X) = b)$ nicht von ϑ abhängen. **Definition**

Wegen der Ereignisgleichheit $\{X = a\} = \{\nu(X) = \nu(a), X = a\}$ ist für diskretes X die Suffizienz von $\nu(X)$ für ϑ gleichbedeutend mit der Existenz von Übergangswahrscheinlichkeiten $P(b, a)$ von $\tilde{S}$ nach S so, dass für alle $\vartheta \in \Theta$ und $a \in S$ gilt:

$$\mathbf{P}_\vartheta(X = a) = \mathbf{P}_\vartheta\big(\nu(X) = \nu(a)\big)\ P(\nu(a), a)\ .$$

Es folgt unmittelbar: Ist $\nu(X)$ suffizient für ϑ, dann ist ein ML-Schätzer für ϑ auf der Basis von $\nu(X)$ gleich auch schon ein ML-Schätzer für ϑ auf der Basis von X.

Im Fall von Dichten ist $\nu(X)$ suffizient, falls die Dichten $f_\vartheta(a)\, da$ von X eine Faktorisierung der Gestalt

$$f_\vartheta(a)\, da = g_\vartheta(\nu(a))\, k(a)\, da$$

gestatten.

Aufgabe $X_1, \dots, X_n$ seien unabhängig und $N(\mu, \sigma^2)$-verteilt. Zeigen Sie: $(\hat{\mu}, \hat{\sigma}^2)$ mit $\hat{\mu}, \hat{\sigma}^2$ aus (19.3) ist suffizient für $\vartheta = (\mu, \sigma^2)$.

Wir beschreiben nun, wie man Suffizienz beim Schätzen einsetzt. Stellen wir uns vor, dass man eine reellwertige Zufallsvariable $h(X)$ als Schätzer für ein reelles Merkmal $m(\vartheta)$ des Parameters ϑ verwendet. Ein häufig benutztes Gütekriterium ist die Größe

$$\mathbf{E}_\vartheta\left[(h(X) - m(\vartheta))^2\right],$$

der *mittlere quadratische Fehler* des Schätzers. Die Formel (9.1) liefert

$$\mathbf{E}_\vartheta\left[(h(X) - m(\vartheta))^2\right] = \left(\mathbf{E}_\vartheta[h(X)] - m(\vartheta)\right)^2 + \mathbf{Var}_\vartheta[h(X)]. \tag{19.4}$$

Wir sehen: In den erwarteten quadratischen Schätzfehler gehen die *Verzerrung* (englisch: *bias*) $\mathbf{E}_\vartheta[h(X)] - m(\vartheta)$ und die Varianz des Schätzers ein.

Wir wollen nun eine Möglichkeit kennenlernen, den mittleren quadratischen Fehler zu verkleinern. Ist $\nu(X)$ suffizient für ϑ, dann hängt die bedingte Erwartung von $h(X)$, gegeben $\nu(X)$, nicht von ϑ ab. In der Tat: ist $P(b,\cdot)$ die (für alle ϑ einheitliche) bedingte Verteilung von X, gegeben $\{\nu(X) = b\}$, dann gilt nach (16.6)

$$\mathbf{E}_\vartheta\left[h(X) \,\middle|\, \nu(X)\right] = e(\nu(X)), \quad \text{mit } e(b) := \int_S P(b, da)\, h(a). \tag{19.5}$$

Wie der folgende Satz zeigt, kann man damit die überflüssige, nichts über ϑ aussagende Variabilität, die in $h(X)$ steckt, beseitigen und dadurch den erwarteten quadratischen Fehler verkleinern.

Satz

Satz von Rao-Blackwell[2,3]**.** Ist $h(X)$ ein Schätzer für ein reelles Parametermerkmal $m(\vartheta)$ und ist $\nu(X)$ suffizient für ϑ, dann gilt für $\tilde{h}(a) := e(\nu(a))$, $a \in S$, mit e wie in (19.5),

$$\mathbf{E}_\vartheta\left[(\tilde{h}(X) - m(\vartheta))^2\right] \le \mathbf{E}_\vartheta\left[(h(X) - m(\vartheta))^2\right]. \tag{19.6}$$

Beweis. Nach (19.5) und der Formel für die bedingte Wahrscheinlichkeit (14.8) ist $\mathbf{E}_\vartheta[e(\nu(X))] = \mathbf{E}_\vartheta[h(X)]$, also haben $e(\nu(X))$ und $h(X)$ als Schätzer für $m(\vartheta)$ dieselbe Verzerrung. Außerdem folgt aus (19.5) und der Zerlegung der Varianz (14.11)

$$\mathbf{Var}_\vartheta[e(\nu(X))] \le \mathbf{Var}_\vartheta[h(X)].$$

Damit folgt die Behauptung aus (19.4). □

Aufgabe

$X_1, \ldots, X_n$ seien unabhängig und uniform auf $[0, \vartheta]$, $\vartheta \in \mathbb{R}_+$. Zeigen Sie:

(i) $\nu(X) := \max\{X_i : i = 1, \ldots, n\}$ ist suffizient für ϑ.

(ii) $h(X) := 2(Y_1 + \cdots + Y_n)/n$ ist ein unverzerrter Schätzer für ϑ.

(iii) $\mathbf{E}\left[h(X) \,\middle|\, \nu(X)\right] = \frac{n+1}{n}\nu(X)$.

[2] C. Radhakrishna Rao, *1920, indischer Statistiker.

[3] David Blackwell, *1919, amerikanischer Mathematiker und Statistiker.

Bemerkung. In der Statistik beurteilt man Daten aus der Sicht eines Modells, das kann man nicht oft genug wiederholen. So kommt man den Daten auf die Spur. Ein Modell kann aber auch den Blick verengen. Hier liegt die Gefahr der Suffizienz: Ein unerfahrener Statistiker betrachtet gar nicht mehr den kompletten Datensatz, sondern traut der vom Modell diktierten Datenkompression. Im Fall etwa von normalverteilten Beobachtungen schaut er nur noch auf Stichprobenmittel und -streuung. Er achtet nicht mehr darauf, ob es *Ausreißer* in den Daten gibt, die nicht zum Modell passen. Es könnte nötig sein, die Ausreißer auszusortieren oder vielleicht sogar das Modell zu modifizieren.

Der Bayes-Ansatz

Kehren wir nun noch einmal zu Formel (19.1) zurück. Sie erinnert an ein zweistufiges Experiment: Erst wird der Parameter ϑ gewählt, dann kommen die zufälligen Daten X mit Verteilung ρ_ϑ. In der klassischen Statistik gibt es allerdings keine Zufälligkeit im Parameter. Man geht die Situation gleichsam für alle ϑ durch und trifft Aussagen, die idealerweise für jede Parameterwahl gültig sind.

Anders ist das in einer Schule, die *Bayes-Statistik* heißt. Hier arbeitet man mit einer Wahrscheinlichkeitsverteilung auf der Parametermenge, der sogenannten *a priori-Verteilung*. Man bringt damit eine Θ-wertige Zufallsvariable θ ins Spiel und fasst ϑ als deren Realisierung auf. Dann kann man von der bedingten Verteilung von θ, gegeben die Daten X, sprechen, der sogenannten *a posteriori-Verteilung* $\mathbf{P}(\theta \in d\vartheta \mid X)$. Sie berechnet sich gemäß der in Abschnitt 17 diskutierten Bayes-Formel. Für ein reelles Parametermerkmal $m(\vartheta)$ bietet sich dann als Schätzer der bedingte Erwartungswert $\mathbf{E}[m(\theta) \mid X]$ an, er heißt *Bayes-Schätzer*. Mit Wahl der a priori-Verteilung versucht man, Vorwissen ins Spiel zu bringen.

Beispiel

Geht morgen die Sonne auf? Betrachten wir den Münzwurf $(X_1, \dots, X_n)$ mit zufälliger Erfolgswahrscheinlichkeit wie in Formel (14.14) vom Standpunkt der Bayes-Statistik. Nimmt man als a priori-Verteilung die uniforme auf $(0, 1)$, dann ist die a posteriori-Verteilung der zufälligen Erfolgswahrscheinlichkeit P, gegeben k Erfolge in n Versuchen, die Beta$(k+1, n-k+1)$-Verteilung, wie wir aus Formel (16.4) wissen. Insbesondere ergibt sich dann nach (6.1)

$$\tilde{p} := \mathbf{E}[P \mid X_1 + \cdots + X_n = k] = \frac{k+1}{n+2}. \tag{19.7}$$

So erklärt sich die von Laplace gegebene Antwort „$(n+1)/(n+2)$“ auf die von ihm (vielleicht mit einem Augenzwinkern) gestellte Frage: „Angenommen die Sonne ist bis heute n-mal aufgegangen. Mit welcher Wahrscheinlichkeit geht sie morgen auf?“

20
Konfidenzintervalle: Schätzen mit Verlass

Im Eingangsbeispiel des Kapitels haben wir in (18.2) bereits ein Konfidenzintervall kennengelernt. Nun betrachten wir ein Konfidenzintervall für ein reelles Parametermerkmal $m(\vartheta)$ im allgemeinen Rahmen von Abschnitt 19. Es handelt sich um ein aus den Daten X konstruiertes Intervall $I = I(X)$. Gilt für jedes ϑ

$$\mathbf{P}_\vartheta(m(\vartheta) \in I) \geq 1 - \alpha$$

für ein $\alpha \in (0, 1)$, dann sagt man: Das Konfidenzintervall I hat *Niveau* $1 - \alpha$, es hält die *Überdeckungswahrscheinlichkeit* $1 - \alpha$ ein.

Eine Aussage der Art „Das Parametermerkmal $m(\vartheta)$ liegt mit Wahrscheinlichkeit 0.95 im Intervall I" birgt den Keim eines Missverständnisses in sich: Nicht ϑ ist es, was hier zufällig ist, sondern I. Besser ist es daher zu sagen: „Was der wahre Parameter ϑ auch immer sein mag, das zufällige Intervall I enthält das Parametermerkmal $m(\vartheta)$ mit Wahrscheinlichkeit 0.95."

Konfidenzintervall für den Median

Jetzt sei $m(\vartheta)$ ein Median von ρ_ϑ. Eine Zahl ν heißt *Median* der Verteilung ρ auf $\mathbb{R}$, wenn sowohl $\rho((-\infty, \nu]) \geq 1/2$ als auch $\rho([\nu, \infty)) \geq 1/2$ gilt.

Wir wollen nun ein Konfidenzintervall für den Median ν einer Verteilung ρ konstruieren, basierend auf unabhängigen $X_1, \dots, X_n$ mit Verteilung ρ. Ein Kandidat für ein Konfidenzintervall ist $[X_{(1+j)}, X_{(n-j)}]$ mit $0 \leq j < n/2$. Dabei sind die $X_{(1)} \leq \cdots \leq X_{(n)}$ die Ordnungsstatistiken von $X_1, \dots, X_n$, die aufsteigend geordneten $X_1, \dots, X_n$, vgl. (6.2). Nun gilt etwa für $j = 0$:

$$\mathbf{P}_\rho\big(\nu \notin [X_{(1)}, X_{(n)}]\big) = \mathbf{P}_\rho(X_{(1)} > \nu) + \mathbf{P}_\rho(X_{(n)} < \nu) \,.$$

Wegen $\{X_{(1)} > \nu\} = \{X_1 > \nu, \dots, X_n > \nu\}$ und $\mathbf{P}_\rho(X_i > \nu) = 1 - \rho((-\infty, \nu]) \leq 1/2$ folgt $\mathbf{P}_\rho(X_{(1)} > \nu) \leq 2^{-n}$. Ebenso ist $\mathbf{P}_\rho(X_{(n)} < \nu) \leq 2^{-n}$. Also ist

$$\mathbf{P}_\rho\big(\nu \in [X_{(1)}, X_{(n)}]\big) \geq 1 - \frac{1}{2^{n-1}} \,.$$

Aufgabe Zeigen Sie: Für $j < n/2$ ist

$$\mathbf{P}_\rho\big(\nu \in [X_{(1+j)}, X_{(n-j)}]\big) \geq 1 - 2\mathbf{P}(Y \geq j) \,, \tag{20.1}$$

wobei Y eine $\text{Bin}(n, 1/2)$-verteilte Zufallsvariable bezeichne.

Das Konfidenzintervall $[X_{(1+j)}, X_{(n-j)}]$ ist um so kürzer, je größer j ist, mit wachsendem j nimmt jedoch die Überdeckungswahrscheinlichkeit ab. In (20.1) besteht sogar Gleichheit, wenn $\rho(\{\nu\}) = 0$ gilt, wenn also z. B. ρ eine Dichte besitzt.

Approximatives Konfidenzintervall für den Mittelwert

Anders als für den Median gibt es für den Mittelwert $\mu := \int a \, \rho(da)$ kein Konfidenzintervall, das eine geforderte Überdeckungswahrscheinlichkeit gleichmäßig über eine größere Klasse von Verteilungen ρ einhält.

Bei der Konstruktion eines *approximativen* Konfidenzintervalls für μ kommt uns der Zentrale Grenzwertsatz zu Hilfe, solange wir uns auf Verteilungen ρ mit endlicher Varianz beschränken. Das Vorgehen ist ganz ähnlich wie die Überlegung, die zu (18.2) geführt hatte, jetzt mit μ anstelle von p. Jedoch ist nun σ keine Funktion von μ, sondern muss - sofern es nicht als bekannt vorausgesetzt wird - aus den Daten geschätzt werden. Die Rolle, die dort $\hat{p}$ und $\hat{\sigma}$ gespielt hatten, übernehmen $\hat{\mu}$ und $\hat{\sigma}$ aus (19.3). Damit wird

$$I := \left[\hat{\mu} - q\frac{\hat{\sigma}}{\sqrt{n}}, \; \hat{\mu} + q\frac{\hat{\sigma}}{\sqrt{n}} \right],$$

ein Konfidenzintervall für μ, das für große n approximativ die Überdeckungswahrscheinlichkeit $1-\alpha$ einhält. Dabei ist q so zu wählen, dass $\mathbf{P}(-q \le Z \le q) = 1-\alpha$ für ein $N(0,1)$-verteiltes Z gilt, oder gleichbedeutend damit

$$\mathbf{P}(Z \le q) = 1 - \frac{\alpha}{2}.$$

Man sagt dafür auch: q ist das $(1-\alpha/2)$-*Quantil* der Standard-Normalverteilung.

Für kleine n ist auf die Approximation wenig Verlass. Auf einen Ausweg kommen wir im nächsten Abschnitt zu sprechen.

Noch einmal: Approximative Konfidenzintervalle für p. Aufgrund der asymptotischen Normalität des Schätzers $\hat{p} = (X_1 + \cdots + X_n)/n$ wissen wir, dass im Grenzwert $n \to \infty$ für jedes p das zufällige Intervall I aus (18.2) den wahren Parameter p mit Wahrscheinlichkeit $\mathbf{P}(-2 \le Z \le 2) \approx 0.95$ überdeckt.

Die Asymptotik ist die eine Sache - aber wie steht es tatsächlich mit den Überdeckungswahrscheinlichkeiten für ein festes n, sagen wir $n = 100$? Ein Simulationsexperiment gibt Antwort. Für $p = 0.001, \ldots, 0.999$ wurden jeweils 1000 Münzwurfserien der Länge $n = 100$ erzeugt und der Anteil der 1000 Ausgänge, bei denen das Ereignis $\{p \in I\}$ eingetreten ist, gegen p abgetragen. Dieser Anteil schätzt die Überdeckungswahrscheinlichkeit $\mathbf{P}_p(p \in I)$. Die Sprünge rühren von der Diskretheit der Verteilungen her.

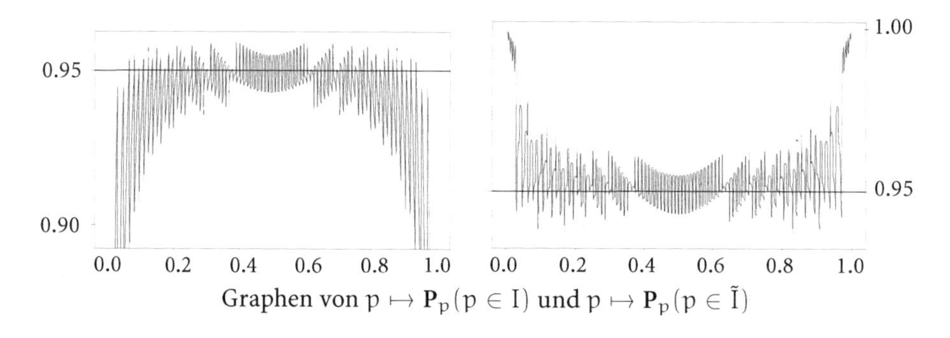

Graphen von $p \mapsto \mathbf{P}_p(p \in I)$ und $p \mapsto \mathbf{P}_p(p \in \tilde{I})$

Auffällig ist, dass die Überdeckungswahrscheinlichkeit an den Rändern, d.h. für p in der Nähe von 0 oder 1, deutlich unter 0.95 bleiben. Das erklärt sich so: Wird p sehr klein, dann ergibt sich für $\hat{p}$ mit merklicher Wahrscheinlichkeit der Wert 0 und daraus die geschätzte Standardabweichung $\hat{\sigma} = 0$. Bei diesem dann gar nicht so seltenen Ausgang kann das Intervall I das wahre p bei bestem Willen nicht überdecken.

Ein Heilungsansatz besteht darin, den Schätzer $\hat{p} = (X_1 + \cdots + X_n)/n$ durch $\tilde{p} := (X_1 + \cdots + X_n + 1)/(n + 2)$ zu ersetzen, der uns schon in (19.7) begegnet ist. Konstruiert man genau wie in (18.1) und (18.2) ein Konfidenzintervall $\tilde{I}$ für p, jetzt aber mit $\tilde{p}$ statt $\hat{p}$, dann ergeben sich die im rechten Bild dargestellten Überdeckungswahrscheinlichkeiten.

21 Statistische Tests: Kann das Zufall sein?

Wie bereits festgestellt, ist die Grundidee der Statistik, Daten als Realisierungen von Zufallsvariablen aufzufassen, über deren Verteilung man aus den Daten lernen will. Beim *statistischen Testen* trifft man eine *Hypothese* über die Verteilung und fragt: Liegen die beobachten Daten „im Rahmen", oder ist hier ein Ereignis eingetreten, das unter der Hypothese so unwahrscheinlich ist, dass wir begründeten Zweifel am Zutreffen der Hypothese hegen sollten? Am Ende von Abschnitt 18 haben wir ein Beispiel angetroffen, bei dem die Daten keinen Grund zum Zweifel an der Hypothese $p = 1/2$ gaben. Im folgenden Beispiel ist dies anders.

Werden die Chancen beeinflusst? Fishers exakter Test

Eine Botschaft ein und desselben Inhalts, es ging um den Vergleich des Erfolgs zweier Therapiemethoden T1 und T2, wurde in zwei unterschiedliche Darstellungsformen verpackt. In Form A wurde herausgestellt, wie groß jeweils der Prozentsatz der Patienten ist, bei denen Behandlung T1 erfolglos bzw. Behandlung T2 erfolgreich war, in Form B wurde der Akzent gerade umgekehrt gesetzt.

Von insgesamt 167 Ärzten, die an einer Sommerschule teilnahmen, wurden rein zufällig 80 ausgewählt, denen die Botschaft in der Form A vermittelt wurde, die restlichen 87 bekamen die Botschaft in der Form B mitgeteilt. Jeder der Ärzte hatte sich daraufhin für die Bevorzugung einer der beiden Therapiemethoden zu entscheiden. Das Ergebnis war:

	für Methode T1	für Methode T2	Summe
A	40	40	80
B	73	14	87
Summe	113	54	167

Die Daten zeigen: In der A-Gruppe gibt es im Verhältnis weniger Befürworter der Therapiemethode T1 als in der B-Gruppe (nämlich 40 : 40 gegen 73 : 14). Haben sich die Ärzte in ihrer Entscheidung durch die Form der Darstellung beeinflussen lassen? Ein Skeptiker könnte einwenden: „Ach was, auch ohne Beeinflussung kann ein derartiges Ergebnis zustande kommen, wenn der Zufall es will."

Um damit umzugehen, treffen wir folgende Hypothese: Die Form der Botschaft habe keinen Einfluss auf die Meinungsbildung der 167 Ärzte; es wäre so, als ob die einen 80 die Botschaft auf weißem, die anderen 87 eine wörtlich gleichlautende Botschaft auf blauem Papier bekommen hätten. Die Aufteilung der 80+87 Formulare auf die 113 Befürworter von T1 und die 54 Befürworter von T2 wäre rein zufällig zustande gekommen. Wie wahrscheinlich ist dann eine so extreme Aufteilung wie die beobachtete?

Eine Veranschaulichung: Wenn aus einer Urne mit 80 weißen und 87 blauen Kugeln rein zufällig 113 Kugeln gezogen werden, wie wahrscheinlich ist dann ein so extremes Ergebnis wie das, nur 40 weiße Kugeln zu ziehen?

Mit $g = 80+87 = 167$, $w = 80$, $n = 113$ ergibt sich für eine hypergeometrisch verteilte Zufallsvariable X gemäß (5.15)

$$\mathbf{E}[X] = n \cdot \frac{w}{g} = 54.1 \, .$$

Die Wahrscheinlichkeit, ein Ergebnis zu erhalten, das mindestens so weit von 54 weg ist wie der beobachtete Wert 40, ist

$$\mathbf{P}\big(|X - 54| \geq |40 - 54|\big) = \mathbf{P}(X \leq 40) + \mathbf{P}(X \geq 68) = 5.57 \cdot 10^{-6} \, .$$

Wir halten fest: Angenommen die Hypothese trifft zu. Dann tritt ein Ergebnis, das so extrem ist wie das beobachtete, 6 mal in einer Million auf. Damit wird die Hypothese mehr als fragwürdig.

Man nennt die berechnete Wahrscheinlichkeit *den zu den Daten gehörigen p-Wert* oder auch das *beobachtete Signifikanzniveau*, zu dem die Hypothese abgelehnt wird.

Die eben beschriebene Vorgangsweise, bekannt als *Fishers exakter Test auf Unabhängigkeit*[2], ist ein typisches Beispiel eines *Permutationstests*: Man schreibt die beobachteten Daten in einem Gedankenexperiment dem reinen Zufall zu, indem man jede andere Aufteilung der A-und B-Formulare auf die T1- und T2-Befürworter (jede andere Permutation der 167 Formulare) als ebenso wahrscheinlich ansieht wie die beobachtete.

Kann die Verschiebung Zufall sein? Der t-Test

Der t-Test kommt in der Praxis besonders häufig zur Anwendung. Das Modell ist jetzt, dass die Daten als Realisierungen von unabhängigen, identisch verteilten, $\mathbb{R}$-wertigen Zufallsvariablen $X_1, \dots, X_n$ zustande gekommen sind. Es geht um einen Test der Hypothese, dass der Erwartungswert μ der Verteilung der X_i einen bestimmten Wert μ_0 hat. Wir wissen bereits, dass das *Stichprobenmittel* $\bar{X} = (X_1 + \cdots + X_n)/n$ ein naheliegender Schätzer für μ ist. Hier stellt sich die Frage: Lässt sich eine beobachtete Verschiebung des Stichprobenmittels gegenüber μ_0 plausibel durch Zufallsschwankungen erklären? Die Differenz $\bar{X} - \mu_0$ allein eignet sich nicht als Teststatistik, man muss auch die Variabilität in den Daten

[2] Sir Ronald Fisher, 1890–1962, führender englischer Statistiker und Evolutionstheoretiker. Seine Beiträge waren bahnbrechend, u. A. führte er das Maximum-Likelihood Prinzip, das Konzept der Suffizienz und das Verfahren der Varianzanalyse ein.

berücksichtigen. Man tut dies, indem man $\bar{X} - \mu_0$ auf die richtige Skala bringt, d.h. durch die Standardabweichung der Zufallsvariablen $\bar{X}$ teilt. Diese Standardabweichung muss ihrerseits geschätzt werden. Ein gängiger Schätzer für die Varianz der X_i ist

$$s^2 := \frac{1}{n-1}\big((X_1 - \bar{X})^2 + \cdots + (X_n - \bar{X})^2\big)\,, \tag{21.1}$$

er ist erwartungstreu (vgl. die Aufgabe auf Seite 61) und konvergiert nach dem Gesetz der großen Zahlen für $n \to \infty$ mit Wahrscheinlichkeit 1 gegen σ^2. Als Schätzer für die Standardabweichung von $\bar{X} - \mu_0$ bietet sich somit $s/\sqrt{n}$ an, und als Teststatistik der Quotient

$$T := \frac{\bar{X} - \mu_0}{s/\sqrt{n}} = \frac{\sqrt{n}(\bar{X} - \mu_0)}{s}\,.$$

Man wird also die Hypothese $\mu = \mu_0$ in Zweifel ziehen, wenn $|T|$ einen zu großen Wert annimmt. Ist t der beobachtete Wert von T, dann ist die Wahrscheinlichkeit $\mathbf{P}(|T| \geq |t|)$ der p-Wert für die Ablehnung der Hypothese $\mu = \mu_0$ zugunsten der Alternative $\mu \neq \mu_0$.

Die approximative Verteilung der Teststatistik T kann man mit dem Zentralen Grenzwertsatz bestimmen: Unter der Hypothese $\mu = \mu_0$ ist T für großes n annähernd standard-normalverteilt. Die Berechnung der exakten Verteilung von T unter der Annahme, dass $X_1, \ldots, X_n$ unabhängig und $N(\mu_0, \sigma^2)$-verteilt sind, ist die Leistung von Gosset[3]. Fisher hat dann die Struktur dieser Verteilung aufgedeckt. Mit einem eleganten geometrischen Argument, auf das wir im nächsten Abschnitt zu sprechen kommen, zeigte er, dass unter der besagten Annahme gilt:

$$T \text{ ist so verteilt wie } \frac{Z_0}{\sqrt{\frac{Z_1^2 + \cdots + Z_{n-1}^2}{n-1}}}\,, \tag{21.2}$$

wobei $Z_0, Z_1, \ldots, Z_{n-1}$ unabhängige, standard-normalverteilte Zufallsvariable bezeichnen. Insbesondere hängt diese Verteilung nicht von μ und σ^2, wohl aber von n ab. Sie heißt *t-Verteilung* (oder *Student-Verteilung*) mit $n-1$ Freiheitsgraden.

Hypothese und Alternative: Der Neyman-Pearson Test

Typischerweise ist es bei der Anwendung statistischer Tests so, dass man eine *Hypothese* („Nullhypothese“) widerlegen will und dabei eine *Alternative* („Gegenhypothese“) im Blick hat, auch wenn man sie nicht explizit benennt. Wenn man dann – wie oben – die Hypothese ablehnt, weil ihr p-Wert so klein ist, so nur deswegen, weil unter der Alternative das betrachtete Ereignis größere Wahrscheinlichkeit besitzt. Beim vorigen Beispiel hatten wir es mit der Alternative $\mu \neq \mu_0$ zu tun. Weil hier der Hypothese eine ganze Schar von Verteilungen als Alternative gegenübersteht, spricht man von einer zusammengesetzten Alternative.

[3] William Gosset, 1876–1937, englischer Statistiker. Er publizierte unter dem Pseudonym Student.

Besonders übersichtlich und lehrreich ist der Fall von *einfacher Hypothese* versus *einfacher Alternative*: Die zufälligen Daten haben entweder die Verteilung ρ_0 oder ρ_1. Nehmen wir an, die Verteilung ρ_0 hat die Dichte $f_0(a)\,da$ und die Verteilung ρ_1 die Dichte $f_1(a)\,da$, also

$$\mathbf{P}_0(X \in da) = \rho_0(da) = f_0(a)\,da\,, \ \mathbf{P}_1(X \in da) = \rho_1(da) = f_1(a)\,da\,, \quad a \in S\,.$$

(Der Fall von Gewichten ist analog.) Als Maßstab dafür, um wieviel besser ein Ausgang $a \in S$ zur Alternative $\rho = \rho_1$ als zur Hypothese $\rho = \rho_0$ passt, bietet sich der *Likelihoodquotient*

$$q(a) := \frac{f_1(a)}{f_0(a)}\,, \quad a \in S\,,$$

an. Diejenigen Ausgänge $b \in S$, die unter der Hypothese (und mit Blick auf die Alternative) mindestens so ungewöhnlich sind wie ein beobachteter Ausgang a, bilden die Menge $\{b \in S : q(b) \geq q(a)\}$. Aus der Beobachtung a ergibt sich dann der p-Wert

$$\mathbf{P}_0\big(q(X) \geq q(a)\big)$$

für eine Ablehnung der Hypothese $\rho = \rho_0$ zugunsten der Alternative $\rho = \rho_1$. Dieser Test ist nach Neyman[4] und Pearson[5] benannt. In der Praxis spielt er keine große Rolle, er ist konzeptionell wichtig und hat, wie wir im nächsten Abschnitt sehen werden, eine interessante Optimalitätseigenschaft. Auch hat sich das Konzept des Likelihoodquotienten als richtungsweisend erwiesen.

Monotoner Likelihoodquotient. $X_1, \ldots, X_4$ seien unabhängig und $N(\mu, 1)$-verteilt. Der Hypothese $\mu = 0$ stehe die Alternative $\mu = \mu_1$ für ein festes $\mu_1 > 0$ gegenüber. Wie sieht der Likelihoodquotient $q(a)$, $a \in \mathbb{R}^4$, aus und wie sein Logarithmus? Welcher p-Wert ergibt sich mit dem Neyman-Pearson Test aus der Beobachtung $a = (1.2, 0.3, -0.4, 0.9)$? **Aufgabe**

Statistische Tests als Entscheidungsregeln

Bleiben wir beim Fall einfacher Hypothesen und Alternativen, und betrachten wir die Aufgabe, aufgrund einer Beobachtung zu *entscheiden*, ob der Hypothese oder der Alternative der Vorzug zu geben ist. Die Aufgabe läuft darauf hinaus, den Beobachtungsraum S zu unterteilen in zwei disjunkte Teilmengen F und $G = S \setminus F$. Man spricht von *Annahme-* und *Ablehnungsbereich*: Liegt der beobachtete Ausgang a in F, entscheidet man sich *für* die Hypothese, liegt er in G, entscheidet man sich *gegen* sie. Es gibt zwei mögliche Fehlentscheidungen. Man kann gegen die Hypothese entscheiden ($a \in G$), obwohl die Hypothese zutrifft, oder für sie ($a \in F$), obwohl die Alternative angesagt ist. Die Wahrscheinlichkeiten der beiden Fehlentscheidungen

$$\mathbf{P}_0(X \in G), \quad \mathbf{P}_1(X \in F)$$

nennt man das *Risiko 1.* bzw. *2. Art.*

---

[4] Jerzey Neyman, 1894–1981, polnisch-amerikanischer Mathematiker und Statistiker. Auf ihn geht auch das Konzept des Konfidenzintervalls zurück.

[5] Egon Pearson, 1895–1980, bekannter englischer Statistiker. Sohn von Karl Pearson, 1857–1936, einem Pionier der modernen Statistik.

Wir wollen zeigen, dass man günstigerweise Annahme- und Ablehnbereich von der Gestalt

$$F_c := \{a : q(a) < c\}, \quad G_c := \{a : q(a) \geq c\}$$

wählt, mit $c > 0$ und dem Likelihoodquotienten $q(a)$.

Satz

Lemma von Neyman und Pearson. Sei $c > 0$ und $\alpha := \mathbf{P}(X \in G_c)$. Unter allen Tests mit Risiko 1. Art $\leq \alpha$ hat derjenige mit Annahmebereich F_c kleinstes Risiko 2. Art.

Beweis. Sei F der Annahmebereich eines „Konkurrenztests". Nach Annahme gilt $\mathbf{P}_0(X \in G) \leq \mathbf{P}_0(X \in G_c)$ bzw. $\mathbf{P}_0(X \in F) \geq \mathbf{P}_0(X \in F_c)$. Zu zeigen ist die Ungleichung $\mathbf{P}_1(X \in F_c) \leq \mathbf{P}_1(X \in F)$. Es gilt

$$\mathbf{P}_1(X \in F_c) - \mathbf{P}_1(X \in F) = \mathbf{P}_1(X \in F_c \setminus F) - \mathbf{P}_1(X \in F \setminus F_c) = (*) \,.$$

Nun ist $f_1(a) < cf_0(a)$ für $a \in F_c$, also $\mathbf{P}_1(X \in F_c \setminus F) \leq c\mathbf{P}_0(X \in F_c \setminus F)$, und analog $\mathbf{P}_1(X \in F \setminus F_c) \geq c\mathbf{P}_0(X \in F \setminus F_c)$, und insgesamt

$$(*) \leq c(\mathbf{P}_0(X \in F_c \setminus F) - \mathbf{P}_0(X \in F \setminus F_c)) = c(\mathbf{P}_0(X \in F_c) - \mathbf{P}_0(X \in F)) \leq 0 \,.$$

□

Man kann sich den Beweis so veranschaulichen: Stellen wir uns jedes $a \in S$ als Laden vor, in dem $f_0(a)\,da$ Kilogramm Gold zum Preis von $q(a)$ Euro pro Kilogramm angeboten werden. Will man insgesamt $1 - \alpha$ Kilogramm Gold aufsammeln, so am besten aus den billigeren Läden, nämlich genau denen mit $q(a) < c$. Jede andere Strategie, bei der mindestens ebensoviel Gold eingekauft wird, muss auf teurere Läden zurückgreifen und hat deshalb einen teureren Preis.

Bemerkung. Die von Neyman und Pearson geprägte Sicht von statistischen Tests als *Entscheidungsregeln* hat mathematische Eleganz und logischen Charme, birgt aber auch die Gefahr des unkritischen, mechanischen Gebrauchs. Oft hat es mehr Sinn, dem Anwender einen p-Wert an die Hand zu geben, als ihn bloß über die Ablehnung oder Annahme einer Hypothese zu einem bestimmten Signifikanzniveau zu unterrichten. Mit einem gewissen Vorbehalt muss man deswegen auch die verbreitete Praxis sehen, dass ein Niveau $\alpha = 0.05$ über die Publizierbarkeit von empirischen Untersuchungen entscheidet.

■ 22
Lineare Modelle: Im Reich der Normalverteilung*

Die Normalverteilung hat eine hervorgehobene Stellung in der Statistik. Wir wollen zum Abschluss des Kapitels die Gründe verdeutlichen, sie liegen in den Symmetrieeigenschaften der multivariaten Normalverteilung, ihrer „Geometrie".

Stellen wir uns vor, dass n Daten als Realisierungen von unabhängigen Zufallsvariablen mit Erwartungswerten $\mu_1, \ldots, \mu_n$ zustande kommen. Es ist üblich, diese

Zufallsvariablen mit $Y_1, \ldots, Y_n$ zu bezeichnen. Zur Erklärung der Daten sollen die *systematischen Anteile* $\mu_1, \ldots, \mu_n \in \mathbb{R}$ nicht allesamt frei wählbar sein, denn es macht keinen Sinn, aus n Daten auf n Parameter schließen zu wollen. Die μ_i sollen vielmehr in einer linearen Beziehung mit k *Freiheitsgraden* stehen. Es geht darum, aus den Daten die systematische Komponente $\mu_1, \ldots, \mu_n$ und die Stärke des Rauschens zu schätzen. Eine weitere Aufgabe ist es zu testen, ob auch schon eine lineare Beziehung zwischen den μ_i mit weniger als k Freiheitsgraden die Variabilität in den Daten befriedigend erklärt.

Hier ist es hilfreich, n Punkte im $\mathbb{R}^1$ als einen Punkt im $\mathbb{R}^n$ aufzufassen und sich die Geometrie des $\mathbb{R}^n$ zunutze zu machen. Wie Fisher erkannte, ebnet dies den Weg, um mit multivariat normalverteilten Zufallsvariablen zu arbeiten und deren Symmetrieeigenschaften ins Spiel zu bringen.

Ein lineares Modell

$Y_1, \ldots, Y_n$ seien reellwertige Zufallsvariable der Gestalt

$$Y_i = \mu_i + \sigma Z_i\,, \quad i = 1, \ldots, n\,. \tag{22.1}$$

Dabei ist $\sigma \in \mathbb{R}_+$, und $Z_1, \ldots, Z_n$ sind unabhängig und standard-normalverteilt. Der Vektor $\mu := (\mu_1, \ldots, \mu_n)$ liegt in einem vorgegebenen k-dimensionalen linearen Teilraum K des $\mathbb{R}^n$.

Man kann (22.1) zusammenfassen zur Vektorgleichung

$$Y = \mu + \sigma Z\,, \quad \text{mit } \mu \in K\,, \tag{22.2}$$

dabei ist $Z = (Z_1, \ldots, Z_n)$ standard-normalverteilt auf $\mathbb{R}^n$. Der Vektor μ ist der *systematische Anteil* in den Daten, σZ modelliert die Variabilität als *zufällige Abweichung* von der systematischen Komponente. Y hat die Dichte

$$\mathbf{P}_{\mu,\sigma^2}(Y \in da) = \frac{1}{(2\pi\sigma^2)^{n/2}} \exp\Big(-\frac{|a-\mu|^2}{2\sigma^2}\Big)\, da\,.$$

Beispiel

Konstante plus Rauschen. Die lineare Beziehung zwischen den μ_i ist hier einfach $\mu_1 = \cdots = \mu_n =: \beta$. Bezeichnet e den Vektor, dessen Koordinaten lauter Einsen sind, dann ist K der eindimensionale Teilraum $\{\beta e : \beta \in \mathbb{R}\}$, die *Hauptdiagonale* des $\mathbb{R}^n$. Das Modell

$$Y_i = \beta + \sigma Z_i\,, \quad i = 1, \ldots, n$$

haben wir in den vorigen Abschnitten schon angetroffen: Die Y_i sind unabhängig und $N(\beta, \sigma^2)$-verteilt. Die geometrische Sicht wird uns auch auf dieses Modell einen neuen Blick eröffnen.

Beispiel

Einfache lineare Regression. Hier sind $x_1, \ldots, x_n$ feste reelle Zahlen, und das Modell ist

$$Y_i = \beta_0 + \beta_1 x_i + \sigma Z_i\,, \quad i = 1, \ldots, n\,,$$

mit $\beta_0, \beta_1 \in \mathbb{R}$, $\sigma > 0$. Damit ist K der von den beiden Vektoren $e = (1, \ldots, 1)$ und $x = (x_1, \ldots, x_n)$ aufgespannte Teilraum des $\mathbb{R}^n$, und wir können das Modell schreiben als

$$Y = \beta_0 e + \beta_1 x + \sigma Z .$$

Wie schätzt man nun im Modell (22.2) den Parameter (μ, σ^2) aus den Daten? Eine Methode der Wahl ist die Maximum-Likelihood-Schätzung, vgl. Abschnitt 19. Dabei geht es um das Finden der Maximalstelle von

$$(\mu, \sigma^2) \mapsto \frac{1}{(2\pi\sigma^2)^{n/2}} \exp\Big(-\frac{|a-\mu|^2}{2\sigma^2}\Big) \tag{22.3}$$

bei gegebenem Datenvektor a. Klar ist, dass für jedes festgehaltene σ^2 beim Variieren der ersten Komponente das Maximum bei demjenigen Vektor in K angenommen wird, dessen Abstand zu a unter allen Elementen von K minimal ist. Dieser Vektor ist nichts anderes als die Orthogonalprojektion von a auf K; wir wollen ihn mit $\mathcal{P}_K a$ bezeichnen. Da es sich um das Minimierungsproblem

$$|a - \mu|^2 \stackrel{!}{=} \min , \quad \mu \in K$$

handelt, spricht man auch von der *Methode der kleinsten Quadrate*. Variieren wir dann noch σ^2, so sehen wir durch Logarithmieren und Differenzieren von (22.3), dass das Maximum bei $|a - \mathcal{P}_K a|^2/n$ angenommen wird. Die Differenz $a - \mathcal{P}_K a$ ist nichts anderes als der Vektor $\mathcal{P}_{K^\perp} a$, dabei bezeichnet $K^\perp$ das *orthogonale Komplement* des Teilraums K, das ist der Teilraum von $\mathbb{R}^n$ aller zu K orthogonalen Vektoren. Der Maximum-Likelihood-Schätzer für (μ, σ^2) ist also

$$\hat{\mu} := \mathcal{P}_K Y , \quad \hat{\sigma}^2 := |\mathcal{P}_{K^\perp} Y|^2/n .$$

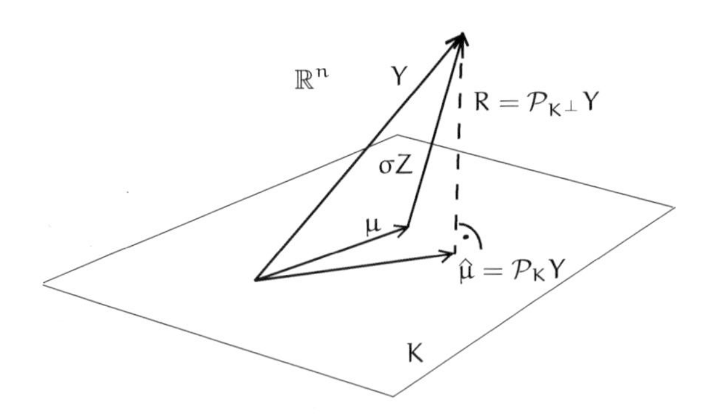

Ausgedrückt durch Z ergibt sich wegen $\mathcal{P}_K \mu = \mu$ und $\mathcal{P}_{K^\perp} \mu = 0$

$$\hat{\mu} - \mu = \sigma \mathcal{P}_K Z , \quad \hat{\sigma}^2 = \sigma^2 |\mathcal{P}_{K^\perp} Z|^2/n . \tag{22.4}$$

Man nennt $R := Y - \mathcal{P}_K Y = Y - \hat{\mu}$ den *Vektor der Residuen.*

Konstante plus Rauschen. Um die Projektion von Y auf den eindimensionalen Teilraum $K = \{\beta e : \beta \in \mathbb{R}\}$ zu bestimmen, bilden wir den Einheitsvektor $b = \frac{1}{\sqrt{n}} e$. Dann ist $\hat{\mu} = \mathcal{P}_K Y = \langle Y, b\rangle b = \frac{1}{n}\langle Y, e\rangle e = \bar{Y} e$; dabei ist $\langle \cdot, \cdot \rangle$ das gewöhnliche Skalarprodukt im $\mathbb{R}^n$ und $\bar{Y}$ das Stichprobenmittel der $Y_1, \ldots, Y_n$. Der Residuenvektor $Y - \bar{Y}e$ hat die Koordinaten $Y_i - \bar{Y}$. Mit $\bar{Y}$ und $\hat{\sigma}^2$ treffen wir die Schätzer aus (19.3) und (21.1) wieder. Beispiel

Einfache lineare Regression. Wir wenden uns der Aufgabe zu, die Koeffizienten $\hat{\beta}_0$ und $\hat{\beta}_1$ in der Projektion Beispiel

$$\mathcal{P}_K Y = \hat{\beta}_0 e + \hat{\beta}_1 x \tag{22.5}$$

zu finden. Dazu gehen wir zur Orthonormalbasis $b := \frac{1}{\sqrt{n}} e$, $b' := \frac{x - \bar{x}e}{|x - \bar{x}e|}$ des Raumes K über. Mit $\langle Y, b\rangle b = \frac{1}{n}\langle Y, e\rangle e = \bar{Y}e$ und $\langle Y, b'\rangle b' = \langle Y - \bar{Y}e, b'\rangle b'$ folgt

$$\mathcal{P}_K Y = \langle Y, b\rangle b + \langle Y, b'\rangle b' \ = \bar{Y}e + \frac{\langle Y - \bar{Y}e, x - \bar{x}e\rangle}{|x - \bar{x}e|^2}(x - \bar{x}e)\,,$$

und die x- und e-Koordinaten in (22.5) ergeben sich als

$$\hat{\beta}_1 = \frac{\langle Y - \bar{Y}e, x - \bar{x}e\rangle}{|x - \bar{x}e|^2} = \frac{\sum_{i=1}^n (Y_i - \bar{Y})(x_i - \bar{x})}{\sum_{i=1}^n (x_i - \bar{x})^2}\,, \tag{22.6}$$

$$\hat{\beta}_0 = \bar{Y} - \hat{\beta}_1 \bar{x}\,. \tag{22.7}$$

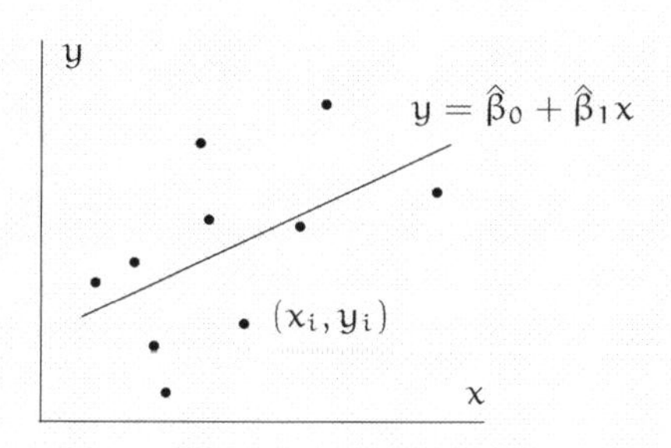

Die Gerade $x \mapsto y = \hat{\beta}_0 + \hat{\beta}_1 x$ heißt *Regressionsgerade*. Ihr Anstieg ist der *Regressionskoeffizient* $\hat{\beta}_1$, ihr Ordinatenabschnitt $\hat{\beta}_0$ bestimmt sich nach (22.7) so, dass sie durch den zentralen Punkt $(\bar{x}, \bar{Y})$ geht. Man beachte Analogien zwischen (22.6), (22.7) und (9.4).

Verteilungen

Wir wenden uns nun den Verteilungseigenschaften der Schätzer $\hat{\mu}$ und $\hat{\sigma}^2$ zu. Hier kommen die Eigenschaften der Normalverteilung voll zum Tragen.

Definition

χ^2-Verteilung. Die Verteilung der Summe aus den Quadraten von r unabhängigen, standard-normalverteilten Zufallsvariablen heißt *Chi-Quadrat-Verteilung mit* r *Freiheitsgraden*, kurz: $\chi^2(r)$*-Verteilung.*

Damit hat eine $\chi^2(r)$-verteilte Zufallsvariable aufgrund der Linearität des Erwartungswertes den Erwartungswert r.

Satz

Geometrie der multivariaten Standard-Normalverteilung. Z sei standard-normalverteilt auf $\mathbb{R}^n$ und T sei ein r-dimensionaler Teilraum des $\mathbb{R}^n$. Dann gilt:

(i) Die Koordinaten von Z in jeder beliebigen Orthonormalbasis des $\mathbb{R}^n$ sind unabhängig und standard-normalverteilt.
(ii) $\mathcal{P}_T Z$ ist standard-normalverteilt auf T.
(iii) $\mathcal{P}_T Z$ und $\mathcal{P}_{T^\perp} Z$ sind unabhängig.
(iv) $|\mathcal{P}_T Z|^2$ ist $\chi^2(r)$-verteilt.

Beweis. In (i) wiederholen wir noch einmal die charakteristische Eigenschaft einer multivariaten Standard-Normalverteilung, wie wir sie am Ende von Abschnitt 10 kennengelernt haben. (ii) - (iv) sind direkte Konsequenz: Man wähle eine Orthonormalbasis $b_1, \dots, b_n$, so dass $b_1, \dots, b_r$ den Raum T und $b_{r+1}, \dots, b_n$ den Raum $T^\perp$ aufspannen. Sind $(W_1, \dots, W_n)$ die unabhängigen, standard-normalverteilten Koordinaten von Z in dieser Basis, so haben $\mathcal{P}_T Z$ und $\mathcal{P}_{T^\perp} Z$ die Koordinaten $(W_1, \dots, W_r)$ und $(W_{r+1}, \dots, W_n)$, und es gilt $|\mathcal{P}_T Z|^2 = W_1^2 + \cdots + W_r^2$. □

Dieses Resultat können wir unmittelbar auf (22.4) anwenden: Es ist $n\hat{\sigma}^2/\sigma^2$ eine $\chi^2(n-k)$-verteilte Zufallsvariable und hat somit den Erwartungswert $n-k$. Daher verwendet man als Schätzer für σ^2 oft auch den erwartungstreuen Schätzer

$$s^2 := \frac{1}{n-k}|R|^2 = \frac{n}{n-k}\hat{\sigma}^2 .$$

Der nächste Satz fasst die Folgerungen aus dem Satz über die Geometrie der Normalverteilung für die Verteilungseigenschaften der Schätzer $\hat{\mu}$ und s^2 zusammen.

Satz

Satz von Fisher. Es gilt:

(i) $(\hat{\mu} - \mu)/\sigma$ ist standard-normalverteilt auf dem Raum K.
(ii) $(n-k)s^2/\sigma^2$ ist $\chi^2(n-k)$-verteilt.
(iii) $\hat{\mu}$ und s^2 sind unabhängig.

Beispiel

Konstante plus Rauschen. Hier gilt $\hat{\mu} - \mu = \bar{Y}e - \beta e = \sqrt{n}(\bar{Y} - \beta)b$. In Übereinstimmung mit Teil (i) des Satzes von Fisher ist $\sqrt{n}(\bar{Y} - \beta)/\sigma$ standard-normalverteilt. Nach Teil (ii) hat $(n-1)s^2/\sigma^2$ die χ^2-Verteilung mit $n-1$ Freiheitsgraden, und nach Teil (iii) sind $\sqrt{n}(\bar{Y} - \beta)$ und s unabhängig. Also ist $T = \frac{\sqrt{n}(\bar{Y}-\beta)}{s} = \frac{\sqrt{n}(\bar{Y}-\beta)/\sigma}{s/\sigma}$ t-verteilt mit $n-1$ Freiheitsgraden - dies war die Behauptung (21.2) aus dem vorigen Abschnitt. Zähler und Nenner von T entstehen aus den Projektionen ein und desselben standard-normalverteilten Zufallsvektors Z auf orthogonale Teilräume.

Testen von linearen Hypothesen

Im linearen Modell (22.2) betrachten wir jetzt einen linearen Teilraum L von K mit Dimension $l < k$ und fragen, wie man die

$$\text{Hypothese:} \quad \mu \in L$$

testen kann. Wie kann man im Modell (22.2) zutage bringen, ob die Daten mit der Hypothese $\mu \in L$ verträglich sind?

Beispiel

Konstante plus Rauschen. Mit $L := \{0\}$ geht es um einen Test der Hypothese $\beta = 0$ im Modell unabhängiger, identisch normalverteilter Y_i. Dazu hatten wir bereits im vorigen Abschnitt erste Überlegungen angestellt.

Beispiel

Einfache lineare Regression. Es sei $L := \{\beta_0 e : \beta_0 \in \mathbb{R}\}$. Dann ist nach einem Test der Hypothese $\beta_1 = 0$ gefragt.

In der allgemeinen Situation zerfällt der $\mathbb{R}^n$ in drei zueinander orthogonale Teilräume L, M und $K^\perp$, dabei sei M das orthogonale Komplement von L in K, bestehend aus all den Vektoren aus K, die orthogonal zu L sind. Dementsprechend haben wir es mit drei Projektionen

$$\mathcal{P}_L Y = \mathcal{P}_L \mu + \sigma \mathcal{P}_L Z\,, \quad \mathcal{P}_M Y = \mathcal{P}_M \mu + \sigma \mathcal{P}_M Z\,, \quad \mathcal{P}_{K^\perp} Y = \sigma \mathcal{P}_{K^\perp} Z$$

zu tun. Die Projektion $\mathcal{P}_L Y$ ist für uns unbrauchbar, da sie den unbestimmten Anteil $\mathcal{P}_L \mu$ enthält. Dagegen enthält $\mathcal{P}_M Y$ den Anteil $\mathcal{P}_M \mu$, und der ist genau dann 0, wenn die Hypothese $\mu \in L$ zutrifft. Im Vergleich zur Alternative $\mu \in K \setminus L$ ist also unter der Hypothese $\mu \in L$ die Länge $|\mathcal{P}_M Y|$ der Tendenz nach kleiner. Wie auch schon früher müssen wir die beobachtete Abweichung wieder auf die richtige Skala bringen, um sie zur Teststatistik zu machen. Dazu eignet sich die Länge $|\mathcal{P}_{K^\perp} Y|$, deren Verteilung von μ unabhängig ist. Für die Teststatistik benutzt man den Quotienten der beiden Längenquadrate $|\mathcal{P}_M Y|^2$ und $|\mathcal{P}_{K^\perp} Y|^2$. Unter der Hypothese ergibt sich folgendes Bild:

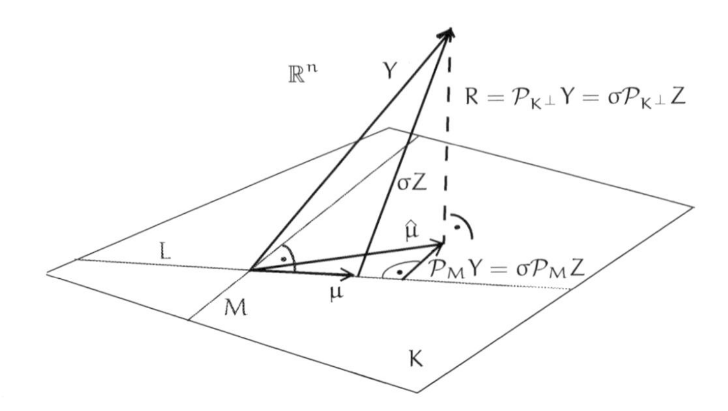

Die Dimensionen von K und L sind k und l, die von M und $K^\perp$ also $k-l$ und $n-k$. Unter der Hypothese hat somit nach dem Satz von Fisher $|\mathcal{P}_M Y|^2/\sigma^2 = |\mathcal{P}_M Z|^2$ die $\chi^2(k-l)$-Verteilung und $|\mathcal{P}_{K^\perp} Y|^2/\sigma^2 = |\mathcal{P}_{K^\perp} Z|^2$ die $\chi^2(n-k)$-Verteilung, und beide Zufallsvariable sind unabhängig. Der Übersichtlichkeit halber verwendet man die normierten Längenquadrate $|\mathcal{P}_M Y|^2/(k-l)$ und $|\mathcal{P}_{K^\perp} Y|^2/(n-k)$, die unter der Hypothese beide denselben Erwartungswert σ^2 haben. Dies führt zur Teststatistik

$$F := \frac{|\mathcal{P}_M Y|^2/(k-l)}{|\mathcal{P}_{K^\perp} Y|^2/(n-k)} .$$

Das Verfahren heißt F-Test. Die Bestandteile von F finden sich in der Formel $|Y - \mathcal{P}_L Y|^2 = |\mathcal{P}_M Y + \mathcal{P}_{K^\perp} Y|^2 = |\mathcal{P}_M Y|^2 + |\mathcal{P}_{K^\perp} Y|^2$ wieder, die Variabilität wird „nach Pythagoras" zerlegt. Man spricht in diesem Zusammenhang auch von einer *Varianzanalyse*.

Unter der Hypothese ist F so verteilt wie der Quotient $Q = \dfrac{G/(k-l)}{H/(n-k)}$, wobei G $\chi^2(k-l)$-verteilt, H $\chi^2(n-k)$-verteilt, und G und H unabhängig sind; eine Zufallsvariable Q dieser Gestalt heißt $F(k-l, n-k)$-verteilt. F-Werte, die um einiges größer als 1 sind, lassen an der Hypothese zweifeln. Der p-Wert, zu dem man die Hypothese ablehnen kann, ist die Wahrscheinlichkeit, mit der eine $F(k-l, n-k)$-verteilte Zufallsvariable größer ausfällt als der beobachtete Wert der Teststatistik F.

VI Ideen aus der Informationstheorie

Die Informationstheorie ist der Teil der Stochastik, der sich aus Fragestellungen der Nachrichtenübertragung entwickelt hat. Die Theorie handelt von Zufallsaspekten, von den übermittelten Inhalten wird dabei abgesehen. Es geht weitgehend um Codes, deren Eigenschaften man mithilfe von Begriffen wie Entropie, Redundanz, Information und Kanalkapazität zu erfassen sucht.

23 Sparsames Codieren

Präfixcodes

Sei S eine abzählbare Menge. Wir nennen sie in diesem Kapitel ein *Alphabet* und ihre Elemente *Buchstaben*. Unter einem *binären Code* von S verstehen wir eine injektive Abbildung

$$k : S \to \bigcup_{l \geq 1} \{0, 1\}^l .$$

Sie ordnet jedem Buchstaben a eine 01-Folge $k(a) = k_1(a) \dots k_l(a)$ endlicher Länge $l = \ell(a)$ als *Codewort* zu. Die Abbildung

$$\ell : S \to \mathbb{N}$$

ist das wesentliche Merkmal für die Güte des Codes. Die *Codewortlängen* sollen möglichst kurz sein – dabei darf man aber nicht aus den Augen verlieren, dass Codewörter auch wieder entziffert werden sollen. Es ist deshalb sinnvoll, sich auf *Präfixcodes* zu beschränken. Dies bedeutet, dass kein Codewort Anfangsstück eines anderen Codeworts ist, dass es also für Buchstaben $a \neq b$ keine endliche 01-Folge $f = f_1 \dots f_m$ gibt mit $k(a)f = k(b)$.

Man kann dieses Szenario verschieden auffassen.

1. In der digitalen Welt werden binäre Codes benötigt, um Nachrichten computergerecht darzustellen. Man wünscht sich die Präfixeigenschaft, damit beim Decodieren keine Probleme entstehen, insbesondere, wenn mehrere Buchstaben nacheinander zu entschlüsseln sind.

2. Man kann einen Code k auch als Fragestrategie auffassen, um einen Buchstaben a, den es zu erkunden gilt, mit Ja-Nein Fragen zu bestimmen. Die erste Frage lautet dann: „Beginnt $k(a)$ mit einer 1“, die zweite „Ist $k_2(a)$ gleich 1“ usw. Anders ausgedrückt fragt man der Reihe nach, ob a zu A_1, zu A_2 ... gehört, mit $A_i := \{b \in S : k_i(b) = 1\}$. Damit alle Buchstaben einwandfrei identifiziert werden können, muss es sich um einen Präfixcode handeln.

Baumdarstellung. Präfixcodes lassen sich übersichtlich durch *Binärbäume* in der Ebene darstellen. Das folgende Beispiel gibt einen Codebaum für das Alphabet $\{a, b, c, d, e\}$ und den Präfixcode $k(a) = 1, k(b) = 00, k(c) = 010, k(d) = 0110$, $k(e) = 01111$.

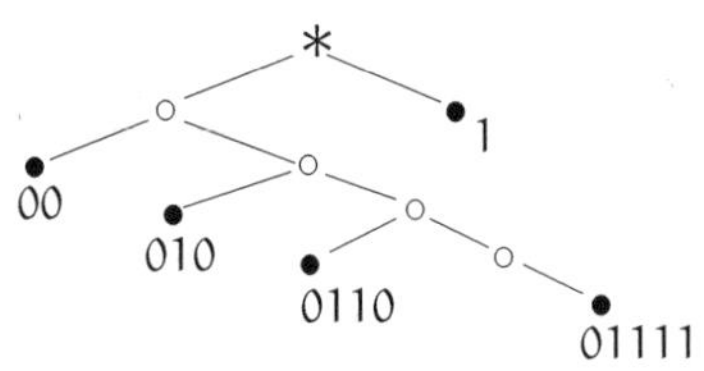

Wir erinnern: Binärbäume besitzen eine Wurzel $*$, im Bild befindet sie sich ganz oben. Von ihr und von jedem anderen Knoten zweigen nach unten höchstens zwei Kanten ab, wobei jede Kante entweder nach rechts unten oder nach links unten verläuft. Diejenigen Knoten, aus denen nach unten keine Kante mehr hinausgeht, heißen *Blätter*, die anderen werden als *innere Knoten* bezeichnet. Führen aus den inneren Knoten immer zwei Kanten nach unten, so spricht man von einem *vollen Binärbaum.*

Aufgabe Zeigen Sie per Induktion: Volle Binärbäume haben eine ungerade Anzahl $2n + 1$ von Knoten. Davon sind $n + 1$ Blätter und n innere Knoten.

In einem Codebaum sind wie im Beispiel den Buchstaben aus S in eineindeutiger Weise die Blätter des Baumes zugewiesen. Die Codierung erhält man dann wie folgt. Jedes Blatt ist durch einen endlichen Kantenzug mit der Wurzel verbunden: Ausgehend von der Wurzel geht man schrittweise nach rechts oder links unten, bis das Blatt erreicht ist. Die Anzahl der Schritte ist die *Tiefe* des Blattes. Schreibt man für jeden Schritt nach rechts eine 1 und nach links eine 0, so entsteht für jedes Blatt eine endliche 01-Folge. Sie ist die Codierung des Buchstabens, der am Blatt notiert ist. Ihre Länge ist gleich der Tiefe des Blattes. Da nur Blätter beschriftet werden, erhält man offenbar Präfixcodes.

Die Fano-Kraft Ungleichung. Sei k ein Präfixcode. Wir stellen uns vor, dass wir per fairem Münzwurf 01-Folgen erzeugen und stoppen, wenn wir eines der Codewörter geworfen haben. Das Codewort $k(a)$ erhalten wir dann mit Wahrscheinlichkeit $2^{-\ell(a)}$. Bei einem Präfixcode kommen sich die verschiedenen Codewörter dabei nicht in die Quere, alle können geworfen werden, daher folgt

$$\sum_{a \in S} 2^{-\ell(a)} \leq 1 . \qquad (23.1)$$

Dies ist die *Fano-Kraft Ungleichung* für Präfixcodes.

Aufgabe Überzeugen Sie sich, dass einem Präfixcode genau dann ein voller Binärbaum entspricht, wenn $\sum_{a\in S} 2^{-\ell(a)} = 1$ gilt.

Gilt in (23.1) sogar strikte Ungleichung, so wird man beim Münzwurf mit positiver Wahrscheinlichkeit bei einer 01-Folge landen, die keines der Codewörter $k(a)$ als Anfangsstück enthält. Ihre Länge kann als $\max_a \ell(a)$ gewählt werden, oder auch größer. Damit kann man dann ein weiteres Symbol codieren und den Code auf ein vergrößertes Alphabet erweitern, bei Erhaltung der Präfixeigenschaft.

Dies führt zum zweiten Aspekt der Fano-Kraft Ungleichung. Sei $\ell : S \to \mathbb{N}$ irgendeine Funktion, die (23.1) erfüllt. Dann lässt sich dazu ein Präfixcode konstruieren, dessen Codewortlängen durch ℓ gegeben sind. In der Tat: Seien die Elemente $a_1, a_2, \ldots$ von S so nummeriert, dass $\ell(a_1) \le \ell(a_2) \le \cdots$. Nehmen wir an, wir haben schon $a_1, \ldots, a_m$ unter Beachtung der Präfixeigenschaft mit Codewörtern der Längen $\ell(a_1) \ldots, \ell(a_m)$ versehen, aber noch nicht alle Buchstaben. Für das Teilalphabet $\{a_1, \ldots, a_m\}$ gilt dann die Fano-Kraft Ungleichung in strikter Weise, so dass sich auch für a_{m+1} ein Codewort der Länge $\ell(a_{m+1})$ findet. Die Konstruktion kann also fortgesetzt werden, bis alle Buchstaben codiert sind.

Codieren zufälliger Buchstaben

Will man sparsam codieren, so ist es meist keine gute Idee, dass alle Codewörter möglichst gleich lang sind. Normalerweise treten manche Buchstaben mit größerer Wahrscheinlichkeit auf als andere, und sie sollten dann kürzer codiert werden.

Sei also X ein „zufälliger Buchstabe", eine Zufallsvariable mit Zielbereich S. Die Verteilungsgewichte seien

$$\rho(a) = \mathbf{P}(X = a) .$$

Dann ist es günstig, Codes zu betrachten, deren erwartete Wortlänge

$$\mathbf{E}[\ell(X)] = \sum_{a\in S} \ell(a)\rho(a)$$

möglichst klein ist. Wir werden nicht nur die in diesem Sinne bestmögliche Codierung, den Huffman-Code, behandeln. Ein vertieftes Verständnis erwächst aus der Methode von Shannon[1].

Shannon-Codes. Zur Motivation betrachten wir erst den Fall der uniformen Verteilung $\rho(a) = 2^{-l}$ bei einem Alphabet von 2^l Buchstaben. Dann ist es offenbar am besten, alle Buchstaben mit den 01-Folgen der Länge l darzustellen, von denen es genau 2^l viele gibt. Hier gilt $\ell(a) = -\log_2 \rho(a)$ für alle $a \in S$.

Ein *Shannon-Code* ist ein Präfixcode, bei dem jeder Buchstabe a mit einer 01-Folge codiert wird, deren Länge $\ell(a)$ durch Aufrunden von $-\log_2 \rho(a)$ auf die

[1] Claude E. Shannon, 1916–2001, amerikanischer Mathematiker und Elektroingenieur. Shannon schuf die Informationstheorie, als er die Übertragung von Nachrichten durch gestörte Kanäle untersuchte. Dabei erkannte er die fundamentale Rolle der Entropie, ein Begriff, den er der statistischen Physik entlehnte.

nächste ganze Zahl $\lceil -\log_2 \rho(a) \rceil$ entsteht, also

$$-\log_2 \rho(a) \leq \ell(a) < -\log_2 \rho(a) + 1 \, .$$

Solche Codes gibt es immer, denn es folgt

$$\sum_{a \in S} 2^{-\ell(a)} \leq \sum_{a \in S} \rho(a) = 1 \, ,$$

die Fano-Kraft Ungleichung ist also erfüllt.

Die erwartete Wortlänge ist

$$\mathbf{E}[\ell(X)] = \sum_{a \in S} \lceil -\log_2 \rho(a) \rceil \rho(a) \, .$$

Für diesen Erwartungswert erhalten wir offenbar die untere Abschätzung

$$\mathbf{H}_2[X] := -\sum_{a \in S} \rho(a) \log_2 \rho(a) \, .$$

Es zeigt sich, dass dieser Ausdruck untere Schranke für die erwartete Wortlänge *jedes* Präfixcodes für X ist und dass damit der Shannon-Code das Minimum der Erwartungswerte um höchstens 1 Bit verfehlt. Dies ist der Inhalt des folgenden berühmten Satzes von Shannon.

Satz

Quellencodierungssatz. Für jeden binären Präfixcode gilt $\mathbf{E}[\ell(X)] \geq \mathbf{H}_2[X]$. Für binäre Shannon-Codes gilt außerdem $\mathbf{E}[\ell(X)] < \mathbf{H}_2[X] + 1$.

Beweis. Für beliebige Codes gilt

$$\mathbf{H}_2[X] - \mathbf{E}[\ell(X)] = \sum_a \rho(a) \log_2 \frac{2^{-\ell(a)}}{\rho(a)} \, .$$

Nun ist die Logarithmenfunktion konkav und liegt unterhalb ihrer Tangente im Punkt 1. Folglich gilt $\log_2 x \leq c(x-1)$ mit geeignetem $c > 0$, und

$$\mathbf{H}_2[X] - \mathbf{E}[\ell(X)] \leq c \sum_{a:\rho(a)>0} \rho(a) \Big(\frac{2^{-\ell(a)}}{\rho(a)} - 1 \Big) \leq c \Big(\sum_a 2^{-\ell(a)} - 1 \Big) \, .$$

Nach der Fano-Kraft Ungleichung ergibt dies die erste Behauptung.

Für Shannon-Codes gilt zusätzlich $\ell(a) < -\log_2 \rho(a) + 1$ und folglich

$$\mathbf{E}[\ell(X)] < \sum_a \rho(a)(-\log_2 \rho(a) + 1) = \mathbf{H}_2[X] + 1 \, .$$

Dies beweist die zweite Behauptung. □

Die Schranken sind scharf. Sei $S = \{0, 1\}$. Wie sieht ein Präfixcode von S aus? Welche Werte kann $\mathbf{H}_2[X]$ für eine S-wertige Zufallsvariable X annehmen? Folgern Sie, dass sich die beiden Schranken im Quellencodierungssatz schon in einem Alphabet mit zwei Buchstaben nicht weiter verbessern lassen. **Aufgabe**

Zeigen Sie: Die erwartete Codewortlänge eines Shannon-Codes nimmt den Wert $\mathbf{H}_2[X]$ an, falls für alle Buchstaben $\rho(a) = 2^{-\ell(a)}$ gilt. Andernfalls ist der Codebaum nicht voll und der Shannon-Code kein Präfixcode mit kleinstmöglicher erwarteter Wortlänge. **Aufgabe**

Huffman-Codes

Einen Präfixcode, der für einen zufälligen Buchstaben X kleinstmögliche erwartete Codewortlänge $\mathbf{E}[\ell(X)]$ hat, nennen wir einen *optimalen Code*.

Es gelte $\rho(a) \le \rho(b) \le \rho(c) \le \rho(d)$ für die Wahrscheinlichkeiten der Buchstaben aus dem Alphabet $S = \{a, b, c, d\}$. Zeigen Sie: Für optimale Codes kommen zwei verschiedene Baumtypen in Frage. Welcher Typ dies ist, hängt davon ab, ob $\rho(a) + \rho(b)$ kleiner oder größer als $\rho(d)$ ist. **Aufgabe**

In einem optimalen Code für einen rein zufälligen Buchstaben eines endlichen Alphabets der Größe n haben die Codewörter Länge k oder $k+1$, mit $2^k \le n < 2^{k+1}$. Begründen Sie diese Behauptung und folgern Sie, dass die erwartete Codewortlänge gleich $k + 2 - 2^{k+1}/n$ ist. **Aufgabe**

Wir konstruieren nun optimale Codes. Sie heißen *Huffman-Codes*[2] und werden nicht, wie die Shannon-Codes, von der Wurzel aus konstruiert, sondern von den fernen Blättern hin zur Wurzel. Die Konstruktion von Huffman verfolgt man am besten an den Baumdarstellungen der Codes. Sie beruht auf den folgenden einfachen Feststellungen:

(i) In einem optimalen Code verzweigt jeder Knoten, der kein Blatt ist, nach unten in *zwei* Kanten. Wäre da nur eine Kante, so könnte man sie aus dem Baum heraustrennen und erhielte damit verkürzte Codewortlängen. Der Codebaum ist also voll.

(ii) In einem optimalen Code haben Buchstaben großer Wahrscheinlichkeit kurze Codierungen. Genauer: Aus $\rho(a) < \rho(b)$ folgt immer $\ell(a) \ge \ell(b)$. Andernfalls könnte man die Beschriftungen a und b im Baum vertauschen, wodurch sich die erwartete Codewortlänge um

$$\begin{aligned}\ell(a)\rho(b) + \ell(b)\rho(a) - \ell(a)\rho(a) - \ell(b)\rho(b)\\ = -\big(\ell(b) - \ell(a)\big)\big(\rho(b) - \rho(a)\big) < 0\end{aligned}$$

verändern würde.

(iii) Sind also $u, v \in S$ zwei Buchstaben kleinster Wahrscheinlichkeit,

$$\rho(u) \le \rho(v) \le \rho(a) \quad \text{für alle } a \ne u, v\,,$$

[2] DAVID A. HUFFMAN, 1925–1999, amerikanischer Computerpionier. Den nach ihm benannten Code fand er im Jahre 1952.

so folgt für einen optimalen Code

$$\ell(u) = \ell(v) \geq \ell(a) \quad \text{für alle } a \neq u, v\,,$$

denn in einem vollen Binärbaum gibt es immer mindestens zwei Blätter größter Tiefe.

(iv) Damit dürfen wir nun auch annehmen, dass diese Buchstaben u und v in einem optimalen Code an derselben Gabel sitzen, d.h. dass sich die 01-Wörter $k(u)$ und $k(v)$ nur an der letzten Stelle unterscheiden. In dieser Situation kann man u, v zu einem neuen Buchstaben $\langle uv \rangle$ verschmelzen, zu dem kleineren Alphabet $S' := S \cup \{\langle uv \rangle\} \setminus \{u, v\}$ übergehen und dabei $\langle uv \rangle$ die Wahrscheinlichkeit $\rho(u) + \rho(v)$ zuweisen. Entsprechend kann man im Baum die u, v-Gabel beseitigen und an dem freiwerdenden Blatt den Buchstaben $\langle uv \rangle$ platzieren. Es ist offenbar: Der ursprüngliche Baum ist optimal für das ursprüngliche Alphabet, falls der reduzierte Baum für das reduzierte Alphabet optimal ist (die erwartete Wortlänge unterscheidet sich um $\rho(u) + \rho(v)$).

Es liegt nun auf der Hand, wie man von der Krone zur Wurzel einen optimalen Code erhält. Man verschmilzt erst die beiden Buchstaben kleinster Wahrscheinlichkeit. Man wiederholt diese Operation im reduzierten Alphabet und führt das Verfahren solange fort, bis alle Buchstaben verschmolzen sind. Nach diesem Verfahren entstehen Huffman-Codes.

Beispiel

Huffman-Code. Wir führen das Verfahren exemplarisch für die Verteilung ρ mit den Gewichten

$$\rho(a) = \frac{3}{50},\ \rho(b) = \frac{5}{50},\ \rho(c) = \frac{8}{50},\ \rho(d) = \frac{9}{50},\ \rho(e) = \frac{12}{50},\ \rho(f) = \frac{13}{50}$$

durch. Das folgende Schema zeigt die Reduktionsschritte.

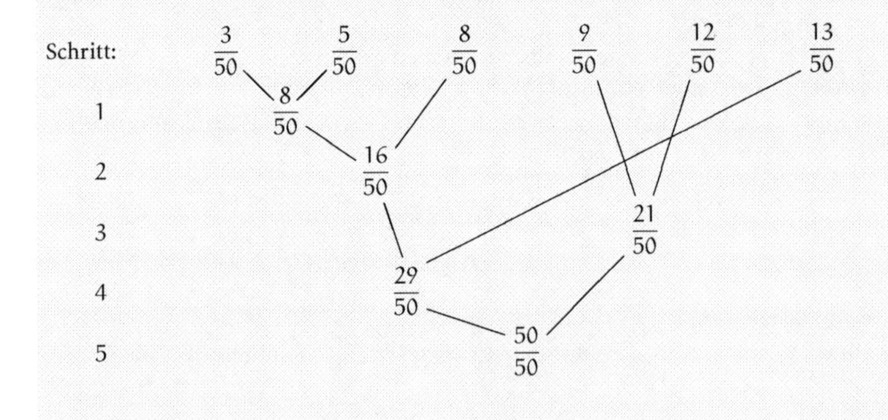

Als Codebaum erhalten wir

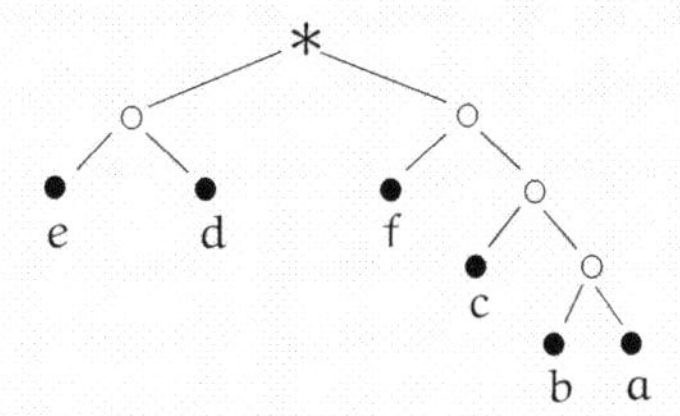

Die erwartete Wortlänge berechnet sich als 2.48. Zum Vergleich: Es ist $\mathbf{H}_2[X] = 2.443$, und der Shannon-Code hat hier die erwartete Wortlänge 3.02.

Der Huffman-Code ist ungeeignet, wenn man nicht über die Verteilung ρ von X verfügt. Heutzutage gibt es auch gute Methoden der Datenkompression, die von ρ unabhängig sind. Stellvertretend sei die Lempel-Ziv-Welch Codierung genannt, die unter geeigneten Voraussetzungen in einem asymptotischen Sinn genauso gut ist wie der Huffman-Code.

Aufgabe

Für die erwartete Wortlänge des Huffman-Codes gibt es keine geschlossene Formel. Man kann sie rekursiv berechnen: Sei $E(\rho(a_1),\dots,\rho(a_n))$ die erwartete Codewortlänge für eine Verteilung mit Gewichten $\rho(a_1),\dots,\rho(a_n)$. Begründen Sie, unter Annahme von $\rho(a_1),\rho(a_2) \le \rho(a_i)$ für alle $i \ge 3$, die Formel

$$E\big(\rho(a_1),\dots,\rho(a_n)\big) = \rho(a_1) + \rho(a_2) + E\big(\rho(a_1)+\rho(a_2),\rho(a_3),\dots,\rho(a_n)\big) .$$

Berechnen Sie damit die erwartete Wortlänge des Huffman-Codes für das deutsche Alphabet. Für die Häufigkeiten der Buchstaben finden sich Werte wie die folgenden:
Zwischenraum: 17.5%, E: 14.3%, N: 8.6%, R: 6.7%, I: 6.2%, S: 5.3%, T: 4.6%, D: 4.3%, H, A: jeweils 4.2%, U: 3.1%, L: 2.8%, C, G: jeweils 2.6%, M: 2.1%, O: 1.7%, B: 1.6%, Z, W: jeweils 1.4%, F: 1.3%, K: 0.9%, V: 0.7%, Ü: 0.6%, P, Ä: jeweils 0.5%, Ö: 0.2%, J: 0.1%, Q,X,Y: jeweils $\le 0.02\%$.
Was sind die mittleren Codewortlängen des Huffman-Codes? Vergleichen Sie mit $\mathbf{H}_2[X]$ und der erwarteten Wortlänge des Shannon-Code.

24 Entropie

Die Entropie ist *der* fundamentale Begriff der Informationstheorie.

Definition

Entropie. Sei X diskrete Zufallsvariable mit Werten in S und Gewichten $\rho(a) = \mathbf{P}(X = a)$. Dann ist die *Entropie* von X definiert als

$$\mathbf{H}[X] := -\sum_{a \in S} \rho(a) \log \rho(a) .$$

Dabei wird $0 \cdot \log 0$ als 0 gesetzt (in Übereinstimmung damit, dass $\rho \log \rho$ für $\rho \to 0$ gegen 0 konvergiert).

In diesem Abschnitt legen wir die Basis des Logarithmus nicht mehr als die Zwei fest, denn es kommt auf den Zusammenhang an, was die geeignete Wahl ist. Für ternäre Codes wird man die Drei als Basis wählen (man erinnere sich, dass das Morsealphabet mit ‚kurz', ‚lang' und ‚Pause' arbeitet). In der statistischen Physik benutzt man für die Entropie natürliche Logarithmen. Wollen wir ausdrücklich die Basis als b festlegen, so schreiben wir

$$\mathbf{H}_b[X] := -\sum_{a \in S} \rho(a) \log_b \rho(a) .$$

Wie Logarithmen unterscheiden sich auch die Entropien zu zwei verschiedenen Basen nur um einen festen positiven Faktor.

Wegen $\log \rho(a) \leq 0$ gilt

$$\mathbf{H}[X] \geq 0 .$$

Die übliche Interpretation der Entropie (nicht nur zur Basis 2) ergibt sich aus dem Quellencodierungssatz, indem wir Codes als Fragestrategien auffassen. Die Entropie (zur Basis 2) gibt danach fast genau die mittlere Anzahl von Ja-Nein Fragen an, die für uns notwendig und – bei guter Wahl des Codes – auch hinreichend ist, um den uns unbekannten Wert von X von jemandem zu erfragen, der X beobachten kann. Dies ist gemeint, wenn man die Entropie beschreibt als den *Grad von Unbestimmtheit oder Ungewissheit* über den Wert, den X annimmt. Positiv ausgedrückt kann man auch vom *Informationsgehalt* des Zufallsexperiments sprechen. Dabei ist Information nicht inhaltlich gemeint, sondern in einem statistischen Sinn: Führt man ein Zufallsexperiment mit Erfolgswahrscheinlichkeit p durch, so erfährt man wenig, wenn p nahe bei 0 oder 1 liegt, denn dann ist man sich über den Versuchsausgang schon von vornherein ziemlich sicher. So gesehen ist der Fall $p = 1/2$ am informativsten. Die weiteren Überlegungen des Abschnitts sichern diese Interpretation ab.

Aufgabe Die Entropie einer uniform verteilten Zufallsvariablen mit n-elementigem Zielbereich ist $\log n$. Prüfen Sie dies nach.

Aufgabe Eine Urne enthält n Kugeln, nummeriert mit $1, \dots, n$. Es wird k-mal gezogen ($k \leq n$), das Resultat sei $X = (X_1, \dots, X_k)$. Berechnen Sie $\mathbf{H}[X]$ im Fall des Ziehens mit Zurücklegen und ohne Zurücklegen. Welcher Wert ist größer?

Relative Entropie

Eine wichtige Hilfsgröße für das Rechnen mit Entropien ist die relative Entropie. Sie bezieht sich nicht auf Zufallsvariable, sondern auf zwei Verteilungen.

Definition **Relative Entropie.** Seien ρ und π Wahrscheinlichkeitsverteilungen mit Gewichten $\rho(a)$ und $\pi(a)$, $a \in S$. Dann ist die *relative Entropie* von ρ bzgl. π definiert als

$$D(\rho \| \pi) := \sum_{a \in S} \rho(a) \log \frac{\rho(a)}{\pi(a)} ,$$

wobei die Summanden mit $\rho(a) = 0$ gleich 0 gesetzt werden.

Man spricht auch von der *Kullback-Leibler-Information.* Folgende Interpretation bietet sich an: Sei ein Shannon-Code für einen zufälligen Buchstaben X mit Verteilung π bestimmt. Die Codewortlängen erfüllen dann für jedes $a \in S$ die Ungleichungen $-\log \pi(a) \leq \ell(a) < -\log \pi(a) + 1$. Hat nun X in Wirklichkeit die Verteilung ρ, dann ist die erwartete Codewortlänge bis auf eine Abweichung von höchstens 1 gleich $-\sum_a \rho(a) \log \pi(a)$. Damit ändert sich die erwartete Länge im Vergleich zu dem an ρ angepassten Shannon-Code (bis auf höchstens 1) um

$$-\sum_a \rho(a) \log \pi(a) - \Big(-\sum_a \rho(a) \log \rho(a)\Big) = D(\rho\|\pi) .$$

Die wesentliche Eigenschaft der relativen Entropie ist

$$D(\rho\|\pi) \geq 0 . \tag{24.1}$$

Der Beweis wird wieder mit der Abschätzung $\log x \leq c(x-1)$, $c > 0$, geführt:

$$D(\rho\|\pi) = -\sum_a \rho(a) \log \frac{\pi(a)}{\rho(a)} \geq -c \sum_{a:\rho(a)>0} \rho(a)\Big(\frac{\pi(a)}{\rho(a)} - 1\Big)$$

$$\geq -c\Big(\sum_a \pi(a) - \sum_a \rho(a)\Big) = 0 .$$

Beachtet man, dass in $\log x \leq c(x-1)$ abgesehen von $x = 1$ strikte Ungleichheit besteht, so erkennt man, dass sich auch in der letzten Abschätzung eine strikte Ungleichung ergibt, abgesehen vom Fall $\rho(a) = \pi(a)$ für alle a. Also:

$$D(\rho\|\pi) = 0 \quad \Leftrightarrow \quad \rho = \pi . \tag{24.2}$$

In den folgenden Beispielen benutzen wir (24.1) in der Gestalt

$$-\sum_a \rho(a) \log \rho(a) \leq -\sum_a \rho(a) \log \pi(a) . \tag{24.3}$$

Beispiel

Entropieschranken. Sei X eine Zufallsvariable mit Werten in S und Verteilung ρ. Jede Wahl einer Verteilung π in (24.3) liefert eine Schranke für $\mathbf{H}[X]$.

1. Uniforme Verteilung. Sei S endlich mit n Elementen und sei $\pi(a) = 1/n$ für alle $a \in S$. Dann folgt aus (24.3)

$$\mathbf{H}[X] \leq \log n . \tag{24.4}$$

Gleichheit gilt genau für die uniforme Verteilung, sie maximiert auf S die Entropie.

2. Geometrische Verteilung. Sei nun $S = \{1, 2, \dots\}$. Wir wollen $\mathbf{H}[X]$ in Beziehung setzen zum Erwartungswert von X,

$$\mathbf{E}[X] = \sum_{a=1}^{\infty} a\rho(a) .$$

Dazu wählen wir $\pi(a) := 2^{-a}$ in (24.3) und erhalten

$$\mathbf{H}[X] \le (\log 2) \sum_{a=1}^{\infty} a\rho(a) = (\log 2)\, \mathbf{E}[X] .$$

Gleichheit gilt im Fall der geometrischen Verteilung $\rho(a) = 2^{-a}$, die nach (5.18) den Erwartungswert 2 hat. Ist $\mathbf{E}[X] \le 2$, so folgt – nun bei der Wahl von 2 als Logarithmenbasis –

$$\mathbf{H}_2[X] \le 2 , \tag{24.5}$$

mit Gleichheit genau dann, wenn X Geom$(1/2)$-verteilt ist.

3. Gibbsverteilungen. Das Schema aus 2. verallgemeinert sich wie folgt. Zu vorgegebener Funktion

$$u : S \to \mathbb{R}$$

und zum Parameter $\beta \ge 0$ betrachtet man die zugehörige *Gibbsverteilung*, gegeben durch ihre Gewichte

$$\pi(a) := e^{-\beta u(a)}/z$$

mit als endlich angenommener Normierungskonstante

$$z := \sum_{a \in S} e^{-\beta u(a)} .$$

(Für $S = \mathbb{N}_0$, $u(a) := a$ und $\beta := -\ln p$ ist π die geometrische Verteilung mit Parameter p.) Wählt man die Zahl e als Basis, so ergibt die Abschätzung (24.3)

$$\mathbf{H}_e[X] \le \beta\, \mathbf{E}[u(X)] + \ln z .$$

Ist $\mathbf{E}[u(X)] \le \sum_a u(a)\pi(a)$, so folgt

$$\mathbf{H}_e[X] \le \beta \sum_a u(a)\pi(a) + \ln z = -\sum_a \pi(a) \ln \pi(a) , \tag{24.6}$$

mit Gleichheit genau dann, wenn X die Verteilung π hat. Im Kontext der statistischen Physik ist $u(a)$ die Energie im Zustand a, der Parameter β entspricht (bis auf eine Konstante) der inversen Temperatur und $-\frac{1}{\beta}\ln z$ der sogenannten freien Energie des Systems. In dieser Sprache besagt (24.6), dass die Gibbsverteilung die Entropie unter allen Verteilungen maximiert, deren mittlere Energie die ihre nicht übertreffen. Die Entropie der Gibbsverteilung ist bis auf den Faktor β gleich der Differenz aus mittlerer und freier Energie.

Entropie bei Dichten. Für eine kontinuierliche Zufallsvariable X mit Dichte $\mathbf{P}(X \in da) = f(a)\,da$ definiert man die Entropie als **Aufgabe**

$$\mathbf{H}[X] := -\int f(a) \log f(a)\, da\,.$$

Bestimmen Sie die Entropie von Exponentialverteilung und Normalverteilung. Zeigen Sie:

(i) Die Entropie einer kontinuierlichen Zufallsvariablen $X \geq 0$ mit $\mathbf{E}[X] \leq 1$ ist maximal, wenn sie exponentialverteilt ist mit Erwartungswert 1.

(ii) Die Entropie einer kontinuierlichen reellwertigen Zufallsvariablen X mit $\mathbf{Var}[X] \leq 1$ ist maximal, wenn sie standard-normalverteilt ist.
Hinweis: Man kann ohne Einschränkung $\mathbf{E}[X] = 0$ annehmen.

Gemeinsame Entropie

Für die Entropie einer Zufallsvariablen $(X_1, \dots, X_n)$ schreiben wir $\mathbf{H}[X_1, \dots, X_n]$ und nennen sie die *gemeinsame Entropie* von $X_1, \dots, X_n$. Für unabhängige Zufallsvariable X und Y legt die zu Beginn des Abschnitts diskutierte Interpretation der Entropie die Gültigkeit der Gleichung

$$\mathbf{H}[X, Y] = \mathbf{H}[X] + \mathbf{H}[Y]$$

nahe. Diese Gleichheit ist leicht verifiziert: Mit $\mathbf{P}(X = a) = \rho(a)$ und $\mathbf{P}(Y = b) = \pi(b)$ ist $\mathbf{P}(X = a, Y = b) = \rho(a)\pi(b)$, also

$$\begin{aligned}\mathbf{H}[X, Y] &= -\sum_{a,b} \rho(a)\pi(b) \log(\rho(a)\pi(b)) \\ &= -\sum_a \rho(a) \log \rho(a) \sum_b \pi(b) - \sum_b \pi(b) \log \pi(b) \sum_a \rho(a) = \mathbf{H}[X] + \mathbf{H}[Y]\,.\end{aligned}$$

Codieren von Wörtern. Statt einzelner Buchstaben betrachten wir nun zufällige *Wörter* $W_n = X_1X_2 \dots X_n$ der Länge n. Wir nehmen hier von den Buchstaben $X_1, \dots, X_n$ an, dass sie unabhängige Kopien der Zufallsvariablen X mit Werten in S sind, in der Informationstheorie spricht man von einer *unabhängigen Quelle*. Es folgt $\mathbf{H}_2[W_n] = \mathbf{H}_2[X_1] + \dots + \mathbf{H}_2[X_n] = n\mathbf{H}_2[X]$. Codiert man also nicht einzelne Buchstaben, sondern ganze Wörter nach Huffmans Methode, so folgt nach dem Quellencodierungssatz **Beispiel**

$$\mathbf{H}_2[X] \leq \frac{\mathbf{E}[\ell(W_n)]}{n} < \mathbf{H}_2[X] + \frac{1}{n}\,.$$

Jetzt werden im Mittel nur noch zwischen $\mathbf{H}_2[X]$ und $\mathbf{H}_2[X] + 1/n$ Bits pro Buchstabe benötigt, und wir erhalten folgende Beschreibung der Entropie

$$\mathbf{H}_2[X] = \lim_{n\to\infty} \frac{\mathbf{E}[\ell(W_n)]}{n} .$$

Im Allgemeinen ist die gemeinsame Entropie von X, Y verschieden von der Summe der Einzelentropien. Es gilt

$$\begin{aligned}
&\mathbf{H}[X] + \mathbf{H}[Y] - \mathbf{H}[X,Y] \\
&\quad = -\sum_{a,b} \mathbf{P}(X=a, Y=b) \log \mathbf{P}(X=a) \\
&\qquad - \sum_{a,b} \mathbf{P}(X=a, Y=b) \log \mathbf{P}(Y=b) \\
&\qquad + \sum_{a,b} \mathbf{P}(X=a, Y=b) \log \mathbf{P}(X=a, Y=b) \\
&\quad = \sum_{a,b} \mathbf{P}(X=a, Y=b) \log \frac{\mathbf{P}(X=a, Y=b)}{\mathbf{P}(X=a)\mathbf{P}(Y=b)} .
\end{aligned} \tag{24.7}$$

Dies ist die relative Entropie der gemeinsamen Verteilung von X und Y in Bezug auf diejenige Verteilung von (X, Y), die sich unter Annahme von Unabhängigkeit ergibt. Insbesondere folgt mit (24.1) und (24.2) die einleuchtende Ungleichung

$$\mathbf{H}[X,Y] \le \mathbf{H}[X] + \mathbf{H}[Y] , \tag{24.8}$$

mit Gleichheit nur im Fall der Unabhängigkeit von X und Y.

Bedingte Entropie

Die Entropie von Y, gegeben das Ereignis $\{X = a\}$, definieren wir als

$$\mathbf{H}[Y \mid X=a] := -\sum_b \mathbf{P}(Y=b \mid X=a) \log \mathbf{P}(Y=b \mid X=a)$$

und die *bedingte Entropie* von Y, gegeben X, als

$$\mathbf{H}[Y \mid X] := \sum_a \mathbf{H}[Y \mid X=a] \cdot \mathbf{P}(X=a) .$$

Nach der Interpretation von bedingten Wahrscheinlichkeiten wird sie gedeutet als die (mittlere) Ungewissheit über den Wert von Y, die bestehen bleibt, wenn man schon den Wert von X feststellen konnte. Nach Definition bedingter Wahrscheinlichkeiten kann man sie umformen zu

$$\mathbf{H}[Y \mid X] = -\sum_{a,b} \mathbf{P}(X=a, Y=b) \log \frac{\mathbf{P}(X=a, Y=b)}{\mathbf{P}(X=a)} .$$

Diese Formel stellt den Zusammenhang zu unbedingten Entropien her: Unter Beachtung von $\mathbf{H}[X] = -\sum_{a,b} \mathbf{P}(X = a, Y = b) \log \mathbf{P}(X = a)$ folgt

$$\mathbf{H}[X, Y] = \mathbf{H}[X] + \mathbf{H}[Y \mid X] . \tag{24.9}$$

Die Gleichung ist anschaulich: Die Ungewissheit über den Wert von (X, Y) ist gleich der Ungewissheit über X plus der Ungewissheit über Y, wenn der Wert von X schon beobachtet wurde. Ein Vergleich mit (24.8) ergibt die (gleichermaßen plausible) Ungleichung

$$\mathbf{H}[Y \mid X] \leq \mathbf{H}[Y] . \tag{24.10}$$

Aufgabe Seien X, Y unabhängige reellwertige Zufallsvariable. Zeigen Sie $\mathbf{H}[X + Y \mid Y] = \mathbf{H}[X]$ und $\mathbf{H}[X + Y] \geq \mathbf{H}[X]$.

Aufgabe Seien X, Y unabhängige zufällige Permutationen der Länge n. Zeigen Sie, dass $\mathbf{H}[X \circ Y] \geq \mathbf{H}[X]$. (Beim mehrfachen Mischen eines Kartenstapels wächst die Ungewissheit über die Reihenfolge der Karten mit jedem neuen Mischvorgang.)

Den Ausdruck

$$\mathbf{I}[X \| Y] := \mathbf{H}[Y] - \mathbf{H}[Y \mid X]$$

kann man als Informationsgewinn über Y durch Beobachtung von X interpretieren. Er erfüllt nach (24.10)

$$\mathbf{I}[X \| Y] \geq 0$$

und ist symmetrisch in X und Y, denn nach (24.9) gilt

$$\mathbf{I}[X \| Y] = \mathbf{H}[X] + \mathbf{H}[Y] - \mathbf{H}[X, Y] .$$

Wir haben diesen Ausdruck schon in (24.7) angetroffen und als relative Entropie der gemeinsamen Verteilung von X und Y bzgl. der gemeinsamen Verteilung unter Unabhängigkeit erkannt. $\mathbf{I}[X \| Y]$ heißt *wechselseitige Information* von X und Y.

Vorbereitend auf die nachfolgende Anwendung ergänzen wir (24.10) durch die Ungleichung

$$\mathbf{H}[Y \mid X, Z] \leq \mathbf{H}[Y \mid Z] . \tag{24.11}$$

Der Beweis beruht auf den bedingten Versionen von (24.8) und (24.9): Einerseits gilt $\mathbf{H}[Y \mid X, Z] = \mathbf{H}[X, Y \mid Z] - \mathbf{H}[X \mid Z]$, wie man sich schnell überzeugen kann, indem man die bedingten Entropien mittels (24.9) durch unbedingte ersetzt. Andererseits gilt $\mathbf{H}[X, Y \mid Z] \leq \mathbf{H}[X \mid Z] + \mathbf{H}[Y \mid Z]$, denn (24.8) bleibt beim Übergang von unbedingten zu bedingten Wahrscheinlichkeiten erhalten.

Beispiel

Stationäre Quellen. Wir betrachten wieder Wörter $W_n = X_1 \dots X_n$ der Länge n. Stellt man sich vor, W_n sei ein Abschnitt, der zufällig einem deutschen Text entnommen ist, so ist die Annahme, die Buchstaben seien unabhängig, verfehlt. Als brauchbar hat sich dagegen die Annahme erwiesen, dass die Buchstaben einer stationären Quelle entstammen. Eine unendliche Folge $X_1, X_2, \dots$ heißt *stationäre Quelle*, falls für alle $m, n \in \mathbb{N}$ die gemeinsamen Verteilungen von $X_1, \dots, X_n$ und von $X_{m+1}, \dots, X_{m+n}$ übereinstimmen. Die *Entropierate* der Quelle ist definiert als

$$h_Q := \lim_{n \to \infty} \frac{\mathbf{H}_2[X_1, \dots, X_n]}{n}$$

(wir werden gleich begründen, dass der Grenzwert existiert). Aufgrund der Stationarität sind insbesondere die zufälligen Buchstaben $X_1, X_2, \dots$ identisch verteilt (i.A. jedoch nicht unabhängig). Wegen (24.8) gilt

$$\mathbf{H}_2[X_1, \dots, X_n] \le \mathbf{H}_2[X_1] + \dots + \mathbf{H}_2[X_n] = n\mathbf{H}_2[X_1] ,$$

also folgt

$$0 \le h_Q \le \mathbf{H}_2[X_1] . \tag{24.12}$$

Die obere Schranke wird bei Unabhängigkeit angenommen, die untere im Fall totaler Redundanz, in dem $X_1 = X_2 = \cdots$ gilt.

Nach dem Quellencodierungssatzes gibt nh_Q approximativ die erwartete Anzahl von Bits an, die man benötigt, wenn man mit dem Huffman-Code ganze Textstücke W_n großer Länge n codiert. Je kleiner h_Q ist, desto kürzer sind die Codewörter. Dies bedeutet, dass die Quelle „überflüssige“ Buchstaben verwendet, man sagt, die Quelle ist redundant. Der Vergleichsmaßstab ist nach (24.12) die Entropie $\mathbf{H}_2[X_1]$, das Verhältnis der beiden Größen sagt etwas darüber aus, wieviel Redundanz in der Quelle im Vergleich zu unabhängigen Buchstaben steckt. Die *relative Redundanz* der Quelle wird deswegen als

$$r_Q := 1 - \frac{h_Q}{\mathbf{H}_2[X_1]}$$

definiert, sie liegt zwischen 0 und 1.

Für die Untersuchung statistischer Eigenschaften von Sprachen hat sich das Modell einer stationären Quelle als tragfähig erwiesen. Ausführliche Untersuchungen haben ergeben, dass die relative Redundanz vieler europäischer Sprachen nahe bei $1/2$ liegt. Salopp gesprochen ließe sich also jeder zweite Buchstabe sparen. Jedoch würden ohne Redundanz schon kleinste Fehler in Text oder Rede Verständigungsprobleme bereiten.

Es bleibt zu zeigen, dass h_Q wohldefiniert ist. Durch mehrfache Anwendung von (24.9) ergibt sich

$$\begin{aligned}\mathbf{H}[X_1, \dots, X_n] &= \mathbf{H}[X_2, \dots, X_n] + \mathbf{H}[X_1 \mid X_2, \dots, X_n] = \cdots \\ &= \mathbf{H}[X_n] + \mathbf{H}[X_{n-1} \mid X_n] + \cdots + \mathbf{H}[X_1 \mid X_2, \dots, X_n] .\end{aligned}$$

Mittels Stationarität folgt

$$\mathbf{H}[X_1,\ldots,X_n] = \mathbf{H}[X_1] + \mathbf{H}[X_1 \mid X_2] + \cdots + \mathbf{H}[X_1 \mid X_2,\ldots,X_n]$$

(24.10) und (24.11) zeigen, dass die Summanden monoton fallen. Es folgt die Existenz der Limiten

$$\lim_{n\to\infty} \frac{\mathbf{H}[X_1,\ldots,X_n]}{n} = \lim_{n\to\infty} \mathbf{H}[X_1 \mid X_2,\ldots,X_n] \, .$$

Aufgabe

Zeigen Sie $\mathbf{H}[X_1,\ldots,X_{n-1} \mid X_n] = \mathbf{H}[X_n,\ldots,X_2 \mid X_1]$ für eine stationäre Quelle. Anschaulich gesprochen: Bei einer stationären Quelle sind, gegeben ein Beobachtungswert, der Blick vorwärts und rückwärts im Mittel gleich informativ.

Aufgabe

Seien $Y_1, Y_2, \ldots$ unabhängige Kopien einer Zufallsvariablen Y, und sei Z eine davon unabhängige Zufallsvariable. Zeigen Sie: $X_1 = (Y_1, Z), X_2 = (Y_2, Z), \ldots$ ist eine stationäre Quelle mit der relativen Redundanz $\mathbf{H}[Y]/(\mathbf{H}[Y] + \mathbf{H}[Z])$.

Aufgabe

Sei $X_1, X_2, \ldots$ eine stationäre Markovkette. Zeigen Sie: Die relative Redundanz hat den Wert $\mathbf{H}[X_2 \mid X_1]/\,\mathbf{H}[X_1]$.

Entropiereduktion unter Abbildungen

Die Ungewissheit über den Wert sollte sich gewiss nicht vergrößern, wenn man eine Zufallsvariable mit einer Abbildung transformiert. Dementsprechend gilt

$$\mathbf{H}[h(X)] \leq \mathbf{H}[X] \, , \qquad (24.13)$$

dabei bezeichne h eine Abbildung, definiert auf dem Zielbereich von X. Der Beweis ergibt sich aus (24.9) und

$$\mathbf{H}[X, h(X)] = \mathbf{H}[X] \, , \qquad (24.14)$$

diese beiden Entropien ergeben sich nämlich aus den gleichen Verteilungsgewichten $\mathbf{P}\big(X = a, h(X) = h(a)\big) = \mathbf{P}(X = a)$.

Aufgabe

Zeigen Sie $\mathbf{H}[h(X) \mid X] = 0$, sowohl mit (24.9) als auch direkt.

Beispiel

Simulation diskreter Verteilungen per Münzwurf. Wir setzen das Beispiel von Seite 95/96 fort. Betrachten wir erst einmal einen vollen Binärbaum. Wandert man per fairem Münzwurf von der Wurzel aus durch den Baum zur Krone, so landet man in einem zufälligen Blatt X. Seine Verteilung hat die Gewichte

$$\mathbf{P}(X = a) = 2^{-\ell(a)} \, , \quad a \in S_B \, ,$$

dabei ist $\ell(a)$ die Tiefe des Blattes a, und S_B bezeichnet die Menge der Blätter. Die erwartete Tiefe von X erweist sich damit als

$$\mathbf{E}[\ell(X)] = \mathbf{H}_2[X] .$$

Sei nun jedes Blatt mit einem Element aus einer Menge S beschriftet. Dem entspricht eine Abbildung

$$h : S_B \to S .$$

Anders als bei Präfixcodes dürfen hier verschiedene Blätter mit ein und demselben Buchstaben beschriftet sein. Für $Y := h(X)$ erhalten wir nach (24.13)

$$\mathbf{H}_2[Y] \leq \mathbf{E}[\ell(X)] . \tag{24.15}$$

Wie im Beispiel auf Seite 95/96 fassen wir nun unser Experiment als Simulation einer Verteilung π durch Münzwurf auf. Die erwartete Länge der Münzwurffolge ist $\mathbf{E}[\ell(X)]$. Gemäß (24.15) muss man also im Mittel mindestens $\mathbf{H}_2[Y]$-mal die Münze werfen. Soviel „Zufall" ist zur Simulation der Verteilung π per Münzwurf jedenfalls nötig.

Dieses Resultat passt gut zum Quellencodierungssatz. Wie bei diesem Satz gibt es auch hier eine Abschätzung in die umgekehrte Richtung. Dazu betrachten wir speziell den Baum, der durch Dualbruchzerlegung der Verteilungsgewichte $\pi(b)$, $b \in S$, entsteht, mit der auf Seite 96 angegebenen Blattbeschriftung. In diesem Fall gilt zusätzlich

$$\mathbf{E}[\ell(X)] \leq \mathbf{H}_2[Y] + 2 . \tag{24.16}$$

Zum Beweis wollen wir $\mathbf{H}_2[X \mid Y = b]$ abschätzen. Der mittels Dualbruchzerlegung gefundene Baum hat die Eigenschaft, dass es für jedes $b \in S$ in jeder Tiefe höchstens ein mit b beschriftetes Blatt gibt. Die Blätter $a_1, a_2, \ldots$, die mit b beschriftet sind, lassen sich also so anordnen, dass $\ell(a_1) < \ell(a_2) < \cdots$ gilt. Für $p_i := \mathbf{P}(X = a_i \mid Y = b) = 2^{-\ell(a_i)}/\mathbf{P}(Y = b)$ folgt $p_{i+1} \leq p_i/2$. Dies impliziert, dass es eine Zahl k gibt, so dass $p_i > 2^{-i}$ für $i \leq k$ und $p_i \leq 2^{-i}$ für $i > k$. Es folgt

$$\sum_{i \geq 1} i(p_i - 2^{-i}) = \sum_{i \geq 1} (i-k)(p_i - 2^{-i}) \leq 0$$

und folglich $\sum_{i \geq 1} ip_i \leq \sum_{i \geq 1} i2^{-i} = 2$. Damit können wir die Entropieschranke (24.5) anwenden und erhalten $\mathbf{H}_2[X \mid Y = b] \leq 2$. Es folgt $\mathbf{H}_2[X \mid Y] \leq 2$ und schließlich mit (24.14) und (24.9) wie behauptet

$$\mathbf{E}[\ell(X)] = \mathbf{H}_2[X] = \mathbf{H}_2[X, Y] = \mathbf{H}_2[Y] + \mathbf{H}_2[X \mid Y] \leq \mathbf{H}_2[Y] + 2 .$$

Aufgabe Zeigen Sie, dass in (24.16) sogar strikte Ungleichung gilt, es sei denn, man ist ungeschickt in der Wahl der Dualbruchzerlegung.

25 Redundantes Codieren*

Digitale Nachrichtenübertragung – man denke etwa an die Datenübermittelung von Satelliten – sieht schematisch so aus:

$$\text{Quelle} \quad \longrightarrow \quad \text{gestörter Kanal} \quad \longrightarrow \quad \text{Empfänger}$$

Zunächst wird die Nachricht an der Quelle in eine Form gebracht, die ihre Übertragung möglich macht. Sie wird, etwa nach der Methode von Huffman, in eine 01-Folge transformiert. Am anderen Ende der Nachrichtenstrecke ist die empfangene 01-Sequenz vom Empfänger zu entschlüsseln, und zwar auf möglichst unkomplizierte Weise.

Bei der Nachrichtenübertragung durch den *Kanal* muss man darauf gefasst sein, dass sich in die Botschaften an einzelnen Stellen zufällig Fehler einschleichen. Deswegen empfiehlt es sich nicht, die sparsam codierten Nachrichten unverarbeitet zu verschicken, korrektes Entschlüsseln kann am anderen Kanalende unmöglich werden.

Hier helfen redundante Codes. Ein (n, m)-*Blockcode* besteht aus einer Verschlüsselungsvorschrift

$$v : \{0, 1\}^m \to C^n$$

mit $n > m$ und einer endlichen Menge C. Anstelle des 01-Blockes $k = k_1 \dots k_m$ wird das expandierte Wort $v(k) = c_1 \dots c_n$ mit $c_i \in C$ gesendet. Das Verhältnis $r := m/n$ heißt *Übertragungsrate* des Blockcodes. Sie gibt an, welcher Anteil eines Bits der ursprünglichen Nachricht im Mittel pro gesendetem Buchstaben übertragen wird.

Der gestörte Kanal bringt den Zufall ins Spiel: Er überträgt ein zufälliges Wort in ein anderes zufälliges Wort. Das gesendete Wort schreiben wir als Zufallsvariable $V = X_1 \dots X_n$ mit Werten in C^n, und das empfangene Wort als Zufallsvariable $W = Y_1 \dots Y_n$ mit Werten in D^n.

Am anderen Ende des Kanals benötigt man dann noch eine *Entschlüsselung*, d. h. eine Abbildung

$$e : D^n \to \{0, 1\}^m ,$$

die die empfangene Nachricht $d = d_1 \dots d_n$ in einen 01-Block $e(d) = k'_1 \dots k'_m$ zurückführt.

Blockcodes entstehen z. B., indem man an eine Nachricht $k \in \{0, 1\}^m$ eine Anzahl Prüfbits anhängt, die Fehlererkennung und sogar Fehlerkorrektur erlauben. Dass dies möglich ist, sei kurz angedeutet: Wenn man k zweimal sendet, kann man Fehler erkennen, und wenn man k dreimal sendet, kann man durch Vergleich der drei empfangenen Wörter Korrekturen vornehmen. Der berühmte $(7, 4)$-Hamming-Code verfeinert diese Idee. Mit dem Themenkreis befasst sich eine ganze mathematische Disziplin, die Codierungstheorie, auf die wir hier nicht weiter eingehen.

Im Folgenden geht es um keine bestimmten Codes, sondern um die Frage, um wieviel man die Länge einer Nachricht mindestens strecken muss, damit eine korrekte Entschlüsselung für den Empfänger überhaupt erst machbar wird. Dazu müssen wir Annahmen über den Kanal machen. Wir legen einen *gedächtnislosen Kanal* zugrunde, mit Übertragungswahrscheinlichkeiten $P(c,d), c \in C, d \in D$. Das bedeutet:

(i) Bezeichnet X einen einzelnen zufälligen Buchstaben aus C, der durch den Kanal gesendet wird, und ist Y der empfangene zufällige Buchstabe, so gilt

$$\mathbf{P}(X = c, Y = d) = \mathbf{P}(X = c)P(c,d) \qquad c \in C\,,\ d \in D\,. \tag{25.1}$$

(ii) Der Kanal induziert keine Abhängigkeiten. Das heißt, werden die Wörter $V = X_1 \dots X_n$ und $W = Y_1 \dots Y_n$ gesendet bzw. empfangen, und sind $X_1, \dots, X_n$ unabhängige Zufallsvariable, so sind auch die Paare $(X_1, Y_1), \dots, (X_n, Y_n)$ unabhängig.

Unter diesen Annahmen definiert man dann die *Kapazität* κ des Kanals als die größtmögliche wechselseitige Information zwischen einem gesendeten X und dem empfangenen Y:

$$\kappa := \sup \mathbf{I}_2[X \| Y]\,,$$

dabei wird das Supremum über alle möglichen gemeinsamen Verteilungen von X und Y gebildet, die (25.1) genügen. Wir berechnen die Kapazität in zwei Fällen.

Beispiele

1. Der symmetrische Binärkanal. Beim symmetrischen Binärkanal ist $C = D = \{0,1\}$ und $P(0,1) = P(1,0) = p$, $P(0,0) = P(1,1) = q = 1 - p$.

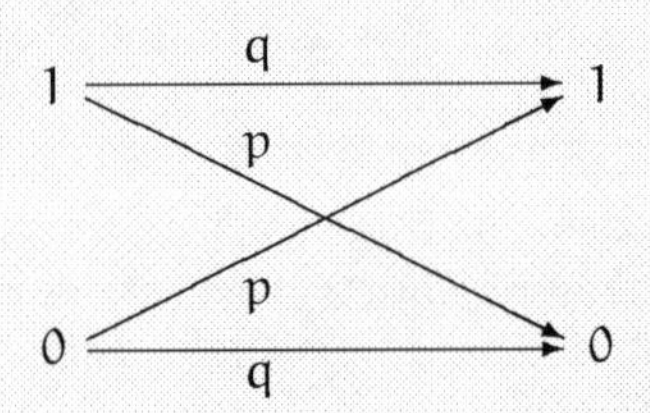

Dann gilt $\mathbf{H}_2[Y \mid X = c] = -p \log_2 p - q \log_2 q$ und $\mathbf{H}_2[Y \mid X] = -p \log_2 p - q \log_2 q$. Es folgt

$$\mathbf{I}_2[X \| Y] = \mathbf{H}_2[Y] - \mathbf{H}_2[Y \mid X] = \mathbf{H}_2[Y] + p \log_2 p + q \log_2 q\,.$$

Nach (24.4) gilt $\mathbf{H}_2[Y] \leq \log_2 2 = 1$, mit Gleichheit, falls X und damit auch Y uniform auf $\{0,1\}$ verteilt ist. Daher erhalten wir für die Kapazität

$$\kappa = 1 + p \log_2 p + q \log_2 q\,. \tag{25.2}$$

2. Verlust von Bits. Wir betrachten nun einen Kanal, bei dem Bits verloren gehen können, anstatt wie beim symmetrischen Kanal vertauscht zu werden. Das Eingangsalphabet ist $C = \{0,1\}$, das Ausgangsalphabet nun $D = \{0,1,*\}$, mit den Übergangswahrscheinlichkeiten $P(0,*) = P(1,*) = p$, $P(0,0) = P(1,1) = q = 1 - p$.

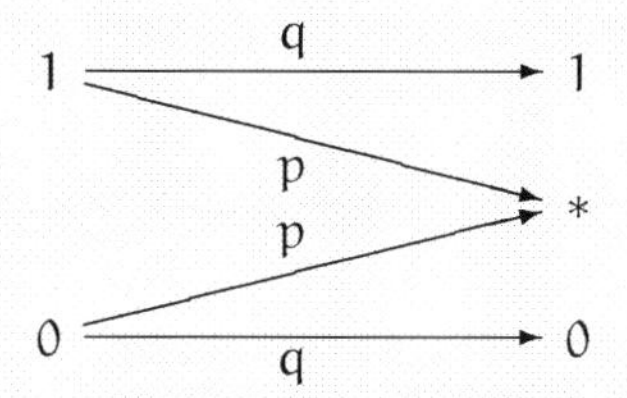

$*$ steht für die Situation, dass bei der Übertragung das gesendete Bit verloren geht.

Ist ρ die Verteilung von X, dann ergibt sich

$$\begin{aligned} \mathbf{H}_2[Y] &= -q\rho(0)\log_2(q\rho(0)) - q\rho(1)\log_2(q\rho(1)) - p\log_2 p \\ &= q\mathbf{H}_2[X] - p\log_2 p - q\log_2 q\,, \end{aligned}$$

außerdem gilt wie beim symmetrischen Kanal $\mathbf{H}_2[Y\,|\,X] = -p\log_2 p - q\log_2 q$. Daher folgt

$$\mathbf{I}_2[X\|Y] = q\mathbf{H}_2[X]\,.$$

Der Ausdruck wird maximal, wenn X uniform verteilt ist, und es ergibt sich für die Kapazität die plausible Formel

$$\kappa = q\,.$$

Aufgabe

Ein Kanal heißt *deterministisch*, falls $Y = h(X)$ für eine Funktion $h : C \to D$. Dann gilt $\mathbf{I}_2[X\|Y] = \mathbf{H}_2[Y]$, und die Kapazität ist durch $\log_2 \#h(C)$ gegeben. Zeigen Sie dies.

Um nun Shannons Hauptsatz formulieren zu können, benötigen wir noch den Begriff der Fehlerwahrscheinlichkeit eines Kanals. Bezeichne $W = Y_1 \dots Y_n$ das empfangene zufällige Wort mit Wert in D^n und sei $\mathbf{P}_k(e(W) = k')$ die Wahrscheinlichkeit, dass die ursprüngliche Nachricht $k = k_1 \dots k_m \in \{0,1\}^m$ nach Verschlüsseln und Senden durch den Kanal schließlich als $k' = k_1' \dots k_m'$ entschlüsselt wird. Die *maximale Fehlerwahrscheinlichkeit* eines Blockcodes ν zusammen mit einer Entschlüsselung e definiert man als

$$\gamma(\nu, e) := \max_{k \in \{0,1\}^m} \mathbf{P}_k\big(e(W) \neq k\big)\,,$$

Satz

Kanalcodierungssatz. Gegeben sei ein gedächtnisloser Kanal der Kapazität κ. Dann gilt:

(i) Zu jedem $\varepsilon > 0$ gibt es einen Blockcode, dessen Übertragungsrate mindestens $\kappa - \varepsilon$ ist, und der mit einer maximalen Fehlerwahrscheinlichkeit von höchstens ε decodiert werden kann.

(ii) Ist $r \geq 0$ derart, dass für jedes $\varepsilon > 0$ Nachrichten mit einer Übertragungsrate von mindestens r und einer maximalen Fehlerwahrscheinlichkeit von höchstens ε übertragen werden können, so folgt $r \leq \kappa$.

Shannon hat für die Existenzaussage (i) einen bemerkenswerten Beweis gegeben. Er benutzt den Zufall, der so zum Helfer wird (und nicht mehr ein Störelement ist, wie anderswo). Shannon zeigt: Wenn man sich aus den Codes einen zufällig herausgreift, dann erwischt man mit positiver Wahrscheinlichkeit einen Code mit der gewünschten Eigenschaft. Es muss also solche Codes geben, auch wenn der Beweis keinen von ihnen konstruiert! Diese Art von Existenzbeweis heißt „die probabilistische Methode", sie spielt in der Kombinatorik eine wichtige Rolle.

In der Nachfolge von Shannon haben viele Informationstheoretiker Anstrengungen unternommen, um konkrete, für die Anwendung brauchbare Codes zu finden, deren Raten nicht zu fern der Schranke des Kanalcodierungssatzes sind.

Um einen Eindruck von der probabilistischen Beweismethode zu vermitteln, wollen wir Aussage (i) im Spezialfall eines symmetrischen Binärkanals der Fehlerwahrscheinlichkeit $p < 1/2$ ableiten. Seine Kapazität haben wir in (25.2) als $\kappa = \eta(p)$ bestimmt, mit

$$\eta(t) := 1 + t\log_2 t + (1-t)\log_2(1-t)\,, \quad 0 < t < 1\,.$$

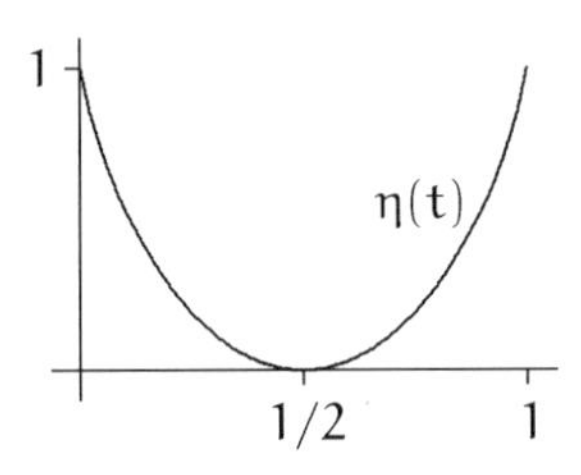

Die zweite Ableitung von η ist überall positiv, η ist folglich strikt konvex. Wegen $\eta(1/2) = \eta'(1/2) = 0$ folgt $\eta(t) > 0$ für $t \neq 1/2$.

Als Zwischenschritt definieren wir die *mittlere Fehlerwahrscheinlichkeit*

$$\delta(\nu, e) := 2^{-m} \sum_{k\in\{0,1\}^m} \mathbf{P}_k(e(W) \neq k)$$

eines Blockcodes ν mit Entschlüsselung e.

Wir werden zeigen, dass für alle $\varepsilon > 0$ und alle hinreichend großen n ein (m,n)-Blockcode mit Übertragungsrate $m/n \geq \eta(p) - \varepsilon$ und eine Entschlüsselung e existieren, sodass für die mittlere Fehlerwahrscheinlichkeit gilt:

$$\delta(\nu, e) \leq \varepsilon\,. \tag{25.3}$$

Von (25.3) zur Aussage (i) des Satzes ist dann der Schritt nicht mehr groß: Ist das arithmetische Mittel der 2^m Zahlen $\mathbf{P}_k(e(W) \neq k)$, $k \in \{0,1\}^m$, nicht größer als ε, dann muss mindestens die Hälfte aller Wörter $k \in \{0,1\}^m$ die Schranke

$$\mathbf{P}_k(e(W) \neq k) \leq 2\varepsilon$$

einhalten. Wir fassen nun 2^{m-1} der Wörter k mit dieser Eigenschaft zu einer Menge B zusammen und modifizieren die Entschlüsselungsabbildung e zu einer Abbildung $e' : \{0,1\}^n \to B$ mit $e'(d) := e(d)$ falls $e(d) \in B$, und beliebigem $e'(d) \in B$ sonst. Identifiziert man die Menge B mit der Menge $\{0,1\}^{m-1}$, dann hat man einen $(n, m-1)$-Blockcode mit maximaler Fehlerwahrscheinlichkeit $\le 2\varepsilon$ gewonnen. Für hinreichend großes n gilt für dessen Übertragungsrate die Abschätzung

$$(m-1)/n \ge \eta(p) - 2\varepsilon = \kappa - 2\varepsilon\ .$$

Insgesamt ist das die Aussage (i) des Kanalcodierungssatzes, mit 2ε statt ε.

Nun wenden wir uns dem Beweis von (25.3) zu. Als Hilfsmittel benutzen wir eine exponentielle Variante der Chebyshev-Ungleichung, die von Chernoff[3] stammt. Wir leiten sie hier nur im Spezialfall einer binomialverteilten Zufallsvariablen mit Parametern n und $1/2$ her. Sie gilt sehr viel allgemeiner, das Beweisprinzip wird aber schon in diesem einfachsten Fall deutlich.

Satz

Chernoff-Ungleichung. Sei X Bin$(n, 1/2)$-verteilt und sei $u \in (\frac{1}{2}, 1)$. Dann gilt

$$\mathbf{P}(X \ge nu) \le 2^{-n\eta(u)}\ .$$

Beweis. Wir benutzen die Darstellung $X = Z_1 + \cdots + Z_n$ mit einem fairen Münzwurf $(Z_1, \ldots, Z_n)$. Die Markov-Ungleichung ergibt für $\lambda > 0$

$$\mathbf{P}(X \ge nu) = \mathbf{P}\big(2^{\lambda X} \ge 2^{\lambda n u}\big) \le 2^{-\lambda n u}\mathbf{E}\big[2^{\lambda X}\big]\ .$$

Aufgrund des Satzes vom Erwartungswert unabhängiger Produkte gilt

$$\mathbf{E}\big[2^{\lambda X}\big] = \mathbf{E}\big[2^{\lambda(Z_1+\cdots+Z_n)}\big] = \mathbf{E}\big[2^{\lambda Z_1}\big]\cdots\mathbf{E}\big[2^{\lambda Z_n}\big] = (2^{\lambda-1} + 2^{-1})^n\ .$$

Es folgt

$$\mathbf{P}(X \ge nu) \le 2^{-n}\big(2^{\lambda(1-u)} + 2^{-\lambda u}\big)^n\ .$$

Wir wählen nun $\lambda > 0$ so, dass $2^\lambda = u/(1-u)$ gilt (diese Wahl minimiert den Ausdruck rechts). Es folgt

$$\mathbf{P}(X \ge nu) \le 2^{-n}\Big(\Big(\frac{u}{1-u}\Big)^{1-u} + \Big(\frac{u}{1-u}\Big)^{-u}\Big)^n = 2^{-n}u^{-nu}(1-u)^{-n(1-u)}\ ,$$

und dies ergibt die Behauptung. □

[3] Herman Chernoff, *1923, amerikanischer Mathematiker und Statistiker.

Wir betrachten nun einen zufälligen Code V. Er ist eine Zufallsvariable mit Werten in der Menge aller Blockkodes $\nu : \{0,1\}^m \to \{0,1\}^n$, dabei wird jedem $k \in \{0,1\}^m$ ein zufälliges Codewort $V(k) = X_1(k)\dots X_n(k)$ mit Werten in $\{0,1\}^n$ zugeordnet. V ist so gewählt, dass für alle k die $X_1(k),\dots,X_n(k)$ faire Münzwürfe sind, die zudem für unterschiedliche k voneinander unabhängig sind. Anders gesagt: V ist ein rein zufälliger (n,m)-Blockcode.

Am anderen Ende des Kanals wird ein zufälliges Wort $W = Y_1 \dots Y_n$ empfangen. Entschlüsselt wird nach folgender Regel e_V: Setze für $k' \in \{0,1\}^m$

$$G_{k'} := \#\{i \le n : Y_i = X_i(k')\}$$

und decodiere W als dasjenige (oder eines der) k', für das $G_{k'}$ maximal ist. Die mittlere Fehlerwahrscheinlichkeit des Paares V, e_V ist

$$\delta_V := 2^{-m} \sum_k \mathbf{P}_k(e_V(W) \neq k)\,.$$

Sie gilt es abzuschätzen.

Sei $u \in (1/2, q)$ mit $q := 1 - p$. Nehmen wir an, ein Wort k, gesendet als $V(k)$, wird am Ende als k' entschlüsselt, das heißt, das Ereignis $\{e_V(W) = k'\}$ tritt ein. Dann tritt auch $\{G_k \le G_{k'}\}$ ein, und es muss entweder $\{G_k \le un\}$ oder $\{G_{k'} > un\}$ eintreten. Dies bedeutet: Wird k falsch entschlüsselt, so tritt eines der Ereignisse $\{G_k \le un\}, \{G_{k'} > un\}$ für $k' \neq k$ ein. Für die Fehlerwahrscheinlichkeit des Codes folgt die Abschätzung

$$\mathbf{P}_k(e_V(W) \neq k) \le \mathbf{P}_k(G_k \le un) + \sum_{k':k' \neq k} \mathbf{P}_k(G_{k'} > un)\,.$$

Nun gilt für den symmetrischen Binärkanal $\mathbf{P}_k\big(Y_i = X_i(k)\big) = q$, so dass unter $\mathbf{P}_k$ die Zufallsvariable G_k Bin(n,q)-verteilt ist. Außerdem ist unter $\mathbf{P}_k$ das empfangene Wort W von $V(k')$ unabhängig, und $V(k')$ ist nach Annahme ein fairer Münzwurf. Es folgt $\mathbf{P}_k\big(Y_i = X_i(k')\big) = 1/2$ für $k' \neq k$, so dass unter $\mathbf{P}_k$ die Zufallsvariable $G_{k'}$ Bin$(n, 1/2)$-verteilt ist.

Wir können deswegen unter Benutzung der Ungleichungen von Chebyshev und Chernoff abschätzen:

$$\mathbf{P}_k(G_k \le un) \le \mathbf{P}_k\big(|G_k/n - q| \ge q - u\big) \le \frac{1}{(q-u)^2 n}\,,$$

$$\sum_{k':k' \neq k} \mathbf{P}_k(G_{k'} > un) \le 2^m 2^{-n\eta(u)}\,.$$

Sein nun m so, dass $n(\eta(p) - \varepsilon) \le m \le n(\eta(p) - \varepsilon/2)$. Diese Wahl ist für hinreichend großes n immer möglich. Für die Fehlerwahrscheinlichkeiten folgt

$$\mathbf{P}_k(e_V(W) \neq k) \le \frac{1}{(q-u)^2 n} + 2^{n(\eta(p) - \eta(u) - \varepsilon)}\,.$$

Diese Abschätzung gilt dann auch für die mittlere Fehlerwahrscheinlichkeit δ_V. Wählen wir nun noch u nahe genug bei q, so wird der Exponent wegen $\eta(p) = \eta(q)$ negativ, und der Gesamtausdruck konvergiert für $n \to \infty$ gegen 0. Es folgt

$$\delta_V \leq \varepsilon$$

für n ausreichend groß.

Es bleibt, den Schritt von dem zufälligen Code zu deterministischen Codes zu vollziehen. Dazu bemerke man, dass bei Eintreten des Ereignisses $\{V = \nu\}$, mit $\nu : \{0,1\}^m \to \{0,1\}^n$, die Entschlüsselung e_V nicht länger zufällig ist und zur Entschlüsselung e_ν wird. Es folgt nach dem Satz von der totalen Wahrscheinlichkeit

$$\begin{aligned} \mathbf{P}_k(e_V(W) \neq k) &= \sum_\nu \mathbf{P}_k(e_V(W) \neq k \mid V = \nu)\, \mathbf{P}_k(V = \nu) \\ &= 2^{-mn} \sum_\nu \mathbf{P}_k(e_\nu(W) \neq k)\,. \end{aligned}$$

Es folgt

$$\delta_V = 2^{-m} \sum_k 2^{-mn} \sum_\nu \mathbf{P}_k(e_\nu(W) \neq k) = 2^{-mn} \sum_\nu \delta(\nu, e_\nu)\,.$$

Die Summe enthält 2^{mn} Summanden. Ist daher $\delta_V \leq \varepsilon$, so gibt es ein Paar ν, e_ν, so dass $\delta(\nu, e_\nu) \leq \varepsilon$. Damit ist (25.3) bewiesen. – Der vollständigen Beweis des Kanalcodierungssatzes findet sich in Lehrbüchern der Informationstheorie, etwa in Cover, Thomas (1991).

Stochastikbücher – eine Auswahl

[1] Heinz Bauer, *Wahrscheinlichkeitstheorie*, 4. Aufl., de Gruyter 2001.

[2] Patrick Billingsley, *Probability and Measure*, 3. Aufl., Wiley-Interscience 1995.

[3] Leo Breiman, *Probability*, Addison-Wesley 1968, Nachdruck: SIAM Classics in Applied Mathematics 1992.

[4] Kai Lai Chung, *Elementare Wahrscheinlichkeitstheorie und Stochastische Prozesse*, Springer 1992.

[5] Thomas M. Cover und Joy A. Thomas, *Elements of Information Theory*, Wiley 1991.

[6] Harold Dehling und Beate Haupt, *Einführung in die Wahrscheinlichkeitstheorie und Statistik*, Springer 2007.

[7] Hermann Dinges und Hermann Rost, *Prinzipien der Stochastik*, Teubner 1982.

[8] Lutz Dümbgen, *Stochastik für Informatiker*, Springer 2003.

[9] Rick Durrett, *The Essentials of Probability*, Duxbury 1994.

[10] Arthur Engel, *Wahrscheinlichkeitstheorie und Statistik*, Bd. 1/2, Klett 1976.

[11] Arthur Engel, *Stochastik*, Klett 2000.

[12] Ludwig Fahrmeir, Rita Künstler, Iris Pigeot, Gerhard Tutz, *Statistik*, 5. Aufl., Springer 2004.

[13] William Feller, *Probability Theory and its Applications*, Bd. 1, 3. Aufl., Wiley 1968.

[14] David Freedman, Robert Pisani und Roger Purves, *Statistics*, 3. Aufl., Norton 1998.

[15] Hans-Otto Georgii, *Stochastik*, 4. Aufl., de Gruyter 2009.

[16] Gerd Gigerenzer, *Das Einmaleins der Skepsis*, Berlin Verlag 2002.

[17] Geoffrey Grimmett und David Stirzaker, *Probability and Random Processes*, 3. Aufl., Oxford University Press, 2001.

[18] Olle Häggström, *Streifzüge durch die Wahrscheinlichkeitstheorie*, Springer 2005.

[19] Norbert Henze, *Stochastik für Einsteiger. Eine Einführung in die faszinierende Welt des Zufalls*, 6. Aufl., Vieweg 2006.

[20] Achim Klenke, *Wahrscheinlichkeitstheorie*, Springer 2006.

[21] Holger Knöpfel und Matthias Löwe, Stochastik – Struktur im Zufall. Oldenbourg 2007.

[22] Ulrich Krengel, *Einführung in die Wahrscheinlichkeitstheorie und Statistik*, 8. Aufl., Vieweg 2005.

[23] Klaus Krickeberg und Herbert Ziezold, *Stochastische Methoden*, 4. Aufl., Springer 1994.

[24] Johann Pfanzagl, *Elementare Wahrscheinlichkeitsrechnung*, 2. Aufl., de Gruyter 1991.

[25] Jim Pitman, *Probability*, 7. Aufl., Springer 1999.

[26] John A. Rice, *Mathematical Statistics and Data Analysis*, 3. Aufl., Duxbury Press, 2006.

[27] Peter Weiß, *Stochastische Modelle für Anwender*, Teubner 1987.

Stichwortverzeichnis

Additivität 57
Alphabet 141
Alternative 132
Approximation
  Exponential- 42
  Normal- 43, 77
  Poisson- 30, 58

Baum 88, **95**, 98, 142
  binärer **95**, 142
BAYES, T. 116
Bayes, Formel von 116
Bayes-Statistik 127
Benfords Gesetz 13
Beobachtungsraum 123
BERNOULLI, JA. **20**, 74
Bernoulli-Folge 20
Besetzung 7
  uniform verteilte **10**, 22, 52
Binomialkoeffizient 9
BLACKWELL, D. 126
Blatt 95, 142
  Tiefe 95, 142
BOREL, É. 76
Borel-Cantelli Lemma **83**, 84
BOX, G. E. P. 121
Buchstabe 141
  zufälliger 143

CANTELLI, F. 76
CHEBYSHEV, P. L. **74**, 77
CHERNOFF, H. 161
Code 141
  binärer 141
  Block- 157
  Huffman- **145**, 146, 147, 151, 154
  optimaler 145
  Präfix- **141**, 144
  Shannon- **143**, 149
Codewort 141
  -länge 141

DE MOIVRE, A. **4**, 43, 116
de Moivre-Laplace
  Satz von **44**, 77
Dichte 39
  bedingte 112
  multivariate 69
  Produkt- 70

Ehrenfest-Modell 109
Einschluss-Ausschluss-Formel 57
Entropie 147
  -rate 154
  bedingte 152
  bei Dichten 151
  gemeinsame 151
  relative 148
  -schranken 149
Entschlüsselung 157
Ereignis **2**, 36, 57
  Komplementär- 38
  sicheres 37
  unmögliches 37
Ereignisse
  disjunkte 37
  Durchschnitt 37
  Vereinigung 37
Erwartung
  bedingte 86, **89**, **114**
Erwartungswert **23**, 40, 49, 51
  bedingter **89**, **114**
  Betaverteilung 45
  Binomialverteilung **26**, 49
  Exponentialverteilung 41
  geometrische Verteilung **34**, 106

  - hypergeom. Verteilung **32**, 51
  - Linearität 49, **52**, 53, 55, 57, 59, 60
  - Monotonie **55**, 57
  - Normalverteilung 43
  - Poissonverteilung 29
  - Positivität 55
  - Transformationsformel 23
  - unabhängiger Produkte 61

- Fakultät 4, 80
- Faltungsformel 92
- fast sicher 59, 76
- Fehlerwahrscheinlichkeit
  - maximale 159
  - mittlere 160
- Feller, W. vii
- Fermat, P. de **23**, 102
- Fisher, Sir R. 99, **131**, 132, 135, 138

- Galton, Sir F. 64
- Gamma-Funktion 46
- Gauss, C. F. **43**, 72
- Geburtstagsproblem 5
- Gesetz der Großen Zahlen
  - Schwaches 20, **74**, 81
  - Starkes **76**, 114, 81
- Gewichte 20
  - Produkt- 65
- Gleichgewichtsverteilung 108
  - reversible 108
- Gosset, W. 132

- Huffman, D. A. **145**, 151, 157
- Huygens, C. 23
- Hypothese 130, 132
  - Gegen- 132
  - lineare 139
  - Null- 132

- Indikatorvariable **36**, 57
- Information
  - Kullback-Leibler- 149
  - wechselseitige 153
- Irrfahrt 98, 106, 109, 110

- Kanal 157
  - -codierungssatz 159
  - -kapazität 158
  - gedächtnisloser 158
  - symmetrischer 158
- Kollisionen 1, 11, 36
- Kolmogorov, A. N. **57**, 76
- Kolmogorov, Axiome von 57, 82
- Konfidenzintervall 122, **128**
  - approximatives 129
  - Niveau 122, **128**
  - Überdeckungswahrscheinlichkeit 128
- Korrelationskoeffizient 62
- Kovarianz 50, **59**
- Kupon-Sammler 53

- Lageparameter 52
- Laplace, P.-S. **6**, 17, 43, 77
- Likelihoodquotient 133
- Lokaler Grenzwertsatz 27
- Lyapunov, A.M. 77

- Markov
  - -eigenschaft 97
  - -kette **97**, 155
- Markov, A. A. 74
- Median 24, 56, 128
- Methode der kleinsten Quadrate 136
- mittlerer quadratischer Fehler 126
- ML-Schätzer **123**, 125, 136
- Modell 3, 123
  - lineares 135
  - Urnen- 33
- Münzwurf **20**, 25, 98, 142
  - mit zufälliger Erfolgswahrscheinlichkeit 92, 113
  - Simulation per 95, 155
- Multinomialkoeffizient 28
- Multiplikationsregel 94

- Neyman, J. 133
- $\sqrt{n}$-Gesetz 26, 27, 74

- Ordnungsstatistiken **46**, 70, 128

- Pólya, G. 94
- Pólya-Urne 35, **94**, 98, 113
- Parameterraum 123
- Pascal, B. 20, **23**, 102
- Pearson, E. 133
- Pfad, zufälliger 97
- p-Münzwurf **20**, 22, 49, 54, 60, 66, 75, 83, 104, 1
- Poisson, S. D. **29**, 77
- p-Wert **131**, 132–134, 140

Quantil 129
Quelle
    Entropierate 154
    relative Redundanz 154
    stationäre 154
    unabhängige 151
Quellencodierungssatz **144**, 148, 151, 154, 156

Rao, C. R. 126
Regression
    -sgerade 63, 137
    einfache lineare 135, 137
    zum Mittel 64
rein zufällige
    -s Element 6
    Permutation 7, 9, 50, 54, 58, 60, 66, 115
    Teilmenge fester Größe 9
reine Zufälligkeit 3
Residuen 136
Risiko 1. und 2. Art 133
Runs 25, 54, 60, 75, 104

σ-Additivität 57
Schätzer 122, 123
    Bayes- 127
    Maximum-Likelihood- **123**, 125, 136
Shannon, C. E. **143**, 145, 149, 159
Skalenparameter 59
Skalierung 40
Standardabweichung **24**, 59
Startverteilung 97
Stichprobenmittel 61, 131
Stirling, J. 4
Stirling-Formel 4, 27, 80
Streuung 24
Suffizienz 125

Test
    Alternative 132
    Annahme-, Ablehnbereich 133
    einer linearen Hypothese 139
    F- 140
    Fishers exakter 130
    Hypothese 130, 132
    Permutations- 131
    Signifikanzniveau 131
    statistischer 122, **130**
    t- 131
    von Neyman-Pearson 133
totale Wahrscheinlichkeit, Formel für die **88**, 91, **114**

Übergangs-
    dichten 91
    matrix 97
    verteilungen 88
    wahrscheinlichkeit **88**, 94
Übertragungsrate 157
unabhängige Kopien 73
Unabhängigkeit 61, **64**, 88
    von Ereignissen 67
Ungleichung
    Cauchy-Schwarz- **56**, 62
    Chebyshev- 74
    Chernoff- 161
    Fano-Kraft- 96, **142**, 144
    Jensen- 55
    Markov- 74
Unkorreliertheit 61

Varianz **24**, 40, 49, 59
    bedingte 90
    Binomialverteilung **26**, 50
    Exponentialverteilung 41
    geometrische Verteilung 34
    hypergeom. Verteilung **32**, 51
    Normalverteilung 43
    Poissonverteilung 29
    -zerlegung 90
Varianzanalyse 140
Verteilung 21
    a posteriori- 127
    a priori- 127
    austauschbare 50
    bedingte 111
    Beta- 45
    Binomial- **25**, 30, 44, 49, 161
    χ^2- 138
    Exponential- **41**, 116
    F- 140
    Gamma- 92
    gemeinsame 21
    geometrische **34**, 73, 91, 116, 150
    Gibbs- 150
    hypergeometrische **30**, 51, 131

Marginal- **21**, 111
Multinomial- **28**, 60
negative Binomial- **35**, 73
Normal- **42**, 72, 124
Poisson- **29**, 66, 73
Rand- 21
Standard-Normal- **42**, 77
multivariate **71**, 138
stationäre 108
Student- 132
t- 132
uniforme
auf der Sphäre 14
auf einem Intervall 12, 39, 70
diskrete 6, 148, 149
kontinuierliche 12
zweiseitige Exponential- 124
Verteilungs-
dichte 39
funktion 39
gewichte 21

Wahrscheinlichkeit 3
bedingte 115
Erfolgs- 20, 25, 74, 76
Laplace- 6
objektive und subjektive 76
-sinterpretationen 76
Wertebereich 2
Wort 151, 154
Wright-Fisher-Dynamik 99

Zentraler Grenzwertsatz **77**, 78, 132
Zerlegung nach
dem ersten Schritt **100**, 103–105
dem letzten Schritt 107
der ersten Stufe 88
Ziegenproblem 118
Ziehen
mit Zurücklegen 33, 52, 148
ohne Zurücklegen 6, 33, 52, 68, 148
Zielbereich 2
Zufallsexperiment
mehrstufiges 94
zweistufiges 87, 91
Zufallsvariable **2**, 36
diskrete 21
mit Dichten 38
standardisierte **40**, 43, 77
Zustandsraum 97

Printed in the United States
By Bookmasters